先进功能材料丛书

硅锗低维材料可控生长

马英杰 蒋最敏 周 通 钟振扬 著

科学出版社

北 京

内 容 简 介

本书首先简要介绍低维异质半导体材料及其物理性质,概述刻蚀和分子束外延生长两种基本的低维半导体材料制备方法,简要说明了分子束外延技术设备的工作原理和低维异质结构的外延生长过程及其工艺发展。接着分别从热力学和动力学的角度详细阐述了硅锗低维结构的外延生长机理及其相关理论,重点讨论了图形衬底上的硅锗低维结构可控生长理论和硅锗低维结构的可控外延生长技术,并结合丰富的硅锗纳米结构可控生长实例,详细讨论图形硅衬底和斜切硅衬底上低维材料的可控外延生长及其生长机理。最后,简要介绍可控硅锗低维结构的光电特性及其器件与集成应用研究,并展望基于可控外延生长量子点的新型器件。

本书可供从事半导体低维材料方面工作的研究生、科研人员及工程技术人员阅读,也可作为其他涉及此领域人员的参考书。

图书在版编目(CIP)数据

硅锗低维材料可控生长 / 马英杰等著. —北京:
科学出版社,2021.5
　(先进功能材料丛书)
　ISBN 978-7-03-068516-2

　Ⅰ.①硅… Ⅱ.①马… Ⅲ.①半导体材料—纳米材料
—研究　Ⅳ.①TN304②TB383

中国版本图书馆 CIP 数据核字(2021)第 059390 号

责任编辑:许　健　责任校对:谭宏宇
责任印制:黄晓鸣 / 封面设计:殷　靓

斜 学 出 版 社 出版

北京东黄城根北街 16 号
邮政编码:100717
http://www.sciencep.com

南京展望文化发展有限公司排版

苏州市越洋印刷有限公司印刷

科学出版社发行　各地新华书店经销

*

2021 年 5 月第 一 版　　开本:B5(720×1000)
2021 年 5 月第一次印刷　印张:16 3/4
字数:328 000

定价:145.00 元

(如有印装质量问题,我社负责调换)

丛书序

功能材料是指具有一定功能的材料,是涉及光、电、磁、热、声、生物、化学等功能并具有特殊性能和用途的一类新型材料,包括电子材料、磁性材料、光学材料、声学材料、力学材料、化学功能材料等等,近年来很热门的纳米材料、超材料、拓扑材料等由于它们具有特殊结构和功能,也是先进功能材料。人们利用功能材料器件可以实现物质的多种运动形态的转化和操控,可以制备高性能电子器件、光电子器件、光子器件、量子器件和多种功能器件,所以其在现代工程领域有广泛应用。

20 世纪后半期以来,关于功能材料的制备、特性和应用就一直是国际上研究的热点。在该领域研究中,新材料、新现象、新技术层出不穷,相关的国际会议频繁举行,科技工作者通过学术交流不断提升材料制备、特性研究和器件应用研究的水平,推动当代信息化、智能化的发展。我国从 20 世纪 80 年代起,就深度融入国际上功能材料的研究潮流,取得众多优秀的科研成果,涌现出大量优秀科学家,相关学科蓬勃发展。进入 21 世纪,先进功能材料依然是前沿高科技,在先进制造、新能源、新一代信息技术等领域发挥着极其重要的作用。以先进功能材料为代表的新材料、新器件的研究水平,已成为衡量一个国家综合实力的重要标志。

把先进功能材料领域的科技创新成就在学术上总结成科学专著并出版,可以有效地推动科学与技术学科发展,推动相关产业发展。我们基于国内先进功能材料领域取得众多的科研成果,适时成立了"先进功能材料丛书"专家委员会,邀请国内先进功能材料领域杰出的科学家,将各自相关领域的科研成果进行总结并以丛书形式出版,是一件有意义的工作。该套丛书的实施也符合我国"十三五"科技创新的需求。

在本丛书的规划理念中,我们以光电材料、信息材料、能源材料、存储材料、智能材料、生物材料、功能高分子材料等为主题,总结、梳理先进功能材料领域的优秀科技成果,积累和传播先进功能材料科学知识、科学发现和技术发明,促进相关学科的建设,也为相关产业发展提供科学源泉,并将在先进功能材料领域的基础理论、新型材料、器件技术、应用技术等方向上,不断推出新的专著。

希望本丛书的出版能够有助于推进先进功能材料学科建设和技术发展,也希望业内同行和读者不吝赐教,帮助我们共同打造这套丛书。

中国科学院院士

2020 年 3 月

前　言

硅材料是信息时代微电子工业的基石,基于硅材料的集成电路工业飞速发展对信息科学与技术的快速发展起着支撑作用。过去的半个多世纪,集成电路工业的发展一直遵循着摩尔定律,电互连技术一直被采用,并对集成电路工业的发展起着重要作用。然而,随着集成电路晶体管尺寸的进一步减小、电路集成度的进一步提高,电互连技术面临严峻挑战。在高速运行下,单位面积上的器件功耗大大增加,金属互连的寄生电容效应会导致电信号大大衰减。微电子工业的进一步发展可能会依赖于高带宽、高并行性、低干扰性和低损耗的光互连技术。

然而,硅是间接带隙半导体材料,因而不是良好的光学材料,特别在发光特性方面尤为不佳,在光电子器件应用方面受到限制。但是,成熟的硅集成电路工艺与技术使得探索新型硅基发光材料具有特别重要的意义,并成为人们长期努力的一个重要研究方向。这方面工作一旦获得突破性进展,它将直接推动光电子学及其器件集成以及微电子工业中光互连技术的飞跃。

探索新型硅基高效发光材料有许多途径,基于小尺寸的量子限制效应的低维硅基半导体材料是其中的一条主要途径。其物理思想如下:低维量子结构的空间限制效应使得其电子态在动量空间展宽、动量不确实性增大,从而导致电子跃迁时动量守恒条件不需要严格满足,使间接带隙材料变成准直接带隙材料,提高低维硅基材料的发光效率。

历史上,低维半导体材料制备乃至低维物理学研究的热潮得益于分子束外延生长技术的发明和发展。分子束外延作为生长半导体单晶薄膜技术是在 20 世纪 60 年代至 70 年代发展起来的,过去的几十年里,该技术不断发展,变得越发重要。

分子束外延具有以下几个特点或优势:生长速率慢,大约每秒生长一个或几分之一个单原子层,可以真正实现二维模式生长,容易得到平整的表面;控制精度高,生长速度慢有利于对生长厚度、成分、结构的精确控制,有利于获得陡峭的界面和异质结构;由于分子束外延生长是在远离平衡态的情况下进行的,外延生长温度较低,可以实现按照普通热平衡生长方法难以实现的薄膜生长;由于分子束外延生长是在超高真空中进行的,真空室中可以配备各种表面分析和检测仪器,例如反射高能电子衍射仪、俄歇电子能谱仪、扫描隧道显微镜等,随时监控外延层的表面结构、成分,有利于表面科学和外延生长动力学的研究。

本书将介绍利用分子束外延在硅基低维材料可控生长及其物理特性研究方面的进展,包括图形硅衬底和斜切 Si 衬底的制备;硅锗低维结构可控生长机理;硅锗量子点、量子点分子、量子环等纳米结构的生长;硅锗量子点晶体的生长及其物理特性;光子晶体微腔中单个锗量子点的可控生长及其发光特性;斜切 Si 衬底上高密度量子点、量子线的可控生长及其物理特性等方面的内容。

本书的撰写和校对工作得到了刘桃博士和张宁宁研究生的帮助,本书的部分研究内容和出版得到了国家自然科学基金(项目编号:61674039、61874027、11774062、11474055、10974031、62075229)的资助,在本书即将出版之际,对上述帮助一并表示衷心感谢。

书中难免存在疏漏和不足之处,欢迎阅读本书的专家、学者或同行批评指正或提出宝贵意见。

2021 年 4 月

作者于复旦大学

目　录

第 1 章 低维半导体材料及其物理性质

在结构上低维半导体材料都是通过界面或者表面限制半导体材料在空间上的尺度构建而成的,因而了解界面或表面的能带排列对理解低维半导体结构中的电子态至关重要。本章从介绍半导体异质界面或表面的能带排列开始,接着介绍几种典型的低维半导体结构,包括量子阱、超晶格、量子点等,重点介绍这些低维结构材料中电子态的普遍特性及其基础理论。

1.1 异质结构的能带排列和带阶

当三维半导体材料的某一维度或者多个维度的尺度减小到可与电子的德布罗意波长或者激子的波尔半径相比拟时,三维半导体材料将演变成低维半导体材料。某一维度上的尺度减小是通过界面或表面实现的,界面或表面处的能级突变对电子或空穴在空间上构成了约束势垒,从而实现这一维度上的尺度限制(盛篪,2004;夏建白等,1995)。因此,我们首先介绍界面处或表面处的能级突变。

当一种半导体材料外延生长在另一种半导体材料后,其界面就构成了异质结(余金中,2015;盛篪,2004;夏建白等,1995)。换句话说,异质结指由两种带隙能量不同的单晶材料组成的晶体界面。如果界面陡峭甚至为原子尺度上的突变,这种异质结便称为突变异质结。在突变异质结的界面处,价带顶和导带底能量发生突变,其变化量分别称为价带和导带的带阶,分别记为 ΔE_V 和 ΔE_C(余金中,2015;盛篪,2004;卡斯珀,2002;夏建白等,1995),带阶大小可以通过能带排列图获得。能带排列图的参考能级位置为真空能级,真空能级表示真空中静止电子的能量。如图 1.1 所示,半导体材料 A/B 构成异质结,假设没有空间电荷存在,真空能级处处相等。

真空能级到半导体导带底之间的距离 χ 称为材料的电子亲合能。不同半导体材料具有不同的电子亲合能 χ 和禁带宽度 E_g。根据这些数据就可以分别确定异质结的两种材料导带底和价带顶相对于真空能级的位置,如图 1.1 的下面部分所示,称为异质结的能带排列图。在界面处,导带底发生跳变,能量差为导带带阶 ΔE_C。由图可得

$$\Delta E_C = E_{CB} - E_{CA} = \chi_A - \chi_B \qquad (1.1)$$

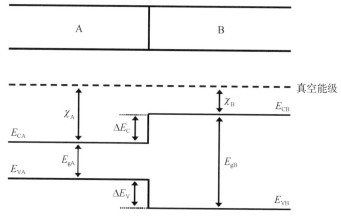

图 1.1 半导体材料 A/B 异质结及其能带排列图

类似地,在界面处价带顶也发生跳变,其导带阶为 ΔE_V。由图 1.1 可得

$$
\begin{aligned}
\Delta E_V &= E_{VA} - E_{VB} \\
&= (E_{gB} + \chi_B) - (E_{gA} + \chi_A) \\
&= E_{gB} - E_{gA} + \chi_B - \chi_A \\
&= (E_{gB} - E_{gA}) - (\chi_A - \chi_B) \\
&= (E_{gB} - E_{gA}) - \Delta E_C
\end{aligned} \tag{1.2}
$$

则

$$
\Delta E_C + \Delta E_V = E_{gB} - E_{gA} \tag{1.3}
$$

即总带阶就是异质结半导体材料的带隙差。

考察 B/A/B 构成的双异质结,利用类似的方法,在没有空间电荷存在的情况下,画出其能带排列图,如图 1.2 所示。对于材料 A 中的电子,在左右两侧均存在 ΔE_C 的势垒,假设材料 A 的厚度为 d_A,当厚度 d_A 与材料 A 中电子的德布罗意波长或者材料 A 中激子半径可比拟时,则材料 A 中的电子在左右方向的运动受到了明显的限制,电子失去了这个方向上运动的自由度,原本三维晶体材料 A 中的电子具有三个自由度,变成只有两个自由度(假定材料 A 在垂直于厚度方向上的线度足够大,远大于材料 A 中电子的德布罗意波长或激子半径),材料 A 中的电子表现为二维晶体中运动的特性,相应的材料 A 称为二维半导体材料,类似的讨论也适合于材料 A 中的空穴。由此可见,维度的降低一方面需要减小材料的空间尺度,另一方面需要异质结界面处限制载流子运动的势垒,这是构建低维半导体材料的最重要的方法,也是最基本的方法,也可以说是在结构上实现低维半导体材料的唯一方法。

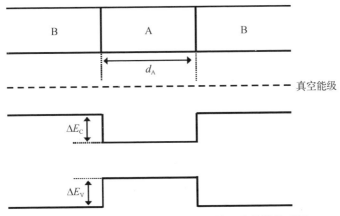

图 1.2　半导体材料 B/A/B 双异质结及其能带排列图

如果材料 B 为绝缘体材料,例如氧化物材料,利用同样的方法可以画出能带排列图。这种情况下,由于绝缘体的禁带宽度较大,导带和价带带阶数值往往也更大,材料 A 中的电子或空穴在左右界面处的势垒更高。设想没有材料 B,B 为真空,则 ΔE_C 可以理解为 χ_A。

在两种材料界面处,根据两种材料导带底和价带顶的相对位置,能带排列分为 I 型和 II 型两类(盛篪,2004;Davies,1998;张立纲,1988)。如果较低的导带底和较高的价带顶在同一种材料中,即电子与空穴在同一材料中能量更低,则界面处的能带排列为 I 型能带排列。例如图 1.3(a)中的 $In_{0.53}Ga_{0.47}As/InP$ 界面和图 1.3(b)中的 GaSb/AlSb 界面的能带排列,其他情况为 II 型能带排列。较低的导带底和较高的价带顶不在同一种材料中,即电子与空穴分别在不同种材料中能量更低,例如图 1.3(a)中的 $InP/In_{0.52}Al_{0.48}As$ 界面和图 1.3(b)中的 AlSb/InAs 界面处能带排列。作为 II 型能带排列又可以分为两种,一种叫 II 型错开,即能隙有交叠,如上述两种情况界面处的能带排列,还有一种叫做 II 型倒转,例如图 1.3(b)中的 InAs/GaSb 界面,这种情况下带隙没有交叠,InAs 材料的导带底低于 GaSb 材料的价带顶,出现了所谓的"倒转"。

计算异质结界面的带阶主要有以下几种理论:Harrison 的理论、Tersoff 的理论和自洽界面计算模型固体理论(夏建白等,1995;张立纲,1988)。当材料为合金材料时,带阶的大小受组分的影响。当材料中存在应变时,带阶的大小也受应变的影响。因此 Si/Ge_xSi_{1-x} 异质结界面的带阶大小,由 Ge 的组分以及两种材料中的应变决定(盛篪,2004;卡斯珀,2002)。随着组分和应变的不同,界面处的能带排列可能是 I 型,也可能为 II 型。无论是 I 型还是 II 型,导带的带阶数值较小,价带的带阶数值相对较大,如图 1.4 所示。因此构成 $Si/Ge_xSi_{1-x}/Si$ 量子阱时,阱对载流子约束主要表现为对空穴的约束,即空穴被约束在 Ge_xSi_{1-x} 层中(盛篪,2004;卡斯珀,2002)。

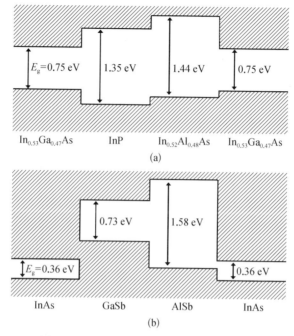

图 1.3 不同半导体异质界面的能带排列图

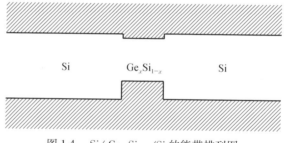

图 1.4 Si/ Ge$_x$Si$_{1-x}$/Si 的能带排列图

1.2 量子阱与超晶格

基于能带排列可以构成量子阱结构。如果 A/B 材料界面处的能带排列为 I 型,且材料 A 的能隙小,将薄层(约 10 nm)材料 A 与厚的材料 B 构成三明治结构时,就构成了 I 型方势阱量子结构,如图 1.5 所示。电子和空穴都被限制在厚度约为 10 nm 薄层材料 A 中,电子势垒高度为 ΔE_C,空穴势垒高度为 ΔE_V。但是电子和空穴在材料 A 薄层平面内的运动可以看作是自由的,因此材料 A 可以看作二维半导体材料。

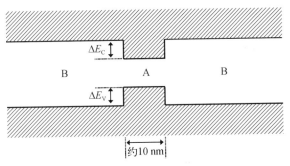

图 1.5　Ⅰ型方势阱量子阱结构的能带排列图

电子或空穴被限制在薄层材料 A 中的能级和波函数可由量子力学基本方程——薛定谔方程求解获得。电子和空穴态能级的求解过程完全相同,详细的求解过程在量子力学的书中均有详细介绍。这里只对其能级结构以及对应的波函数特征作简要介绍。

图 1.6 画出一电子量子阱结构的能级图和相应的波函数。图中结果都是在有效质量近似下求解薛定谔方程得到的(Davies, 1998)。再次指出,在量子阱中的电子在三维空间中运动只是在 z 方向运动受到限制,于是 z 方向的电子态将出现如图 1.6 所示的分裂能级和相应的波函数,在 x、y 方向仍保持连续能带结构和相应的电子波函数。图中对应三个束缚态的情形,量子阱中束缚态的数目取决于势阱高度 ΔE_{C} 和势阱宽度 a,更确切地说取决于 $\dfrac{2m\Delta E_{\mathrm{C}}a^2}{h^2}$ 的数值。

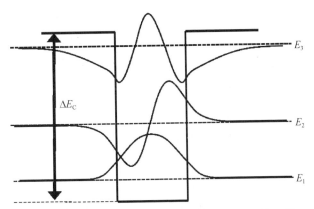

图 1.6　有限方势阱的三个电子束缚态和相应的波函数

下面讨论在结构及其电子能级上量子阱向超晶格的演变。以单量子阱的基态能级为例,其他能级演变类似。如图 1.7 所示,设单量子阱的基态能级为 E_1。当两个相同的量子阱间距相隔足够远时,两个量子阱的波函数在空间上没有明显交叠,能级位置不改变,能级为二重简并,如图 1.7(a)所示;当两个相同的量子阱间距减少时,两个量子阱中的波函数在空间上发生了明显的交叠,能级简并消除,劈裂为两个能级,如图 1.7(b)所示;当阱间距较小的相同量子阱在空间上周期排列时,这种周期性的多量子阱结构称作超晶格。由于量子阱的波函数存在明显交叠,单个量子阱的能级将劈裂成微带(miniband)或子带(subband),即超晶格长周期对应的能带,如图 1.7(c)所示。由此可见,所谓超晶格就是空间上周期性排列的、相互作用(耦合)的多量子阱结构。

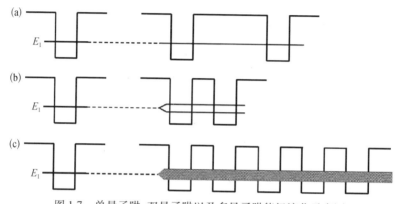

图 1.7   单量子阱、双量子阱以及多量子阱能级演化示意图

(a)两个间距较大的相同的量子阱,两个量子阱的波函数不发生明显交叠,能级位置不变,能级为二重简并;(b)阱间距较小,两个量子阱的波函数发生交叠,能级简并消除,劈裂为二个能级;(c)阱间距较小的周期性多量子阱演化成电子态的超晶格,单量子阱的能级劈裂为微带(miniband),即超晶格长周期对应的能带

超晶格中电子的微带或子带的形成也可以从倒空间布里渊区折叠效应理解。由于超晶格的长周期 d 比晶体的周期要大一个数量级以上,所以在倒空间中,它的周期比晶体小一个数量级以上。晶体的布里渊区边界大致是其晶格常数的倒数,即 π/a,超晶格长周期的布里渊区的边界为 $\pm\pi/d$、$\pm2\pi/d$、$\pm3\pi/d$……超晶格的布里渊区线度为 $2\pi/d$,远小于晶体的布里渊区线度 $2\pi/a$。由于存在长周期性,在长周期方向上原先对应于晶体的布里渊区就被分成许多个对应于长周期的小布里渊区,原先作为体材料的阱材料的能带色散曲线被小布里渊区分割成许多线段。类似于晶体能带在布里渊区边界的情形,在小布里渊区边界处能量发生跳变形成能隙,从而形成子带。将各个布里渊区中的能带色散线段都绘于第一布里渊区,就给出了在简约布里渊区中各个子带的色散曲线。设阱材料导带电子的色散曲线为抛物线,如图 1.8(a)所示。上述子带形成的过程可通过下面系列作图得到进一步理解。通过布里渊区折叠效应形成如图 1.8(b)所示的子带;考虑到量子限制效应,实际子能带整体向能量高的方向发生移动,如图 1.8(c)所示;把各个子带绘于第一布里渊区,得到如图 1.8(d)所示的简约布里渊区中各个子带的色散曲线。

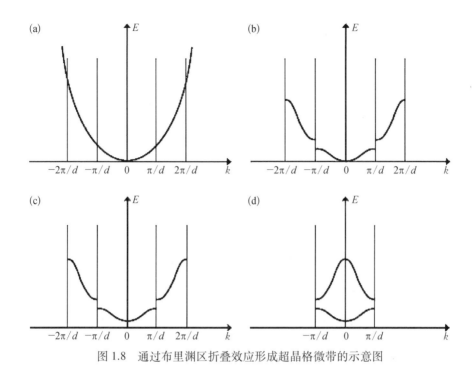

图 1.8　通过布里渊区折叠效应形成超晶格微带的示意图

超晶格中的声子色散曲线分光学支(波)和声学支(波)两种情况讨论。基于布里渊区折叠效应容易理解超晶格中的声学支声子色散曲线。由于声学波可以同时在两种材料中传播,所以声学波可以在超晶格中传播。类似上述子带形成图像中的布里渊折叠效应,声学波在超晶格中的传播特性可以由两种材料的平均色散关系折叠到超晶格的小布里渊区来描述,因此对应的声学模称为折叠声学模。

图 1.9 给出了一个典型的 $Si_{1-x}Ge_x/Si$ 超晶格的最初几支折叠声学模的色散曲线,超晶格中 Si 和 $Si_{1-x}Ge_x$ 层的厚度分别为 20.6 nm 和 4.4 nm, $x = 0.35$。可以看出,由于布里渊区折叠,色散曲线变为许多分支,自上而下折叠指数分别为 0、-1、+1 和-2。在布里渊区中心及边界处,能量不再连续,形成带隙。由于存在对称关系,图中只画了半个第一布里渊区的声学模色散曲线。

图 1.10 中的谱线(a)给出了典型的 $Si_{1-x}Ge_x/Si$ 超晶格的折叠声学声子的拉曼光谱(Liu et al., 1996)。样品由分子束外延(molecular beam epitaxy, MBE)生长,其中 Si 和 $Si_{1-x}Ge_x$ 层的厚度分别为 21.6 nm 和 4.4 nm, $x = 0.35$,激发波长为514.5 nm,对应的约化波矢为 $Q = 0.85$。与图 1.10 中谱线(a)对应,从左至右可分辨出九个峰,对应的折叠指数依次为 0、-1、+1、-2、+2、-3、+3、-4 和+4,其中折叠指数为 0 的峰即为超晶格的布里渊散射峰。由于激发声子的波矢接近布里渊区边

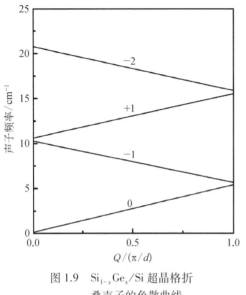

图 1.9 $Si_{1-x}Ge_x/Si$ 超晶格折
叠声子的色散曲线

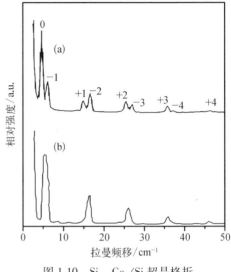

图 1.10 $Si_{1-x}Ge_x/Si$ 超晶格折
叠声子的拉曼光谱

激发波长分别为：(a) 514.5 nm；(b) 488.0 nm

界,所以折叠声子谱看上去像是一对对的双峰,而且$+P$ 和$-P$ 级的散射强度不再相等。图中谱线(b)是用 488.0 nm 的光激发得到的拉曼光谱。由于 488.0 nm 激发的声子更靠近布里渊区边界 ($Q = 0.93$),所以双峰靠在一起。进一步提高谱仪的分辨率,可以把双峰分开(黄大鸣等,1996)。

由于光学声子色散曲线在能量上没有交叠,因此在 A 层中可以传播的光学声子,在相邻的 B 层中会很快衰减,反之亦然。其结果是,超晶格中光学声子通常被限制在某一种材料中,这类声子被称为限制声子(夏建白等,1995；Klein,1986)。限制光学模的频率可以利用驻波模型来计算。考虑被完全限制在厚度为 d 的 A 层或 B 层的超晶格中的驻波,其限制方向的有效波矢只能取 $q_n = n\pi/d$,其中 n 为整数。限制模的频率由体材料的色散关系 $\omega_n = \omega(q_n)$ 给出。对光学声子,色散曲线比较平坦,因此只有当 d 很小时,不同级次的限制模才有可能在拉曼光谱中分辨开,表现出声子的空间限制效应。

利用“驻波”模型和体材料的色散关系,可得到限制光学模的频率与层厚关系。与实验结果比较发现,理论上只有把限制层厚度看作比实际厚度大 1 个单原子层到几个原子单层时,测量频率才与“驻波”模型符合得很好。这表明在超晶格中光学声子并非完全限制在某一层中,而是部分穿透到相邻层中,穿透深度与超晶格结构和声子模式有关。

对于量子阱的声子谱没有明确的普遍意义,这里不作讨论。

1.3 量 子 点

如前所述,对于量子阱的情况,在空间结构上阱中载流子在两个方向,即(x,y)平面内可以自由运动,而在另一方向(z)上的运动受到势垒约束,因而在z方向的运动表现为量子化的分裂能级,如图1.11所示,则此结构就构成了二维材料,即量子阱材料。类似地,如果在空间结构上载流子在两个方向(y,z)上运动受到约束,只能在一个方向(z)上自由运动,则此结构就构成了一维材料,即量子线材料。如果在空间结构上载流子在三个方向$(x,y$和$z)$上的运动都受到约束,则此结构就构成零维材料,即量子点材料。图1.11中画出了各种低维材料的结构示意图以及相应的电子态密度随能量的变化曲线(沈学础,2002)。

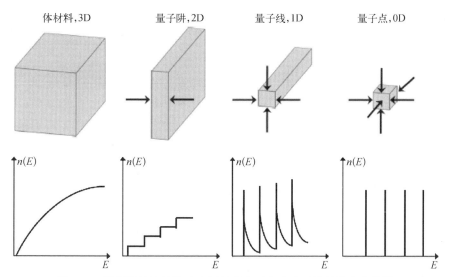

图1.11　低维材料的结构示意图及其电子态密度随能量的变化曲线

由图1.11可知,量子点的态密度表现为一系列δ函数。这表明量子点中的电子态具有分裂能级,这类似于原子中的电子态的分裂能级,于是量子点也称作人工原子。

图1.12左图为单量子点及对应的某个电子和某个空穴的能级。当两个相同的量子点间距较小时,量子点中的电子态将存在相互作用,这两个量子点就构成了量子点分子,原来相同的量子点能级,分裂成两个不相同的能级。当相同的量子点沿一直线周期排列,并且量子点间距较小,量子点中的电子态存在相互作用时,这一排量子点就构成了一维量子点晶体,相应的能级演化为带宽较小的能带,称为微带,如图1.12右图所示。相同的概念可以扩展到二维量子点晶体和三维量子点晶

体。形成量子点晶体的要求很苛刻(Ma et al., 2012),首先要求每个量子点要完全相同,包括尺寸大小、几何形状以及组分;其次量子点在三维空间的排列具有严格的同期性;再者量子点与量子点的间距要足够小,使得相邻量子点的电子态发生明显的相互作用或耦合,否则量子点的能级无法演化成具有扩展性质的微带,也就不存在量子点晶体之说了。

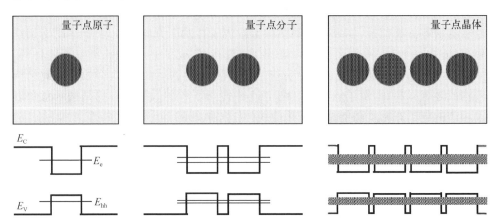

图 1.12　量子点原子、量子点分子和一维量子点晶体
及其某个电子和某个空穴能级的演化

　　量子点的电子态性质决定着量子点的基本物理特性。由于三维方向上的运动限制,电子(空穴)表现出类原子能级结构,再加上量子点小尺寸所具有的自电容很小,量子点结构材料表现出许多新奇和优良的电子和光学特性。例如,电子(空穴)在量子点中表现出显著的库仑阻塞效应。相对于用体材料和量子阱材料,用半导体量子点结构材料做成的激光器,理论和实验上均表现出更低的阈值电流和更好的温度特性。半导体量子点的物理特性使得它在单电子存储器、单电子晶体管、单光子光源、量子点网络自动机、量子计算方面具有良好的应用前景。

1.4　量　子　环

　　量子环是另一种纳米结构,与量子点具有不同的拓扑结构。1997 年,J. M. Garcia 等(1997)通过在 GaAs(1 0 0)衬底上生长的 InAs 量子点上覆盖 GaAs 薄层,首次得到了自组织的量子环结构。2003 年 T. Raz 等(2003)在 InP 衬底上的 InAs 量子点上覆盖 InP 薄层也得到了量子环结构。
　　一定温度下,在 Si(1 0 0)衬底上通过在 Ge 量子点上覆盖一薄层的 Si 可以得到 SiGe 自组织量子环,如图 1.13 所示。量子点向量子环转变机制的研究表明,Si

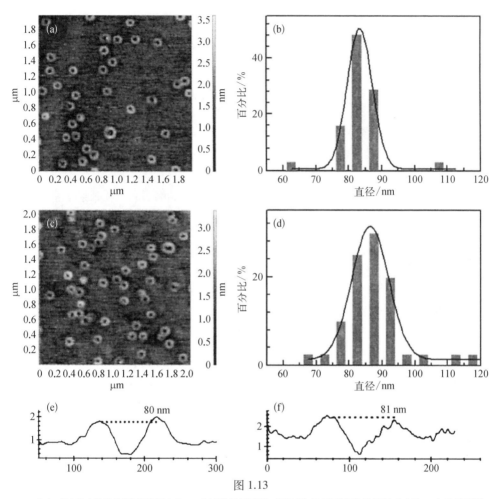

图 1.13

(a)、(b)和(e)分别是覆盖了 1.9 nm 硅层的量子环的 AFM 图,量子环直径的统计分布和一个量子环的横截轮廓;(c)、(d)和(f)是覆盖了 2.1 nm 的情况;(b)和(d)中的实线是用高斯曲线拟合的结果

的覆盖层使得量子点及其周围的应变重新分布,应变能的弛豫以及在 640 ℃温度下 Ge 的扩散在这个转变过程中起着重要的作用(Cui et al., 2003)。

由于具有特殊的环状拓扑构型,纳米环还有一系列有趣的物理特性,如大的负激子永久偶极矩、电荷存储效应和高基态跃迁振子强度等。同时,在纳米环样品中也观察到了一些宏观量子现象,如在自组织生长的 InAs/GaAs 纳米环中通过磁矩测量观察到了 Aharonov-Bohm 震荡,在 InGaAs 纳米环通过测量磁场下 C-V 谱观察到了磁致基态充电现象等。这些物理特性的发现对于进一步探索纳米环的器件效应及其应用具有重要意义。

20 世纪 80 年代,低维半导体材料、物理和器件研究得到了迅猛发展,这归功于分子束外延技术的发明(Orton et al., 2015)。

本书所介绍硅锗低维材料基本上是通过分子束外延生长获得的。本书将介绍利用分子束外延在硅基低维材料可控生长及其物理特性研究方面的进展,包括图形硅衬底和斜切 Si 衬底制备;硅锗低维结构可控生长机理;硅锗量子点、量子点分子、量子环等纳米结构的生长;硅锗量子点晶体的生长及其物理特性;光子晶体微腔中单个锗量子点的可控生长及其发光特性;斜切衬底上的高密度量子点、量子线的可控生长及其物理特性等方面的内容。

参 考 文 献

黄大鸣,刘晓晗.1996. SiGe/Si 应变层超晶格的结构和光散射特性[J].光散射学报,8(2): 63-81.

卡斯珀.2002.硅锗的性质[M].北京:国防工业出版社.

沈学础.2002.半导体光谱和光学性质[M].北京:科学出版社.

盛篑.2004.硅锗超晶格及低维量子结构[M].上海:上海科学技术出版社.

夏建白,朱邦芬.1995.半导体超晶格物理[M].上海:上海科学技术出版社.

余金中.2015.半导体光子学[M].北京:科学出版社.

张立纲.1988.分子束外延和异质结构[M].上海:复旦大学出版社.

Cui J, He Q, Jiang X M, et al. 2003. Self-assembled SiGe quantum rings grown on Si (0 0 1) by molecular beam epitaxy[J]. Applied Physics Letters, 83: 2907-2909.

Davies J H. 1998. The physics of low-dimensional semiconductors: An introduction[M]. Cambridge: Cambridge University Press.

Garcia J M, Medeiros-Ribeiro G, Schmidt K, et al. 1997. Intermixing and shape changes during the formation of InAs self-assembled quantum dots[J]. Applied Physics Letters, 71(14): 2014-2016.

Klein M V. 1986. Phonons in semiconductor superlattices[J]. IEEE Journal of Quantum Electronics, 22(9): 1760-1770.

Liu X, Huang D, Jiang Z, et al. 1996. Interface broadening and Raman scattering in $Si_{1-x}Ge_x/Si$ superlattices[J]. Physical Review B, 53(8): 4699.

Ma Y, Zhong Z, Lv Q, et al. 2012. Formation of coupled three-dimensional GeSi quantum dot crystals [J]. Applied Physics Letters, 100(15): 153113.

Orton J W, Foxon T. 2015. Molecular beam epitaxy: A short history[M]. Oxford: Oxford University Press.

Raz T, Ritter D, Bahir G. 2003. Formation of InAs self-assembled quantum rings on InP[J]. Applied Physics Letters, 82(11): 1706-1708.

第 2 章　低维半导体材料
制备方法概述

低维半导体材料的制备方法一般可分为两大类：刻蚀法（自上而下）和自组织生长法（自下而上）。一般根据低维半导体材料本身的特性需求，选用不同的制备方法。这两种方法各有特色，互相补充，充分灵活地运用这两种方法就可以制备具有独特性能的各种低维半导体材料。本章简要描述刻蚀法制备低维半导体材料的基本技术和过程，主要侧重于论述自组织生长方法中外延生长低维半导体材料的基本条件、过程及内在的一些物理机理。

2.1　低维半导体材料刻蚀技术简介

刻蚀法制备低维半导体材料一般是在半导体衬底表面通过各种刻蚀技术得到所需的低维半导体结构。其主要包括 3 步：① 半导体衬底的清洗；② 模板制备；③ 刻蚀。

1. 半导体衬底的清洗

一般情况下可以用化学试剂进行清洗。例如，硅衬底的清洗通常先用丙酮超声几分钟，再用甲醇超声几分钟，这些步骤主要用于去除衬底表面的一些颗粒和有机物；用去离子水冲洗几分钟后，再用浓硫酸（98%）和双氧水（35%）的混合液（如 $H_2SO_4 : H_2O_2 = 4 : 1$）浸泡几分钟，该混合液可用于氧化衬底表面的金属并溶于清洗液中，而且也能把一些有机物氧化后得到 CO_2 和 H_2O，从而有效清除硅片表面的有机物和金属。需要注意的是当硅衬底表面有机物沾污特别严重时，该混合液也会使有机物碳化而难以去除，这种情况下可能需要用氧等离子体进行干法清洗，利用氧等离子体把有机物氧化得到 CO_2 和 H_2O 等气体，从而把硅表面的有机物去除。最后再用去离子水冲洗。对一些不需要表面 SiO_2 薄膜保护的硅衬底，还会用氢氟酸（5%）去除表面的 SiO_2。在一些特殊表面清洁时，也经常用氧等离子体清洗，甚至用 Ar^+ 轰击剥离一部分表面材料的方法来达到清洗效果。

2. 模板制备

一般刻蚀法的命名，如光刻（optical lithography）、电子束刻蚀（electron-beam lithography）、纳米球刻蚀（nanosphere lithography）等，都是基于模板的特定制备方

法。通常情况下,先在衬底表面旋涂(spin-coating)一层光刻胶(如聚甲基丙烯酸甲酯 PMMA),然后利用可见光、电子束等曝光,再经过显影和定影得到特定的模板。在第 3 章中会比较详细地介绍电子束刻蚀、纳米球刻蚀、纳米压印(nano-printing)等刻蚀技术。在硅微纳芯片制备中比较常用的刻蚀技术还有投影光刻技术(projection optical lithography)、近场 X 射线光刻技术(proximity X-ray lithography)和极紫外光刻技术(extreme ultraviolet lithography)(Ito et al., 2000);另外还有聚焦离子束光刻技术[focused ion beam (FIB) lithography](Arshak et al., 2004)。图 2.1就是投影光刻技术中典型的投影曝光系统,其可以通过图 2.2 中的光栅图形成像技术提高其分辨率。

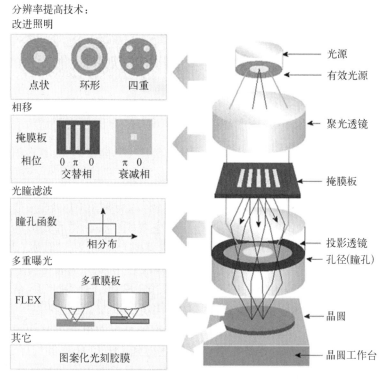

图 2.1　投影光刻技术(projection optical lithography)中
典型的曝光系统示意图(Ito et al., 2000)

　　在大面积周期性低维半导体结构制备方面,一种高效便捷的刻蚀技术就是激光全息光刻技术(holographic lithography)。图 2.3(a)显示了其中一种简单的光路原理图,一束激光经过聚焦后通过一个小孔和透镜(小孔刚好在透镜焦点上)后形成一宽横截面的平面波,平面波的一部分(beam 1)直接照在样品表面,另一部分光(beam 2)则经过一平面镜反射再投射到样品表面,这两束光形成干

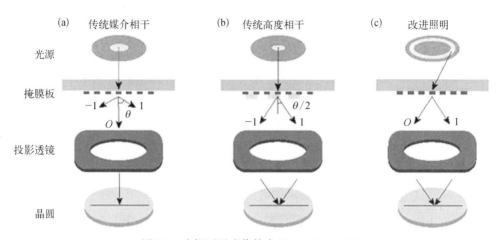

图 2.2 光栅图形成像技术(Ito et al., 2000)

(a) 常规投影光路;(b) 带有相变掩膜的投影光路;(c) 带有倾斜照明的投影光路

涉条纹,其条纹周期为 $d = \lambda/2\cos(\alpha)$,$\alpha$ 为样品表面与入射激光的夹角[图 2.3(a)]。如果在样品表面涂有光刻胶,则部分光刻胶曝光后就形成条形模板,经过刻蚀后就可以得到一维周期性沟道结构[图 2.3(b)]。如果第一次曝光后,把样品旋转一个角度(ω),进行第二次曝光,就可以得到二维模板,经过刻蚀后,就可以得到二维周期性纳米网格或纳米孔洞阵列[图 2.3(c)]。其排列取决于旋转的角度 ω,如 $\omega = 90°$ 时,为四方阵列;$\omega = 60°$ 时为六方阵列。利用更复杂的光路和设置,甚至可以得到三维图形(Kondo et al., 2006)。要注意的是,用该方法制备的周期结构的最小周期为 $\lambda/2$;另外,各单元结构的均匀性受激光强度均匀性的影响比较大。

3. 刻蚀

为了把模板图形转移到半导体上,得到相应的纳米材料或结构,需要进行干法或湿法刻蚀。一般情况下,没有模板保护的区域,通过化学反应或离子轰击在衬底表面刻出一定形状(由模板决定)和一定深度的纳米结构,即把模板图形转移到衬底上,得到预先设计的纳米结构。在刻蚀过程中,如何选择或优化相关的参量,需要从微纳结构本身的要求出发,充分考虑刻蚀过程中的两个基本技术指标:模板材料本身的抗刻蚀比和衬底材料刻蚀的方向选择性。在实际的刻蚀过程中,除了衬底材料会被刻蚀外,一部分模板材料也会被刻蚀,使得模板的实际几何结构会随着刻蚀而发生变化,导致最后在衬底上得到的微纳结构不符合要求。模板材料的抗刻蚀比反映的就是在选定的刻蚀条件下模板材料自身在刻蚀过程中的消耗程度,其值越大意味着模板材料在刻蚀过程中越不容易被刻蚀,模板的几何结构越不

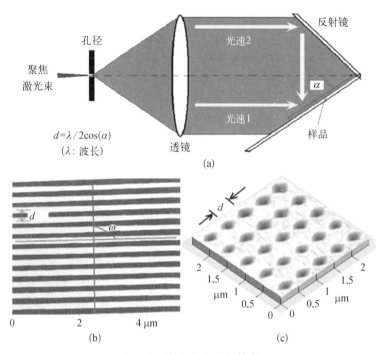

图 2.3　激光全息光刻技术

（a）一种简单光路原理示意图；（b）硅表面一维周期性沟道结构的 AFM 图；
（c）硅表面二维周期性纳米孔洞阵列的 AFM 图

会受刻蚀过程的影响，从而容易得到符合要求的理想微纳结构。特别是对需要经过长时间刻蚀才能实现的维纳结构，例如比较深的沟道或比较高的微柱阵列，模板材料的高抗刻蚀比是必须考虑的因素。刻蚀的方向选择性反映的是刻蚀过程中衬底材料沿不同方向的刻蚀速率。如果衬底材料沿某一方向的刻蚀速率远远超过其他方向，则会优先沿该方向刻蚀；对一些特殊的微纳结构，可能需要利用这种各向异性刻蚀条件。一般的干法刻蚀有反应离子刻蚀（reactive ion etching，RIE）和电感耦合等离子体反应离子刻蚀（inductive coupled plasma reactive ion etching，ICP - RIE）。

2.1.1　反应离子刻蚀（RIE）

　　反应离子刻蚀是利用高压放电产生的等离子体轰击出未被模板保护的衬底原子，也可以是利用和衬底材料进行化学反应生成易挥发材料而实现对衬底的刻蚀，是应用最为广泛的一种干法刻蚀技术（崔铮，2013）。反应离子刻蚀的主要部件是反应腔，其内部的主体结构如图 2.4（a）所示，在反应腔内有两块金属极板，工作时利用射频电源在两块极板间加上高交变电压，使得通入腔体的部分反应气体分子在两块电极板间电离产生等离子体,其中,由于电子质量小且和未电离的反应气体分子的碰撞少,电子的运动速度远大于离子的速度,电子可以先到达极板并在极板上积累后产生额外的负电场,从而可以加速离子轰击极板上放置的衬底。在工作时,恒定流速的反应气体不断流入反应腔,同时又通过分子泵把反应产物不断地抽走,并维持反应腔内的气压为设定值。

具体的反应离子刻蚀包括如图 2.4(b)所示的几个过程。

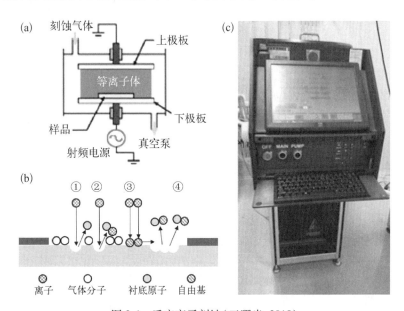

图 2.4 反应离子刻蚀(王曙光,2018)

(a)反应离子刻蚀腔体的结构示意图;(b)反应离子刻蚀的四个基本过程:① 物理溅射,② 离子反应,③ 产生自由基,④ 自由基反应;(c)一种 RIE 设备的外观实物图

(1)物理溅射:样品,例如硅片,放在阴极极板上,反应气体电离产生的离子经过电场加速后轰击样品,一部分离子具有足够高的动能,其可以把样品表面的原子直接击发出样品表面,从而可以一层一层地剥离样品表面的原子,实现对样品的刻蚀。这种刻蚀过程也可以顺便清除样品表面的有机物和氧化物薄膜。

(2)离子反应:反应气体电离产生的离子也可以与衬底原子化学反应产生易挥发的物质。该过程的实现需要选择特定的反应气体,一方面要求气体离子能够和衬底原子发生化学反应,即具有化学活性;另一方面要求反应产物是挥发性的,能够迅速被真空泵抽走,而不会黏附在样品表面形成保护膜减慢甚至终止反应。

(3)产生自由基:入射到样品表面的离子将一些表面吸附的活性分子分解生成能与样品表面原子发生化学反应的自由基。

(4)自由基反应:过程(3)中产生的自由基会在样品表面迁移,并与表面原子发生化学反应生成挥发性的物质,进而被真空泵抽走。

反应离子刻蚀选用的具有化学活性的反应气体一般是以卤素气体为主。例如,对硅的反应离子刻蚀经常选择的气体有四氟化碳(CF_4)、六氟化硫(SF_6)、三氟甲烷(CHF_3)、溴化氢(HBr)、三氯化硼(BCl_3)等。这主要是由于卤素离子与硅容易反应生成易挥发的物质,例如氟离子跟硅原子反应生成的四氟化硅(SiF_4),其沸点在$-86\ ℃$,即使在常温下也会立刻挥发而被真空泵抽走。一般情况下,反应离子(如氟离子)的浓度越高,发生化学反应的速率就越快,样品的刻蚀速率也就越快。反应离子刻蚀除了应用在硅材料的刻蚀外,还经常用于刻蚀其他半导体材料,如砷化镓($GaAs$)、磷化铟(InP)等,也可以用于刻蚀一些金属材料,如铝(Al)、铜(Cu)等。

在具体刻蚀过程中,上述四种过程一般都存在,但其所占比重与具体刻蚀条件有关,主要涉及的反应参数包括:① 气体流速,一般情况下,通入的反应气体流速越大,电离产生的反应离子数目就越多,整体反应刻蚀速率会越快,但同时由于反应离子和未电离的反应气体分子的碰撞也越多,上述物理溅射过程有可能减弱;② 放电功率,随着射频放电功率的增加,电离产生的反应离子数目也会越多,整体反应刻蚀速率就会越快;③ 反应气压,较低的气压对应较低的气体分子密度,气体分子与电离的离子的碰撞概率也较小,相应的离子自由程比较大,因而上述的物理轰击过程会比较显著,反之则化学刻蚀效果会比较显著;④ 辅助气体,有些反应离子刻蚀过程中会通入一些其他气体,例如氩气(Ar),通过Ar^+的物理轰击增加其刻蚀速率,并在一定程度上减少对样品的化学沾污;在使用氟基气体刻蚀硅材料时,一般也经常通入少量氧气(O_2)来增加刻蚀速率,但氧气的存在又容易使光刻胶等掩模板氧化生成挥发性物质从而加快掩模板材料的损耗,有可能影响最后刻蚀得到的微纳结构。

反应离子刻蚀工艺简单,操作灵活,对设备要求不高,图2.4(c)就是其中一种反应离子刻蚀设备(美国 Trion Technology 公司)的外观图。其缺点是刻蚀速率比较慢,方向选择性差。

2.1.2 电感耦合等离子体刻蚀(ICP‐RIE)

电感耦合等离子体反应离子刻蚀属于深度反应离子刻蚀(deep reactive ion etching, DRIE)的范畴(崔铮,2013),它是在一般反应离子刻蚀的基础上,增加了一个电感耦合的等离子模块ICP,如图2.5(a)所示。和一般 RIE 相比,ICP‐RIE 具有反应离子刻蚀速率快和方向选择性好的特点。

ICP‐RIE 的纵向刻蚀速率最快可达到每分钟几十微米,可以保证在纵向刻蚀较深的同时横向刻蚀不显著,从而实现高深宽比的刻蚀。在等离子体反应刻蚀过程中,刻蚀速率一般与等离子体的密度正相关。常规的 RIE 设备中,较高的等离子体密度主要通过增加两极板之间的射频放电功率实现,但这往往同时伴随着更高

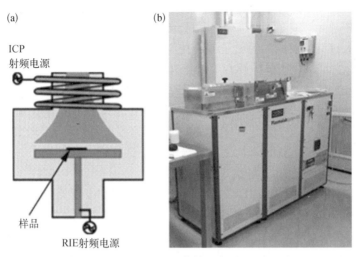

图 2.5 （a）ICP‒RIE 结构示意图;（b）一种
ICP‒RIE 设备实物图(王曙光,2018)

的离子能量,而高能离子轰击样品表面又会导致光刻胶等掩模板容易被消耗,从而降低掩模板的抗刻蚀比。ICP‒RIE 在常规 RIE 极板的上方另外配置了一个电感耦合线圈,其间的交变电磁场可以使等离子体长时间在一定区域内做回旋运动,增加离子和气体分子的碰撞概率,从而提高气体分子的电离概率,大大增加等离子体的密度。常规的 RIE 等离子体的密度为 $10^8 \sim 10^{10}$ cm^{-3},而 ICP‒RIE 的等离子体密度则可以轻松超过 10^{11} cm^{-3}。而且,ICP‒RIE 中产生等离子体的区域和刻蚀区域分开,也有助于减小离子轰击对掩模板的消耗作用。

为了进一步提高刻蚀的深宽比(或各向异性)得到边界分明的微纳结构,在ICP‒RIE 中可以采用以下两个工艺来实现:

（1）低温工艺。例如,在选用 SF$_6$ 作为反应气体刻蚀硅时,刻蚀过程中生成的产物主要为四氟化硅(SiF$_4$)。由于其沸点为 -86 ℃,所以当样品温度比较低时,如-100 ℃,SiF$_4$ 就会在样品表面凝固成膜,其厚度为 $10 \sim 20$ nm。该薄膜可以有效减少等离子体对光刻胶等掩模板的刻蚀,也可以抑制横向氟自由基与硅的反应,减小横向的刻蚀速率,从而提高刻蚀的深宽比,如果样品温度设在 -110 ℃,横向刻蚀几乎可以被完全抑制。但是,如果样品温度低于 -140 ℃,反应气体 SF$_6$ 也开始冷凝,反应离子刻蚀也就无法进行。

（2）Bosch 工艺。该工艺主要是通过特定的刻蚀过程在相关结构的侧壁上沉积一层保护膜的办法来提高刻蚀的深宽比。Bosch 工艺中的反应气体主要包括两种气体:刻蚀气体 SF$_6$ 和保护气体全氟环丁烷(perfluorocyclobutane,又称八氟环丁烷。分子式 CF$_2$CF$_2$CF$_2$CF$_2$,C$_4$F$_8$),在刻蚀过程中这两种气体交替通入反应腔,根据具体刻蚀要求,各自的通气时间在 5~15 s 左右。一般先通入 SF_6 气体进行反应离子刻蚀,得到一定深度的沟道(或孔洞,微柱)等结构;然后关闭 SF_6 管道同时通入 C_4F_8 气体,该气体对应的等离子体会在沟道侧壁沉积生成一层氟化碳等聚合物构成的薄膜,它可以充当保护膜有效阻止硅和氟离子的反应。当关闭 C_4F_8 气体管道再次通入 SF_6 气体进行刻蚀时,沟道底部的保护膜容易被高能离子轰击消耗掉,从而可以继续进行纵向刻蚀;而侧壁的保护膜受高能离子的轰击影响小,可以较长时间存在,使得侧壁的硅不容易被刻蚀。这样循环操作,既保证了较高的反应刻蚀速率,又可以得到相当高的深宽比或优异的方向选择性。但其缺点是侧壁不够光滑,容易出现"竹节状"结构。

ICP‑RIE 设备比一般 RIE 设备复杂一些,图 2.5(b)是英国牛津仪器(Oxford Instruments)公司的 Plasmalab System100 ICP 180 系统。该设备射频源最大功率 3 000 W,配备有液氮冷却系统,样品台温度可设定在-120~80 ℃,可以运行 Bosch 工艺。

除了上述常用的干法刻蚀,硅基材料微纳结构还可以通过湿法刻蚀的方法得到(崔铮,2013)。硅基材料的湿法刻蚀一般用的化学试剂是碱性溶液:氢氧化钾(KOH)、EDP(ethylenediamine pyrocatechol)和 TMAH(trimethyl ammonium hydroxide)。其中比较常用的是氢氧化钾溶液,其刻蚀速率较快,且具有各向异性,实验表明氢氧化钾溶液对于硅(100)面的刻蚀速率要远大于(111)面的刻蚀速率,所以在硅(100)表面用氢氧化钾溶液刻蚀时,经常会得到由四个{111}面构成的倒金字塔型坑槽。硅的化学刻蚀试剂也可用酸性腐蚀液,例如由氢氟酸(HF)、硝酸(HNO_3)和醋酸(HAc)组成的混合液,其中醋酸是作为稀释溶剂,也可以替换成水。酸性腐蚀液对硅的刻蚀一般是各向同性的,且其刻蚀速率与混合液中各组分的比例有关。另外,还有一种硅的湿法刻蚀方法是金属辅助的化学刻蚀。先在硅表面上制备一些贵金属(如金、银、铂等)微纳结构(网格、颗粒或条状结构),然后把样品放入氢氟酸和双氧水(H_2O_2)混合液中,贵金属起到催化剂的作用可以大大加速硅在混合液中的刻蚀速率,所以在贵金属微纳结构下面的硅就会被很快反应刻蚀掉,而贵金属微纳结构基本不受化学混合液的影响,会整体望下沉,如果混合液足够多,就会不停地往下刻蚀,最后得到硅的微纳结构,如纳米线阵列(Wu et al., 2014)。

2.2　分子束外延生长技术

2.2.1　分子束外延生长技术原理及发展简介

分子束外延(molecular beam epitaxy)是一种可精确实现单原子层级生长的外延技术,一般简称为 MBE。其生长的基本过程如下:在超高真空(一般小于 10^{-8} Torr[①])腔体

---

① 　1 Torr = 1 mmHg = 1.333 22×10^2 Pa

中,将干净的具有特定晶向的晶体作为衬底,将需要生长的超高纯蒸发物质,如 Si、Ge、Ga、Al、In、As、Sb、P 等,放入各自的束源炉(也在真空腔体内),通过加热和相应的反馈系统控制各束源炉的温度得到各元素相应的原子或分子流,这些从源炉喷射出的粒子流到达衬底表面,在一定的条件下,就可以在上述衬底表面生长出极薄的(可薄至单原子层水平)高质量晶体,该晶体可以是单质(单种元素外延生长,如 Si)或是化合物(多种元素同时外延生长,如 GaAs),也可以通过几种元素的交替外延生长得到超晶格结构。其他生长技术,如液相外延(liquid phase epitaxy, LPE)和化学气相淀积(chemical vapor deposition, CVD)等,一般是在接近热力学平衡条件下进行的。而 MBE 由于是在超高真空环境下进行,其生长主要由分子束和晶体表面的反应动力学所控制,一般是在非平衡条件下进行;而且分子束外延生长过程中衬底原子的类型和结构(如晶格常数,晶体对称性)对外延材料的生长起着至关重要的影响,一般都会选择同类材料中具有相同对称性和相近晶格常数的晶体作为衬底。

　　分子束外延其实是由真空蒸发技术制备半导体薄膜材料发展而来,随着超高真空技术的发展和材料纯度的日益提高。从 20 世纪 40 年代起,蒸发铅和锡的硫化物薄膜被广泛研究。在 20 世纪 50 年代末 60 年代初,当时为了制造高频大功率器件,一方面需要减小集电极串联电阻,另一方面又要求材料能耐高压和大电流,因此需要在低阻值衬底上生长一层薄的高阻材料;而外延生长的新单晶层可在导电类型、电阻率等方面与衬底不同,还可以生长不同厚度和不同要求的多层单晶,从而大大提高器件设计的灵活性和器件的性能,因此外延生长技术得到了比较大的发展。但直到 20 世纪 60 年代中期还没有实现优质的外延薄膜的生长。1968年,美国贝尔实验室的 Arthur 基于 Ga 和 As 在 GaAs 衬底表面的反应动力学研究提出了 MBE 生长的基础理论(Arthur, 1968);1969~1972 年,美国贝尔实验室的 A. Y. Cho 用 MBE 技术生长出了高质量的 GaAs 薄膜单晶及其 n 型和 p 型掺杂,并制备了多种半导体器件(Cho et al., 1972; Cho et al., 1971; Cho, 1969),而且生长出了 GaAs/AlGaAs 超晶格,从而使 MBE 生长技术赢得了人们的广泛关注。随着20 世纪 70 年代初期真空设备商品化,MBE 才得到了越来越多的应用。T. W. Tsang 在 1979 年将基于 MBE 技术生长的 GaAs/AlGaAs 激光器的阈值电流密度降到 1 kA/cm^2 以下(Tsang, 1979),使其能在室温下工作,这是 MBE 发展史的第二个里程碑,从此 MBE 被认为是发展新一代半导体器件的关键技术而受到广泛的重视。我国于 20 世纪 80 年代初由中国科学院物理所和半导体所分别研制出了 MBE 生长设备。

　　为了更好地控制外延材料的质量和表面形貌,优化异质外延材料的界面结构和掺杂原子分布,在 1986 年人们又发展了迁移增强外延技术(migration enhanced epitaxy, MEE)。它是在一般 MBE 技术的基础上,通过间断性地控制外延原子束流,增强表面吸附原子在表面的自由迁移长度,最后得到高质量的外延材料。例如,在 GaAs 的分子束外延生长过程中,一般是在 As 端面进行外延生长,为了使 Ga 原子到达表面后不立即与衬底表面的 As 原子和吸附的 As 原子发生反应生长 GaAs 层,可以通过轮流打开 Ga 源和 As 源的挡板,使得 Ga 原子和 As 原子轮流淀积到衬底表面,从而使吸附 Ga 原子在衬底表面具有较长的迁移时间,能够到达表面台阶处再外延生长,即使在比较低的温度下(200 ℃)也能生长出高质量的 GaAs 外延层;这种 MEE 技术最关键的问题是控制合适的 Ga 和 As 的束流强度,否则会影响外延材料的质量。用 MEE 技术在 GaAs 衬底上生长的自组织 InGaAs 量子点其尺寸均匀度与空间分布明显优于用一般 MBE 技术得到的结果(Cheng et al.,1998a)。

随着 MBE 技术的不断发展,一系列新材料和新结构,尤其是在半导体领域,不断涌现。MBE 的一个重要阶段性成果就是掺杂超晶格的生长和应变层结构的制备。掺杂超晶格其实是一种周期性改变掺杂种类或浓度的半导体结构,由于杂质种类和掺杂浓度可以影响半导体材料的能带结构,通过周期性掺杂的方法就可以得到能带结构周期性变化的超晶格半导体。掺杂超晶格的制备及其特性与掺杂技术密切相关,该技术最关键的一点就是可以在接近一个原子层的平面上进行掺杂;例如,在外延材料生长中止的情况下,淀积一个单原子层的掺杂原子,该单层杂质原子通过高温退火工艺或分凝可以形成一个很薄的掺杂区,而且界面处杂质浓度变化非常陡峭,从而使得到的二维电子气的浓度和迁移率都大大增强。另外,利用 MBE 生长技术,可以在外延材料和衬底的晶格失配小于某一临界值时,异质外延生长得到高质量的外延薄膜材料;由于晶格失配,外延材料中存在应变,这样的结构称为应变层结构。应变层结构的出现极大地推动了半导体材料的发展。一方面,应变层结构极大地拓宽了异质结结构的种类,因为晶格常数匹配的异质半导体材料非常有限,而应变层结构可使晶格常数不同的半导体进行有机的组合,使两种材料都能充分发挥各自的优点;另一方面,可以通过应变调控异质外延材料的物理特性。当应变层厚度超过一个临界值时,表面可以自组织形成一些三维结构或量子点,具体内容后面会作详细论述。

MBE 作为可以精确控制原子尺度的外延生长技术,在二维电子气(2-dimensional electron gas,2DEG)、多量子阱(multiple quantum well,MQW)、纳米线(nanowire)和量子点(quantum dot,QD)等新型结构研究中发挥了重要作用。在超薄层材料的外延生长方面,MBE 技术使原子、分子数量级厚度的外延薄膜生长得以实现,开拓了能带工程这一新的半导体领域。最近随着新型材料领域研究的不断拓展,MBE 技术在拓扑绝缘体、二维材料、半金属、超薄超导薄膜生长方面也得到了广泛应用。

基于 MBE 技术生长的新材料和新结构,人们设计和制备了许多新型的半导体器件,例如,金属半导体场效应晶体管(metallized semiconductor field effect transistor，MESFET）、高电子迁移率晶体管（high electron mobility transistor，HEMT）、异质结场效应晶体管（heterojunction field effect transistor，HFET）、异质结双极晶体管（heterojunction bipolar transistor，HBT）等微波、毫米波器件和光电器件。外延技术还被广泛用于集成电路中的 PN 结隔离技术和大规模集成电路中改善材料质量方面。总体来看，分子束外延的最大优点就是能够精确控制外延材料的生长，可以外延生长超薄（亚原子层厚度）的薄膜材料；另外，该外延技术一般生长温度较低，可以精确生长不同掺杂材料和浓度，或不同组分和厚度的多层结构或超晶格结构；可以利用不同元素的原子在表面的吸附系数的差别，外延生长化学配比较理想的化合物材料薄膜。但是，由于超高真空环境和精确生长的苛刻要求，整个分子束外延系统比较复杂，材料生长速度偏慢，而且生长面积也受到一定限制，对于外延层较厚的器件（如 light-emitting diode，LED），其生长时间较长，不能满足大规模生产的要求。总之，MBE 技术的进展和用它制备的材料和结构在现代半导体器件、微电子技术、光电子技术、超导电子技术及真空电子技术的发展中起了非常重要的作用。

2.2.2 分子束外延设备简介

MBE 的整个生长过程都在超高真空环境下进行，为了达到这一基本要求，MBE 系统一般都配备两个腔体：生长室和进样室［如图 2.6（a）所示］。一些复杂 MBE 系统还包括一个分析室用于实时监控和分析外延材料的特性；甚至把几个用于不同材料生长的 MBE 设备通过超高真空管道连在一起，生长复杂的新型功能材料。进样室是为了装样和取样方便，很多时候还可以对样品作一些除气等预处理；进样室的真空度一般在 10^{-8} Torr 量级，生长室和进样室用真空阀门隔开，除了传送样品的一小段时间外，这两个腔体基本上完全隔离，从而保证进样、取样和预处理时不破坏生长室的超净和超高真空环境。样品预处理后，在生长前再通过样品传递杆把样品从进样室传到生长室。

在生长室，与大多数真空生长设备一样，主要由真空、束源炉、速率监控、衬底加热等几个子系统构成［如图 2.6（b）所示］。生长室的本底真空可以达到 10^{-11} Torr 量级，为了实现这么高的真空，一般情况下都会配备机械泵-涡轮分子泵-离子泵三级真空泵；机械泵（干式真空泵）和分子泵主要用于开腔（为了换源或检修）后从大气抽到高真空，以及后续腔体烘烤过程中真空的维持；正常的生长过程和平时一般都只用离子泵维持超高真空。另外，在生长过程中，由于多个束流源和衬底都处于加热高温状态（几百度甚至超过一千度），源、衬底以及腔体都会释放出大量气体分子，所以在生长腔体内测（甚至样品加热器附近）会配有液氮冷屏（有些系统为了节省液氮和避免太大的温度梯度会同时配备水冷屏），外延生长时连续通入液氮，利用冷屏表面吸附二氧化碳和水等杂质气体分子，进一步提高真空度，并减少外延生长过程中的非故意掺杂（即一般的本底掺杂）浓度。在大部分 MBE 系统

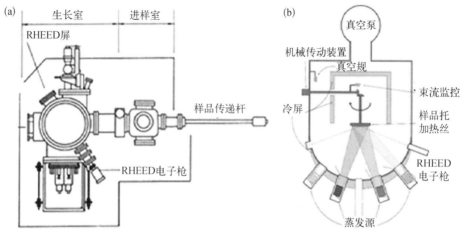

图 2.6　MBE 系统

（a）MBE 设备的总体结构示意图；（b）MBE 设备生长室中各部件示意图；（c）法国瑞博（Riber）公司生产的 Eva‐32 型分子束外延系统

里,生长室还配备钛升华泵,在生长室真空达不到要求时,可以利用钛升华泵来短时间快速提高其真空度。

　　MBE 设备的核心部件是束源炉。束源炉是产生分子束的蒸发源炉。当束源炉温度达到一定值时,炉内的源材料就会以分子或原子形式蒸发出来,统称分子束,喷射到衬底表面上去。分子束流的大小与材料种类和源的温度有关,一般情况下通过控制源的温度来控制束流,最后实现对外延材料厚度和组分的精确控制。由于源材料所需的温度不同,束源炉本身的材料和加热方式也会有差异。束源炉一般用电阻丝和电子枪两种方式加热。当束源炉所需温度不太高时,如一般 Si(Ge)MBE 设备中的掺杂源 B(约 880 ℃)、P(约 720 ℃)等,束源炉可用氮化硼坩埚,其加热方式采用电阻丝加热;坩埚外面绕有电阻丝,通过通入一定电流和相应的反馈控制系统,使束源炉达到特定的温度并保持恒定。如果束源炉所需温度很高,如 Si、Ge 的束源炉温度要大于 1 300 ℃,则一般需要用高压电子枪加热;例如,Temescal 公司的 Simba 2 高压电子枪系统用 10 kV 高压产生一个加速电场,使位于坩埚正下方的通电灯丝产生的大量电子加速,使其获得很高的动能,再通过一个偏转磁场打到源材料(Si 或 Ge)上,高能电子的动能转化为源材料的热能,从而实现源材料的高温加热;为了使源材料的温度尽量均匀,电子枪系统一般配有扫描器,其作用就是可以让电子束以一定频率周期性地入射到源材料的不同位置上,从而使源材料尽可能均匀加热;同样有一套反馈控制系统来控制电子枪的电流实现某一恒定温度。由于 Si(Ge) 源的温度太高,束源炉一般用耐高温的石墨坩埚,为了在生长过程中保持超高真空,坩埚下方及周围需要通入冷却水降温。在腔壁上的各个源之间还配有液氮冷屏,一方面用于提高生长室的真空度,另一方面用来隔绝不同源之间温度的相互干扰。

生长室的另一个核心部件是生长速率监控系统。一般为了精确控制外延层的厚度和组分,在生长过程中会对各个源的生长速率进行实时监控。例如,在Ⅳ族材料的外延设备中,Si 和 Ge 的生长速率可以用石英晶体振荡器来实时监控,其基本原理是利用交变电场驱动具有压电效应的石英晶片产生共振;在生长过程中,石英晶片上会同时蒸镀一层源材料,从而改变了石英晶片的质量,相应的共振频率也随之改变,通过频率的改变来确定薄膜层的厚度。通过晶振来监控生长速率,其精度可以小于 0.1 Å/s;但是,缺点是随着石英晶片上淀积的薄膜越来越厚,其准确率会越差,所以需要经常更换新的晶振片;另外,晶片振动对温度也比较敏感,一般晶振都有配套的水冷装置。为了避免晶振更换对生长室真空的破坏,大部分Ⅳ族材料的 MBE 生长系统配备了其他的生长速率监控设备。例如,基于电子碰撞发射光谱(electron impact emission spectroscopy, EIES)的英飞康(Inficon)公司的 Sentinel Ⅲ电子碰撞辐射光谱控制器,其基本原理是利用低能电子撞击蒸发束流,受激的蒸发原子退激发过程中产生荧光,荧光波长与原子的种类有关,荧光的强度反映了束流的大小;其生长速率的检测精度也可达 0.1 Å/s;这种生长速率监控器的优点是使用时间长,但缺点是只能用于检测原子,如 Si、Ge 源蒸发出来的原子。另外,由于蒸发源蒸发出来的原子束流的空间分布大致是一个球形,所以监控器只需要安放在侧面某一位置就可以监控速率。为了方便控制外延材料的厚度和组分,蒸发源与样品之间一般还配有挡板,通过挡板的开关和温度的协同控制来实现外延材料的精确生长。实际上 MBE 系统能精准控制各个源的生长速率,是通过速率监控系统和束源炉的温度控制系统协同作用来实现的。当束源炉温度升高时,源材料的蒸发速率就会增加;但蒸发速率与加热功率并不是线性关系,当源材料达到一定温度开始蒸发时,微小的温度变化都会对生长速率产生比较大的影响。对一般的源材料,其真实的蒸发速率是通过温度来表征;在一定的源材料温度下,生长几个样品,通过 X 射线衍射(X-ray diffraction, XRD)、X 射线反射(X-ray reflection, XRR)或台阶仪测量外延薄膜的厚度,根据相应的生长时间来确定真实的生长速率。在Ⅲ-Ⅴ化合物半导体 MBE 生长设备里,还可以通过反射高能电子衍射(reflection high energy electron diffraction, RHEED)图案上的镜面反射点的强度振荡频率来确定外延薄膜的生长速率,其基本原理就是在非常平整(原子尺度量级)的衬底表面外延薄膜时,表面的粗糙度随着薄膜厚度呈周期性变化,使得掠入射到外延表面的高能电子的镜面反射点的强度随外延的分子层周期变化,一个振荡周期对应一个分子层的生长厚度。

2.2.3　分子束外延生长的基本过程

在外延生长中,衬底和外延层都是晶体结构,而且他们的晶体结构之间存在着紧密联系,衬底的原子排列和晶向基本决定了外延材料的原子排列和晶体结构。如果衬底和外延层属于不同晶系,一般在界面会出现一些过渡层,其间的原子排列会比较复杂,而且外延材料的晶体质量一般也不会太好,其物理特性也会受一些界面效应的影响。因此,不是所有材料都适合用外延方法生长。

一般情况下,衬底和外延材料属于同一晶系,而且两者的晶格常数相差不能太大。例如,Ge 在 Si 衬底上的生长,Ge 和 Si 都是金刚石结构,其晶格常数相差约4%;AlAs 在 GaAs 衬底上的生长,两者都是闪锌矿结构,其晶格常数基本相同。下面主要以 Ge 在 Si 上的外延生长为例,简单介绍外延生长的基本过程和自组织三维岛的形成过程和机理。

Si 或 Ge 原子从源蒸发出来后,喷射到衬底表面,这些从高温源炉出来的原子具有相当大的动能,而且衬底的温度一般也在几百度,所以这些原子会在表面迁移一段距离,最后和表面原子成键,形成新的表面原子层。如果衬底温度太低,这些表面吸附原子的迁移距离太短,无法到达合适的位置与表面原子成键,使得生长过程中原子排列的周期性和对称性受到影响,外延材料的晶体质量就可能很差,甚至形成非晶材料。MBE 外延生长的一些基本过程如图 2.7 所示,从高温源炉喷射出来的原子到达衬底表面[图 2.7(a)],这些原子成为表面吸附原子(或称滞留在表面的自由原子);当其具有足够高的能量可以克服表面迁移过程中遇到的势垒时,这些原子会在表面迁移一段距离[图 2.7(b)];如果两个(或多个)表面吸附原子在迁移过程中相遇,他们就可能形成一个二聚物(或多聚物,二维岛核)[图 2.7(c)];这些二聚物(或多聚物)可能继续"吸收"其他吸附原子生长成为一个二维岛,当其尺寸超过一定临界值时(Venables et al., 1983),就成为一个稳定的二维岛[图2.7(d)],否则二维岛也会通过原子脱附[图 2.7(e)]退化重新成为一些表面吸附原子;其他过程还包括在大的稳定的二维岛上的继续生长形成一个三维岛[图 2.7(f)];在已有的表面原子台阶处的生长[图 2.7(g)];在表面平台处的吸附原子的脱附[图 2.7(h)]。

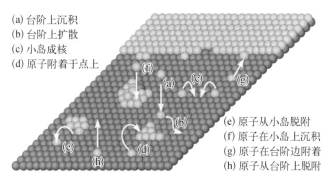

(a) 台阶上沉积
(b) 台阶上扩散
(c) 小岛成核
(d) 原子附着于点上

(e) 原子从小岛脱附
(f) 原子在小岛上沉积
(g) 原子在台阶边附着
(h) 原子从台阶上脱附

图 2.7 外延生长基本过程示意图

1. 同质外延生长

在同质外延生长时,取决于衬底表面原子台阶的密度,一般有二维岛状生长(two-dimensional island growth)和台阶推进生长(step-flow growth)两种过程。当表面原子台阶比较少时,吸附原子在迁移过程中容易与其他吸附原子相互作用形成一些稳定的二维小岛;当小岛密度比较小时,小岛间距离较远,在远离小岛的区域淀积的吸附原子很容易形成新的二维岛,因此在生长初期,小岛的密度会随着外延生长有明显的增加;随着小岛密度的增加,越来越多的吸附原子会直接结合到已有二维小岛的边缘,从而使得新的小岛成核越来越不可能,也就是说到一定的生长阶段,二维小岛的密度会达到一个饱和值,该饱和值与生长速率以及衬底温度相关(Venables et al.,1983)。在每个二维小岛边缘存在一个"捕获带",淀积在该区域内的吸附原子基本上会直接迁移到相应小岛的边缘并在那里与表面原子成键,因此在后续的外延生长过程中,小岛的密度不会增加太多,但小岛的尺寸会不断增加,最后这些二维小岛会联结在一起形成一个连续的层。继续生长就会在新形成的表面上开始二维小岛成核和生长的下一个周期,这种生长模式称为通过二维小岛成核的层状生长(layer-by-layer growth)。另一种极限情况是衬底表面原子台阶密度很大,或者是吸附原子在表面的迁移距离很大,使得吸附原子在形成二维小岛之前就能够迁移到台阶边缘并在那里生长,导致台阶边缘不断向前推进,这种生长过程称为台阶推进生长过程。在具体外延过程中,上面提到的两种生长过程一般都存在,取决于生长条件(如温度、生长速率)和衬底表面的原子结构,可能其中一种会占主导地位。例如,低温生长时二维岛状生长占主导,而高温生长时台阶推进生长占主导。这两种生长模式在一定条件下甚至可以通过 RHEED 的强度振荡来判断和分析(Shitara et al.,1992):在低温生长时,RHEED 的强度会随着生长时间周期性振荡,其根源就是二维岛状生长过程中表面台阶的密度会随着二维岛的成核、生长和相互结合形成新的表面层而周期性变化;而高温生长时,由于吸附原子都在已有的台阶边缘生长(step-flow growth),表面台阶的密度基本不随生长时间而变化,不能观察到 RHEED 强度的周期性变化。

2. 表面再构对外延生长的影响

半导体表面的原子排列一般与其体内的原子排列有明显的差异,主要是因为表面原子有很多悬挂键,为了减少悬挂键的数目,使得整个体系的能量降低,相邻表面原子之间会形成新的化学键,表面原子的位置也会随之变化,最后形成表面再构。表面的原子再构主要由悬挂键的数目决定,因此其与表面的晶向和原子种类密切相关。Si(0 0 1)-2×1 表面的原子再构如图 2.8 所示。没有再构的 Si(0 0 1)表面上每个原子有两个悬挂键(dangling bond),表面再构后会出现 Si 的二聚物(dimer),同时每个表面原子就只有一个悬挂键,如图 2.8(a)所示。表面原子的位置也略有变化,没有再构时,表面原子的排列是一个正方格子,其表面晶格常数是3.84 Å;而在 2×1 再构表面,原子排列的一些对称性就缺失了,形成二聚物的两个相邻原子之间的距离沿二聚物方向(〈1 1 0〉方向)就会缩短,而且这些二聚物会自发地排成一列(dimer row),其排列方向垂直于二聚物的方向,如图 2.7(b)底部的粗虚线框所示,如果二聚物的方向为[-1 1 0]方向,则二聚物列的方向为[1 1 0];相邻二聚物列的间隔为 7.86 Å,而形成二聚物的两个原子间距从原来的 3.84 Å 缩小到 2.35 Å。由于再构引起的表面对称性和周期性的破缺,使得吸附原子在表面迁移过程中并不是各向同性的,这也是很多实验观测到的表面二维或三维岛具有特定形貌的一个原因。表面吸附的 Si 原子在迁移过程中,很容易形成 Si 的二聚物,实际表面迁移的基本单元是 Si 的二聚物,而且其沿着二聚物列(dimer row)的方向迁移需克服的势垒相比其他方向的要小(Borovsky et al., 1999),所以,表面吸附的 Si 原子容易沿着二聚物列的方向迁移。

另外,一般衬底表面并不是完美的原子平整的表面,而是存在许多表面台阶。在台阶附近的原子,其表面再构和应变与台阶的具体结构密切相关,而且其和远离台阶的原子也有比较大的区别,使得吸附原子在台阶附近的迁移需克服的势垒一般不同于其在远离台阶的区域。例如 Si(Ge)是金刚石晶格,其原子堆积顺序和表面再构对表面台阶有着重要的影响。晶体 Si 沿[0 0 1]方向相邻原子层的间隔为$a/4$ 约 1.36 Å,a 为晶体硅的晶格常数 5.43 Å。由于金刚石结构沿[0 0 1]方向相邻原子层中原子的排列转了 90°,在(0 0 1)表面单原子层高度的台阶两边的平台上二聚物的方向也就转了 90°,如图 2.8 所示。在一般 Si(0 0 1)衬底表面可能存在四种台阶结构:S_A、S_B、D_A、D_B,图 2.8(b)中细的虚线标注了 S_A 和 S_B 台阶(S_A step, S_B step);大写字母 S 和 D 分别表示台阶的高度为单(single)和双(double)原子层,下标 A 和 B 分别表示台阶上平台的二聚物列的方向平行和垂直于台阶边缘。一般 S_A 台阶边缘比较平整,而 S_B 台阶边缘则比较粗糙。在沿〈1 1 0〉方向斜切的衬底

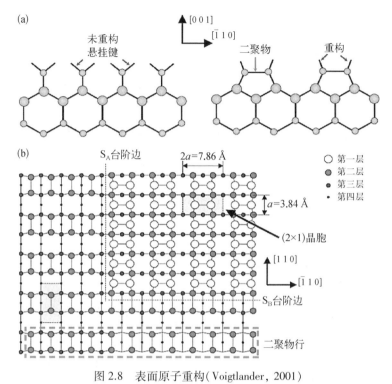

图 2.8　表面原子重构（Voigtlander，2001）

（a）表面原子没有再构和再构以后的原子排列示意图（侧视）；（b）Si（0 0 1）-2×1
再构表面的原子排列示意图（顶视）

表面,当斜切角度小于约 4°时,表面台阶一般是由 S_A 和 S_B 两种台阶组成;当斜切角度比较大时,表面台阶主要由 D_B 台阶组成（Poon et al.,1992）。由于台阶边缘原子的再构和应变的变化,使得吸附原子跃过台阶需要克服额外的势垒,称 Schwoebel 势垒（Schwoebel et al.,1969）,而且向上和向下跃过台阶需克服的势垒不同（Zhong et al.,2003）。

在 Si（0 0 1）表面同质生长时,经常会出现一些单个二聚物列组成的一维岛,其宽度约为 2.35 Å（一个二聚物的大小）,而且其长轴方向垂直于衬底表面的二聚物列。其主要原因是表面吸附原子在一维岛的两个顶端比侧面的黏附系数大得多,两者的比值大约在 50 左右,所以尽管吸附原子更容易沿着二聚物列的方向迁移,但最后一维岛的长轴却是垂直于衬底表面的二聚物列。需要注意的是,这种各向异性生长会随着生长温度的提高而慢慢消失。一维岛的顶端对应 S_B 台阶,而其侧面对应 S_A 台阶,由此可以推断出吸附原子更容易在 S_B 台阶处生长,这也可以用来解释一般 S_B 台阶的生长速度大于 S_A 台阶的生长速度,甚至最后两个台阶合在一起形成 D_B 台阶（Hoeven et al.,1989）。

2.3　低维半导体材料的自组织外延生长

2.3.1　异质外延生长的三种模式

　　异质外延时,由于外延材料的表面能和衬底的表面能存在差异,外延材料和衬底的晶格常数差异导致外延薄膜中存在应变,而且一般情况下其相应的应变能会随着外延薄膜厚度的增加线性增加,所以异质外延的生长过程与外延材料和衬底材料密切相关。根据表面能和应变能的综合效应,外延材料生长大致可以分为三种生长模式(Osten, 1994):二维平面层状生长模式[Frank-van der Merwe (F-M) mode:layer-by-layer growth]、三维岛状生长模式[Volmer-Weber (V-W) mode:island growth]、层状加岛状生长模式[Stranski-Krastanow (S-K):layer-by-island growth],如图 2.9 所示。给定一个异质外延体系,其生长过程会遵循哪种模式取决于外延材料生长过程中体系的能量变化。一般来讲,外延体系的能量变化可表示为

$$\Delta E = E_{\text{strain}} + \sigma_{\text{f}} + \sigma_{\text{i}} - \sigma_{\text{S}} \qquad (2.1)$$

其中,E_{strain}表示外延薄膜中由于晶格失配引起的应变能;σ_{f}、σ_{i}、σ_{S}分别表示外延薄膜的表面能、外延薄膜和衬底的界面能,以及衬底的表面能。如果在外延材料生长过程中,ΔE一直小于 0,外延材料就会遵循二维平面层状生长模式(即 F-M 模式);如果 ΔE 一直大于 0,外延材料就会遵循三维岛状生长模式(即 V-W 模式);如果刚开始生长时,ΔE 小于 0,外延材料会按照二维平面层状生长,但是随着外延薄膜厚度的增加应变能逐渐主导了外延体系的能量变化,使得当外延薄膜厚度超过某一临界值时,ΔE 变成大于 0,外延材料就会从二维平面层状生长转变为三维岛状生长模式(即 S-K 模式)。对晶格失配比较小,且外延薄膜表面能比较小的异质外延材料,其生长过程一般遵循 F-M 模式;对晶格失配比较大的异质外延材料,其生长过程一般遵循 V-W 模式;对一般的异质外延材料,其生长过程多遵循 S-K 模式,即外延薄膜厚度超过一定阈值时,二维平面薄膜体系的能量就会大于含有三维岛状结构体系的能量,外延材料的生长就会从二维平面的层状生长转化

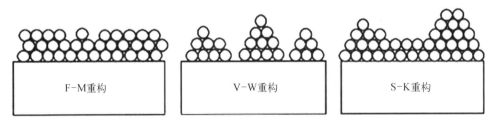

图 2.9　异质外延生长的三种模式(Costen, 1994)

为三维岛状的生长,或者在外延薄膜里会产生位错,其根源是为了释放晶格失配引起的应变。

一般情况下,三维岛状生长和位错的产生是应变材料外延过程中应变弛豫的两种竞争机制,两者的出现都需要克服一定的势垒,研究表明,三维岛形成所需克服的势垒一般与应变的 4 次方(ε^4)成正比,而位错的出现所需克服的势垒与应变 ε 成正比(Tersoff et al., 1994),因此,对于晶格常数失配比较小的外延薄膜生长,位错的产生占了主导地位,而对于较大晶格失配的外延薄膜生长,三维岛的形成是主导过程。Ge 和 Si 的晶格失配比较大,所以 Ge 在 Si 衬底上的外延生长过程中三维岛的形成一般要早于位错的出现,尺寸小的高 Ge 组分的自组织三维岛基本上不含缺陷(defect-free)。当然,如果淀积的 Ge 量太大,Ge 三维岛的尺寸太大就会引入缺陷。

如上所述,三维岛的形成需要克服一定势垒,也就是说三维岛的形成存在一个临界阈值,其大小与晶格失配密切相关,而且与三维岛的形貌有关。因为三维岛状生长会引入额外的表面,使得其总体的表面能会大于二维层状结构的表面能,且与三维岛的形貌相关;同时,三维岛的形成可以有效释放部分应变能,其大小也和三维岛的形貌相关。三维岛形成所产生的额外表面能和的弹性弛豫所减小的能量之间的竞争是二维层状结构到三维岛状结构生长形态转变的驱动力。这种生长模式的转变可以通过一个简单的模型来分析:例如,在表面上出现了一个边长为 x 的立方体,这个立方体的额外表面能正比于面积(x^2),弹性弛豫所减小的能量可以简单地假设正比于体积(x^3),则对相同体积的外延薄膜,三维立方体岛状形态与二维层状形态的能量差可以表示为(Voigtlander, 2001)

$$\Delta E = E_{surf} - E_{relax} = C_1 \gamma x^2 - C_2\ \varepsilon^2 x^3, \varepsilon = \frac{a_{sub} - a_{film}}{a_{film}} \tag{2.2}$$

其中, C_1 和 C_2 为常数; γ 为单位面积的表面能; ε 为薄膜中的应变; a_{sub} 和 a_{film} 分别为衬底和薄膜的晶格常数。ΔE 随 x 的变化曲线如图 2.10 所示。从图中可以看出,太小的三维岛从能量角度看并不是一个稳定的态,因为其表面能的增加超过应变能的弛豫。但是,三维岛的尺寸大于某一临界值 X_{crit} 时,三维岛就比二维薄膜更具有能量优势。这个简单模型基本上展示了二维薄膜到三维岛状生长模式转变的基本驱动力。

需要注意的是,实际上三维岛的形貌相当复杂,其表面能的增加和应变能的弛豫的计算都比较复杂。如果三维岛的具体表面及其表面能已经知道,就可以计算出三维岛的表面能贡献;然而,一般情况下,三维岛的形状不规则,其表面组成非常复杂,而且到目前为止,不同表面的表面能的相关知识也很有限,即使是低密勒指数的晶体表面的表面能也不太确定,特别是不同的表面再构使得其表面能的计算

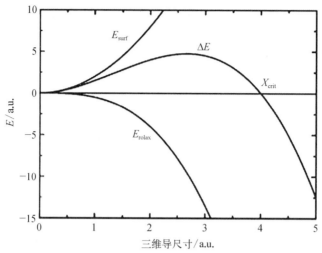

图 2.10   二维平面薄膜和三维岛状结构之间的
能量差 ΔE(Voigtlander, 2001)

E_{surf} 和 E_{relax} 分别表示表面能增量和弹性应变弛豫能;X_{crit} 表示三维岛
的临界尺寸

更加复杂。而三维岛的弹性弛豫能是相对于平面薄膜时的应变能的减小量,其可以通过有限元法(finite-element method, FEM)计算得到(Christiansen et al., 1994)。对一些简单的三维岛,Tersoff 提出了一种近似解析解法来分析(Tersoff, 1995)。而且生长模式的转变还受具体生长条件对应的生长运动学的影响。所以,从能量角度出发可以对异质外延的生长模式进行初步分析,但并不能完全确定具体的生长模式。

2.3.2   表面再构对异质外延生长的影响

在异质外延过程中三维岛的自组织生长主要是应变能驱动的结果,也是有效释放部分应变的途径。对 S－K 生长模式,三维岛出现之前的二维浸润层(wetting layer)的生长过程中,一部分应变也会通过表面再构的变化来释放,而表面再构的变化也影响后续三维岛的自组织生长。Ge 在 Si(0 0 1)衬底上生长时,在二维浸润层(应变层)的表面上观察到了(2×N)再构(Wu et al., 1995)。这种再构由周期性的(2×1)二聚物的缺失形成,即每隔 N-1 个二聚物会有一个空位(第 N 个二聚物缺失)。图 2.11 上部的小插图显示(2×N)再构的顶视示意图。缺失的(2×1)二聚物在表面形成一些小沟槽(trench),这种规则的沟槽阵列可以通过其附近的 Ge 原子的向外弛豫有效地释放一部分应变;另一方面,这种沟槽的形成由于表面积的增加或悬挂键的增加也会使再构表面的表面能增加,这两种驱动力之间的平衡决定了(2×N)再构周期(N)。此外,再构周期(N)也取决于浸润层的中的 Ge 组分或

Si/Ge互混量,因为其会影响表面能和应变。这些因素导致了在Ge的浸润层生长过程中,(2×N)的再构会随着Ge的淀积量的增加而变化(N变小,更多应变会被释放),如图2.11所示。理论上可以通过基于经验势的总能量计算来分析(2×N)再构周期N(Liu et al.,1996),它是Ge淀积量和Si-Ge互混的函数。图2.11也显示了相关理论的计算结果。

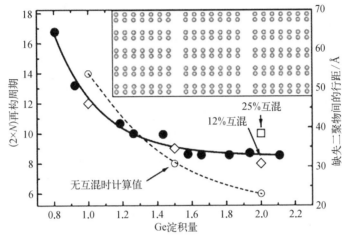

图2.11　(2×N)表面再构周期N与Ge的淀积量的
函数关系(Voigtlander,2001)

实心圆代表了实验数据,显示了随着Ge的淀积量的增加周期N变小的趋势;实线是对实验数据的拟合以便观察;而基于不考虑Ge-Si互混的总能量计算的结果显示为空心圆(连接的虚线);在考虑Si/Ge互混为12%和25%的情况下,基于总能量计算的结果显示为空心菱形和空心正方形;上部的小插图显示了Si(0 0 1)上Ge表面(2×N)的顶视示意图

2.3.3　表面缺陷对三维岛成核的影响

当浸润层厚度超过临界值时,过大的应变能驱动了三维岛的成核生长。Ge在Si(0 0 1)衬底上刚开始形成的三维岛是由4个{1 0 5}面和底面(0 0 1)面构成的棚屋形状(hut cluster)。扫描隧道显微镜(STM)对异质成核过程的观测表明Ge三维岛优先成核在一些表面缺陷附近(Jesson et al.,2000),这些表面缺陷包括表面台阶和小坑,表面小坑其实是由缺失的二聚体聚集而形成的表面小洼地。图2.12显示了浸润层上Ge三维岛"hut cluster"的成核和生长过程。图中的几个暗点表示表面的一些小坑,亮点对应"hut cluster"。比较图2.12(b)~(e)和(a),可以清晰地看到新的"hut cluster"总是在小坑附近或台阶边缘成核。

为了解释这些实验结果,需要考虑表面缺陷在三维岛形成中的作用。表面的台阶或小坑都会引起表面应变场的变化,从而影响三维岛的成核。可以从一个简

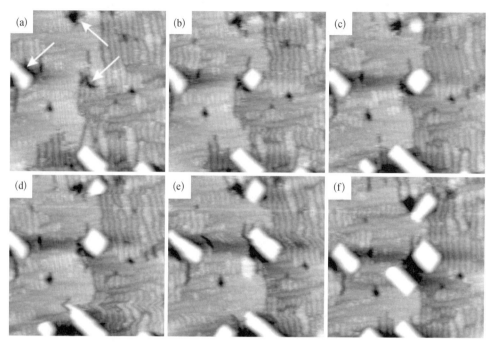

图 2.12　在 Si(0 0 1)表面 Ge 在 575 K MBE 生长过程中的
STM 图像(1 000×1 000 Å)(Voigtlander, 2001)

(b)~(f)分别于图像(a)后 6.6 min、13.2 min、16.4 min、19.7 min 和 23.1 min 得到的 STM 图像;所有的
"hut cluster"都在台阶边缘或在(a)中箭头所指示的小坑附近成核

单的模型来分析相关的影响(Voigtlander, 2001),例如一个由两个原子层高度的台
阶形成的表面小坑结构,如图 2.13 所示,在台阶处由于表面高度的不连续性会在
投影的二维应力场中产生力单极子;在台阶附近的弹性弛豫能可以从这些力单极
子的相互作用中计算得到;对两个相距为 L 的台阶,单位台阶长度的相互作用能为
(Rickman et al., 1993)

$$E = c\sigma^2 h^2 \ln\left(\frac{L}{a}\right) , \; c = \frac{(1-v)}{\pi\mu} \tag{2.3}$$

其中,σ 是失配应力;h 是台阶高度;a 一般是晶格常数;v 是泊松比;μ 是切变弹性模量。

在小坑附近的部分应变弛豫引起上述能量变化,使得 Ge 原子更容易在小坑附
近聚集从而形成三维岛坯胎,如图 2.13 阴影区域所示。该三维岛坯胎对应的应变
弛豫能 ΔG_r 包括了三部分:① 一般三维岛坯胎引起的应变弛豫能;② 表面小坑对
应的应变弛豫能;③ 他们之间的相互作用能。其大小可以近似计算为各台阶间的
相互作用能总和,并按相应台阶宽度的对数进行加权。计算表明,一般情况下 ΔG_r
是一个负数,且其大小随着小坑尺寸的变大而增加(Voigtlander, 2001)。这一简单

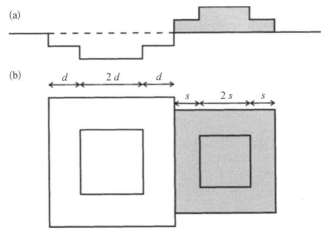

图 2.13   由两个原子单层高度间距为 d 的台阶形成的表面小坑
和相邻的间距为 s 的台阶形成的三维岛坯胎(阴影区
域)的横截面(a)和顶视(b)示意图(Voigtlander, 2001)

的理论估算结果表明了表面小坑和三维岛坯胎间的相互吸引作用。小坑越大,其
对应的弹性弛豫能也越大,使得在小坑旁边形成三维岛坯胎所需克服的能量势垒
就越小,因而三维岛坯胎更容易在大的小坑附近形成。如图 2.12 所示,三维岛优
先成核在图 2.12(a)中用箭头指示的 3 个最大的小坑附近,在这一生长阶段,其他
的区域和小的小坑附近还没有三维岛成核。

一般情况下,由于表面缺陷(表面小坑或台阶)的分布和大小都不均匀,而且
在微观尺度范围内淀积的异质外延材料的原子(或分子)量存在涨落,所以三维岛
的成核位置是随机分布的,而且成核的时间差异很大,其结果就是自组织外延生长
的三维岛的空间分布无序,尺寸大小不均匀。

2.3.4   自组织三维岛的形貌演化

在异质外延生长过程中,自组织生长的三维岛的尺寸、形貌和密度受很多因素
影响,既包括和体系能量相关的动力学因素,也包括和表面吸附原子迁移相关的生
长运动学相关的因素。三维岛体系的能量主要包括弹性应变能、表面能和三维岛
边缘的相互作用能(Shchukin et al., 1995)。如果三维岛体系的能量存在一个极小
值,就有可能得到尺寸和形貌均匀的三维岛。另一方面,生长运动学导致的自限制
生长也有可能得到结构特性相似的三维岛,这主要是由于在特定的生长条件下大
的三维岛比小的三维岛生长慢。

对于在 Si(0 0 1)衬底上生长的自组织 Ge 三维岛,最初形成的稳定的 Ge 三维
岛是由{1 0 5}面围成的"hut-cluster",如图 2.14(a)所示。其表面能的变化可简单

表示成(不考虑边角的影响)(Tersoff et al., 1994)

$$E_s = 2\Gamma h(s + t), \quad \Gamma = \gamma_f \csc(\theta) - \gamma_s \cot(\theta) \tag{2.4}$$

其中,γ_f 和 γ_s 分别表示三维岛侧面(｛１０５｝面)和底面((００１)面)单位面积的表面能;s、t 和 h 分别表示为三维岛的长、宽和高,如图 2.14(a)所示;θ 为侧面和底面的夹角,对于｛１０５｝面 θ 约为 $8°$。由于成岛所引起的弹性能的变化可简单表示为

$$E_r = -2ch^2\left[s\ln\left(\frac{te^{3/2}}{h\cot(\theta)}\right) + t\ln\left(\frac{se^{3/2}}{h\cot(\theta)}\right)\right], \quad c = \frac{\sigma^2(1 - \nu)}{2\pi\mu} \tag{2.5}$$

其中,ν 和 μ 分别表示 Ge 的泊松比(Poisson ratio)和切变弹性模数(shear modulus)。三维岛的总自由能则为 $E = E_s + E_r$。基于这个简单模型,三维岛的自由能随其体积变化的曲线如图 2.14(b)所示。很显然,三维岛的总自由能不是随着其体积单调变化。三维岛的总自由能随着其体积先增大,达到一个极大值 E_c,其对应的三维岛体积为 V_c;随着三维岛体积的进一步增大,三维岛的总自由能会单调下降。这一结果表明,最初出现的小三维岛核并不是都能够继续生长演化为稳定的三维岛;只有体积大于 V_c 的小三维岛核,由于其进一步生长可以有效降低其总的自由能,才能最后形成稳定的三维岛;因此,E_c 也称为三维岛生长的激活能,而对应的体积 V_c 称为三维岛生长的临界体积。

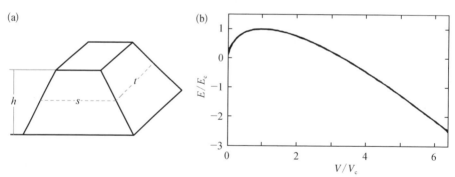

图 2.14　Ge 三维岛("hut-cluster")(Tersoff et al., 1994)

(a) 形貌示意图;(b) 能量随其体积的变化曲线

根据以上简单模型还可得到一个结论:三维岛的自由能不存在极小值。从上述表面能和应变能的表达式可以看出,越陡峭(θ 越大)的侧面一般会引入更大的表面能,但是其也更容易降低应变能。实际生长过程中,随着三维岛体积的增大,其应变能的影响会越来越显著,为了有效释放应变能从而降低三维岛的总自由能,三维岛的侧面会出现更陡峭的其他小平面(如｛１１３｝、｛15 3 23｝等),三维岛的形貌会随之变化(Sutter et al., 2004),如图 2.15 所示。总的自由能的计算会随着多

种小平面的出现变得复杂。另外,由于位错也是释放应变的一种有效途径,随着三维岛体积的变大,三维岛中也会出现位错,从而使得三维岛自由能的定量计算更为复杂。总体来说,对 Si(0 0 1) 衬底上生长的稳定的 Ge(GeSi) 三维岛,其自由能随着其体积的增大而变小,不存在一个自由能的极小值,所以从能量角度考虑很难得到尺寸均匀的三维岛。

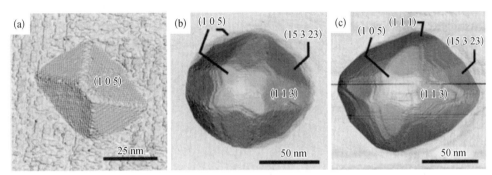

图 2.15 Ge 三维岛随着尺寸增加的三种典型形貌图
(a) 三维金字塔状;(b) 穿顶状;(c) 谷仓状

另一方面,实验结果表明,通过优化生长条件,Si(0 0 1) 衬底上生长的 Ge(GeSi) 三维岛的尺寸均匀性可以得到比较大的改善。Ge 三维岛生长过程中的 STM 实时观测表明,三维岛侧面的生长一般从其底部开始;而且,三维岛成核以后,有一段快速的生长过程,但是随着三维岛尺寸的进一步增大,其生长速率会随着尺寸增大而减小,即自限制生长效应(self-limiting growth),从而可以通过优化生长条件改善三维岛尺寸的均匀性。这种自限制生长效应主要与两个因素有关:一个因素是主要是从能量角度考虑,在三维岛侧面生长新的原子层需要克服一个势垒,该势垒一般随着侧面尺寸的增大而增大;另一个因素是从生长运动学考虑,在三维岛底部附近的衬底上存在一个较大的应变,周围的吸附原子迁移到三维岛底部的过程中需要克服该应变引起的势垒(Chen et al., 1996),三维岛越大对应的势垒也越大,而且在大的三维岛侧面上形成一个完整的新的原子层需要更多的表面吸附原子参与。所以,大的三维岛侧面上新原子层的生长速率会比小三维岛的要小,从而使得大的三维岛的总体生长速率变小。通过优化生长条件,利用自限制生长效应在一定程度上可以改善自组织生长的三维岛尺寸的均匀性。

2.3.5 多层三维岛生长

为了提高单位面积上的三维岛数目,一种常用方法就是生长多层三维岛,其间用间隔层隔开。当间隔层足够厚时,相邻层之间的三维岛生长基本上互不影响,每层三维岛的密度,尺寸和空间分布大致相同,总体上单位面积的三维岛数目与层数呈正比。但是,当间隔层不是太厚时,后续三维岛的生长会受埋在间隔层下面的三维岛的影响。由于三维岛材料与间隔层的晶格失配,在三维岛上方的间隔层中存在一个应变场,即使间隔层长完后表面非常平整,间隔层表面也存在非均匀的应变场,其一维分布可以用下式简单近似(Tersoff et al., 1996):

$$\varepsilon(x) = C(x^2 + L^2)^{-3/2}[1 - 3L^2/(x^2 + L^2)] \tag{6}$$

其中,常数 C 与被埋的三维岛的体积和晶格失配有关;x 是在间隔层表面离被埋的三维岛的横向距离;L 是间隔层厚度。因此,在被埋三维岛的正上方的间隔层表面存在一个表面化学势的极小值,该位置就是后续三维岛生长优先成核的位置(Xie et al., 1995)。当被埋三维岛比较分散时,后续三维岛的分布基本上完全复制第一层的三维岛的空间位置。当两个被埋三维岛比较靠近时,如果这两个三维岛的尺寸较小,其在间隔层表面引起的表面化学势分布会叠加在一起,很容易在间隔层表面两个三维岛间的正上方位置只出现一个极小值(对应区域比较大),如图2.16(a)虚线所示(Zhong et al., 2005),从而在该位置只会生长一个大的三维岛,其结果一方面会减少后续层中的三维岛数目,另一方面有助于改善三维岛的空间分布和均匀性(Tersoff et al., 1996)。如果靠近的两个被埋三维岛都比较大,在间隔层表面两个被埋三维岛的正上方仍然会出现两个比较明显的化学势极小值的位置,如图2.16(a)中实线所示,在这两个位置三维岛都会优先成核[如图 2.16(b)所示],在

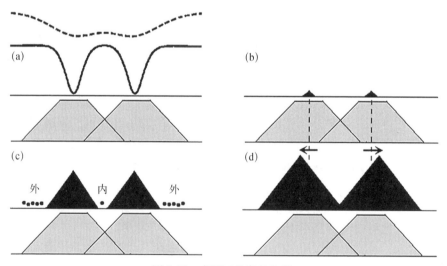

图 2.16　多层三维岛的生长

(a) 间隔层表面局域化学势分布的示意图(虚线表示间隔层较厚或三维岛较小时的分布,实线表示间隔层较薄或三维岛较大时的分布);(b) 两个三维岛的成核;(c) 两个三维岛的生长(黑点表示表面吸附原子);(d) 最后形成的两个三维岛(其中心会向两侧位移);灰色阴影梯形表示两个被埋的三维岛

三维岛继续生长过程中,由于两个三维岛间的吸附原子会被两个三维岛分配,使得两个三维岛外侧的吸附原子会多于其内侧的吸附原子[如图2.16(c)所示],因此两个三维岛外侧的生长速率会大于其内侧的生长速率,随着三维岛的生长,两个三维岛的中心会向外侧移动,使得两个三维岛间的距离会增大[如图2.16(d)所示](Zhong et al.,2003),从而有助于改善三维岛的空间分布。还有一点需要注意的是,多层三维岛生长过程中,部分三维岛中的材料,如Ge三维岛(间隔层为Si)中的Ge,会偏析到间隔层表面,参与后续三维岛的生长,使得在每层三维岛材料总量不变的情况下,后续层中的三维岛会越来越大,为了保持三维岛尺寸,一般要适当减少后续生长的三维岛层中的淀积量。总体来说,通过优化间隔层厚度和三维岛的生长条件,多层三维岛生长不但可以增加三维岛的面密度,而且可以有效改善三维岛尺寸的均匀性和空间分布(Cheng et al.,1998b)。

2.4　本　章　小　结

本章概述了低维半导体材料的两种制备技术:自上而下的微纳刻蚀技术和自下而上的自组织外延生长技术。前者能够精确控制低维半导体材料的形貌、尺寸和空间分布,但是很难避免刻蚀所带来的表面损伤和杂质吸附,这两者都会影响低维半导体材料的物理特性,特别是当低维半导体材料的尺寸很小时,表面缺陷和杂质对其物理特性的影响可能是致命的,而且尺寸越小对所需的刻蚀设备和技术的要求也越高;后者可以制备非常小的无缺陷的低维半导体材料,而且其可以掩埋在其他的材料体系中来消除表面态的影响,但是在一般情况下其形貌、尺寸和空间位置却很难精确控制。两种技术各有特色,互为补充,充分利用两种技术各自的优点,就可以实现结构可控和性能优异的低维半导体材料。在本书的第5章中,将详细介绍通过刻蚀得到的图形化Si(0 0 1)衬底上的SiGe可控纳米材料的生长技术的相关研究进展。

参 考 文 献

崔铮.2013.微纳米加工技术及其应用综述[M].第三版.北京:高等教育出版社.

王曙光.2018.硅锗微纳米结构的可控外延及发光特性研究[D].上海:复旦大学博士学位论文.

尹叶飞,王曙光,王泽,等.2015.基于镜像电荷效应增强硅锗同轴量子阱光致发光的研究[C].上海:第十一届全国分子束外延学术会议.

Arshak K, Mihov M, Arshak A, et al. 2004. Novel dry-developed focused ion beam lithography scheme for nanostructure applications[J]. Microelectronic Engineering, 73:144-151.

Arthur Jr J R. 1968. Interaction of Ga and As_2 molecular beams with GaAs surfaces[J]. Journal of Applied Physics, 39(8):4032-4034.

Borovsky B, Krueger M, Ganz E. 1999. Piecewise diffusion of the silicon dimer[J]. Physical Review B, 59(3): 1598.

Chen Y, Washburn J. 1996. Structural transition in large-lattice-mismatch heteroepitaxy[J]. Physical Review Letters, 77(19): 4046.

Cheng W, Zhong Z, Wu Y, et al. 1989a. Multi-sheets $In_{0.25}Ga_{0.75}As$ quantum dots grown by migration-enhanced epitaxy[J]. Journal of Crystal Growth, 183(4): 705 – 707. Physical Review Letters, 63 (17): 1830.

Cheng W, Zhong Z, Wu Y, et al. 1998b. The self-organized $In_{0.25}Ga_{0.75}As$ quantum dots grown by migration enhanced epitaxy[J]. Journal of Crystal Growth, 183(3): 279 – 283.

Cho A Y. 1969. Epitaxy by periodic annealing[J]. Surface Science, 17(2): 494 – 503.

Cho A Y, Hayashi I. 1971. Epitaxy of silicon doped gallium arsenide by molecular beam method[J]. Metallurgical Transactions, 2(3): 777 – 780.

Cho A Y, Panish M B. 1972. Magnesium-doped GaAs and $Al_xGa_{1-x}As$ by molecular beam epitaxy[J]. Journal of Applied Physics, 43(12): 5118 – 5123.

Christiansen S, Albrecht M, Strunk H P, et al. 1994. Strained state of Ge (Si) islands on Si: Finite element calculations and comparison to convergent beam electron-diffraction measurements [J]. Applied Physics Letters, 64(26): 3617 – 3619.

Hoeven A J, Lenssinck J M, Dijkkamp D, et al. 1989. Scanning-tunneling-microscopy study of single-domain Si (0 0 1) surfaces grown by molecular-beam epitaxy[J]. Physical Review Letters, 63(17): 1830 – 1832.

Ito T, Okazaki S. 2000. Pushing the limits of lithography[J]. Nature, 406(6799): 1027 – 1031.

Jesson D E, Kästner M, Voigtländer B. 2000. Direct observation of subcritical fluctuations during the formation of strained semiconductor islands[J]. Physical Review Letters, 84(2): 330.

Kondo T, Juodkazis S, Mizeikis V, et al. 2006. Holographic lithography of periodic two-and three-dimensional microstructures in photoresist SU – 8[J]. Optics Express, 14(17): 7943 – 7953.

Liu F, Lagally M G. 1996. Interplay of stress, structure, and stoichiometry in Ge-covered Si (0 0 1) [J]. Physical Review Letters, 76(17): 3156.

Osten H J. 1994. Modification of growth modes in lattice-mismatched Epitaxial Systems: Si/Ge[J]. Physica Status Solidi (a), 145(2): 235 – 245.

Poon T W, Yip S, Ho P S, et al. 1992. Ledge interactions and stress relaxations on Si (0 0 1) stepped surfaces[J]. Physical Review B, 45(7): 3521.

Rickman J M, Srolovitz D J. 1993. Defect interactions on solid surfaces[J]. Surface Science, 284(1 – 2): 211 – 221.

Schwoebel R L, Shipsey E J. 1969. Step motion on crystal surfaces[J]. Journal of Applied Physics, 40, 614 – 618.

Shchukin V A, Ledentsov N N, Kop'ev P S, et al. 1995. Spontaneous ordering of arrays of coherent strained islands[J]. Physical Review Letters, 75(16): 2968.

Shitara T, Vvedensky D D, Wilby M R, et al. 1992. Step-density variations and reflection high-energy electron-diffraction intensity oscillations during epitaxial growth on vicinal GaAs (0 0 1) [J]. Physical Review B, 46(11): 6815.

Sutter E, Sutter P, Bernard J E. 2004. Extended shape evolution of low mismatch $Si_{1-x}Ge_x$ alloy islands on Si (1 0 0)[J]. Applied Physics Letters, 84(13): 2262 – 2264.

Tersoff J. 1995. Step energies and roughening of strained layers[J]. Physical Review Letters, 74 (24): 4962.

Tersoff J, LeGoues F K. 1994. Competing relaxation mechanisms in strained layers[J]. Physical Review Letters, 72(22): 3570.

Tersoff J, Teichert C, Lagally M G. 1996. Self-organization in growth of quantum dot superlattices[J]. Physical Review Letters, 76(10): 1675.

Tsang W T. 1979. Low-current-threshold and high-lasing uniformity $GaAs$-Al_xGa_{1-x} As double-heterostructure lasers grown by molecular beam epitaxy [J]. Applied Physics Letters, 34 (7): 473 – 475.

Venables J A, Spiller G D T. 1983. Nucleation and growth of thin films[M]. Boston: Surface Mobilities on Solid Materials.: 341 – 404.

Voigtländer B. 2001. Fundamental processes in Si/Si and Ge/Si epitaxy studied by scanning tunneling microscopy during growth[J]. Surface Science Reports, 43(5 – 8): 127 – 254.

Wu F, Lagally M G. 1995. Ge-induced reversal of surface stress anisotropy on Si (0 0 1)[J]. Physical review letters, 75(13): 2534.

Wu Z, Lei H, Zhou T, et al. 2014. Fabrication and characterization of SiGe coaxial quantum wells on ordered Si nanopillars[J]. Nanotechnology, 25(5): 055204.

Xie Q, Madhukar A, Chen P, et al. 1995. Vertically self-organized InAs quantum box islands on GaAs (1 0 0)[J]. Physical Review Letters, 75(13): 2542.

Zhong Z, Halilovic A, Mühlberger M, et al. 2003. Positioning of self-assembled Ge islands on stripe-patterned Si (0 0 1) substrates[J]. Journal of Applied Physics, 93(10): 6258 – 6264.

Zhong Z, Katsaros G, Stoffel M, et al. 2005. Periodic pillar structures by Si etching of multilayer Ge Si/ Si islands[J]. Applied Physics Letters, 87(26): 263102.

第3章　硅锗低维结构的生长理论

低维结构的异质外延生长是一个由外延原子或团簇组成的无序系统到一个具有有序结构或图案的自组织转变过程。外延原子或团簇间的相互作用受自组织过程中热力学和动力学的共同作用。因此,为了实现低维结构的可控生长,必须研究自组织过程中的热力学和动力学机制,建立理论模型来解决低维结构的可控生长问题。

目前,主流的理论模型有应变弛豫理论、表面化学势理论和 Asaro-Tiller-Grinfelg 不稳定性理论。近年来,人们结合以上热力学和动力学模型,系统地研究了低维结构的成核、生长和转变机制。与其他半导体体系相比,Si/Ge 体系只涉及两种元素,是研究半导体低维异质结构外延生长的最理想模型体系。本章简要介绍了硅锗低维结构外延生长过程中量子点成核过程。其次,介绍了图形衬底上量子点定位生长的动力学过程。在本章的最后,介绍小应力作用下薄膜的外延生长机制。

3.1　硅锗低维结构的热力学理论

对于 Si/Ge 体系,Si 和 Ge 的晶格常数分别为 0.543 1 nm 和 0.565 8 nm,其晶格失配为 4.2%,属于大失配体系。在 Si 衬底上异质外延 Ge,其生长模式为 S-K 模式。当 Ge 原子沉积在 Si 衬底上时,Ge 原子将浸润整个 Si 表面,形成一层 Ge 的浸润层。当外延 Ge 厚度达到一定的临界厚度后,Ge 的外延生长将转变为三维岛状生长。

3.1.1　Tersoff 模型

1994 年,Tersoff 等提出了一个较为简单的模型来解释量子点的成核行为(Tersoff et al., 1994)。该模型揭示出量子点的成核需要一定的临界体积克服成核能,而该能量是由表面能和应变弛豫能共同决定的。该模型中采用类金字塔型量子点,其长、宽、高和接触角分别表示为 s、t、h 和 θ,如图 3.1(a)所示。对于该构型的量子点来说,其表面能可表示为以下形式:

$$E_s = st(\gamma_i + \gamma_t - \gamma_s) + 2(s + t)[h\gamma_e\csc\theta - h\cot\theta(\gamma_t + \gamma_s - \gamma_i)/2] \tag{3.1}$$

其中，γ_s 为衬底表面能密度；γ_t 为量子点顶部晶面表面能密度；γ_e 为量子点侧面晶面表面能密度；γ_i 为量子点与衬底的界面能，上式中忽略了边界能。对于 Si/Ge 体系，$\gamma_t = \gamma_s$ 并且 $\gamma_i = 0$，则式(3.1)可写为

$$E_s = 2\Gamma h(s + t) \tag{3.2}$$

其中，$\Gamma = \gamma_e \csc\theta - \gamma_s \cot\theta$，$\gamma_e$ 和 γ_s 分别为平面和斜面的表面能密度。应变弛豫能可以通过格林函数获得，其计算公式如下(Tersoff et al., 1993)：

$$E_r = -\frac{\sigma^2}{2} \iint dx dx' \chi_{ij}(x - x') \partial_i h(x) \partial_j h(x') \tag{3.3}$$

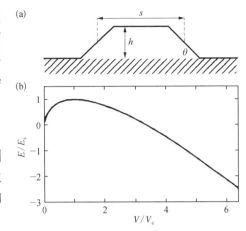

图 3.1 （a）Tersoff 模型中所用量子点的结构示意图；（b）基于该模型计算的量子点自由能随其体积的变化图

其中，σ 为量子点中的应力；x 与 x' 代表表面位置；χ 为格林函数；$h(x)$ 为高度函数。采用近似，可以将方程(3.3)表示为以下形式：

$$E_r = -2ch^2 \left[s\ln\left(\frac{te^{3/2}}{h\cot\theta}\right) + t\ln\left(\frac{se^{3/2}}{h\cot\theta}\right) \right] \tag{3.4}$$

其中，$c = \sigma^2(1 - \nu)/2\pi\mu$，$\nu$ 和 μ 为泊松比和剪切模量。对于构型满足 $s = t = h\cot\theta$ 的量子点，其自由能最小。当 $V = h^3 \cot^2\theta$，可以将量子点的自由能最终表示为

$$E = 4\Gamma V^{2/3} \tan^{1/3}\theta - 6cV\tan\theta \tag{3.5}$$

以上公式给出了量子点自由能随体积的变化关系。由此，可以得出量子点最大自由能对应的体积（即临界体积）为

$$V_c = (4\Gamma/9c)^3 \cot^2\theta \tag{3.6}$$

3.1.2　浸润层到量子点的转变

Tersoff 模型很好地解释了量子点成核体积的问题。然而，简单地考虑能量变化随量子点体积变化并不能解释为什么量子点只有在浸润层超过临界厚度时才出现。实验观察表明，对于 Si/Ge 体系，只有当 Ge 外延层大于 4 个原子层时，外延生长才会发生从浸润层到量子点的转变。因此，从热力学角度分析量子点生长的整个过程中，必须考虑浸润层厚度的变化对量子点成核的影响。

假设，外延前 Si 衬底上已有厚度为 θ_{WL} 的浸润层，则进一步的外延生长有两种

可能,即继续层状生长(A)或岛状生长(B),如图 3.2 所示。通过对比两种生长可能引起的能量变化,可以确定哪种生长模式可以使系统能量最低。浸润层的表面能密度 $\gamma(\theta)$ 取决于其原子层数 θ,根据 Müller 和 Thomas 理论(Müller et al., 2000),如果在衬底 B 上外延薄膜 A,则该层的表面能密度服从指数变化,可以写为(Li et al., 2008)

$$\gamma(\theta) = \gamma_B^\infty + (\gamma_A^\infty - \gamma_B^\infty) + (1 - e^{-\theta}) \tag{3.7}$$

式中,γ_B^∞ 为衬底 B 的表面能密度;γ_A^∞ 为无限厚外延薄膜 A 的表面能密度。对于 2D 浸润层生长,体系能量变化 ΔE_{2D} 可表示为

$$\Delta E_{2D} = A[\gamma(\theta_0) - \gamma(\theta_{WL})] + \omega_1 \varepsilon_0^2 S h_0 (\theta_0 - \theta_{WL}) \tag{3.8}$$

式中,A 为浸润层的面积;h_0 为单层原子膜的厚度;θ_0 为沉积薄膜的总原子层数;ω_1 为弹性常数。式(3.8)中,第一项表示表面能的变化,第二项是外延薄膜与衬底晶格失配引起的应变能。对于 S-K 生长,系统能量变化 ΔE_{SK} 可表示为

$$\Delta E_{SK} = [\gamma_s A_1 V^{2/3} - \gamma(\theta_{WL}) A_2 V^{2/3}] + (\omega_1 \varepsilon_0^2 V - \omega_2 A_3 \varepsilon_0^2 V) \tag{3.9}$$

其中,γ_s 为量子点晶面的表面能密度;V 是量子点体积;A_i 为形状因子。因此,两种生长模式之间能量变化的差异可写为

$$\begin{aligned}
\Delta E = &[\gamma_s A_1 V^{2/3} - \gamma(\theta_{WL}) A_2 V^{2/3}] - \omega_2 A_3 \varepsilon_0^2 V \\
&- \frac{1}{k}[\gamma(\theta_{WL} + kV/h_0) - \gamma(\theta_{WL})]
\end{aligned} \tag{3.10}$$

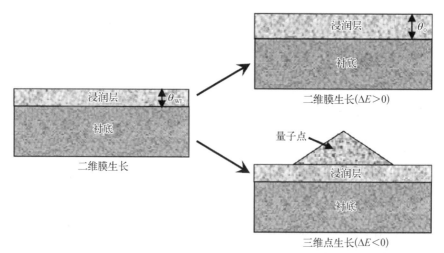

图 3.2　浸润层厚度为 θ_{WL} 的衬底上,进一步外延生长后两种可能性的示意图

图3.3展示了不同浸润层厚度下,Si(0 0 1)衬底上Ge量子点体积变化所引起的 ΔE 变化。可以看出,当浸润层厚度太小($\theta_{WL} = 3$ ML[①])时, ΔE 值总是大于零,这意味着在生长初期,二维薄膜生长模式是最优化生长模式。随着浸润层厚度的增加($\theta_{WL} = 4$ ML),当量子点的体积超过临界体积时, ΔE 值小于零,这意味着只有在浸润层达到一定厚度时量子点才能形成。根据关系式 $\Delta E = 0$,可以得到二维层状生长向三维岛状生长转变的临界条件。量子点形成的临界厚度 θ_{WL}^* 与量子点临界体积(V^*)的关系可以写成(Li et al., 2010):

$$\theta_{WL}^* = \ln \frac{\left[\dfrac{1}{k}(1 - e^{-kV^*/h_0}) - A_2 V^{*2/3} \right] (\gamma_{sub} - \gamma_{WL}^\infty)}{\omega A_3 \varepsilon^2 V^* - (\gamma_s A_1 V^{*2/3} - \gamma_{WL}^\infty A_2 V^{*2/3})} \tag{3.11}$$

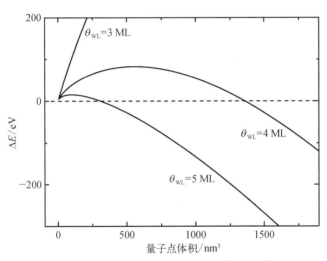

图3.3   沉积厚度为3 ML、4 ML和5 ML时,
体系总能量随锗量子点体积的变化

图3.4展示了Si/Ge体系从二维生长模式向三维生长模式转变的相图。在初始生长阶段,由于浸润层表面能的迅速降低,逐层生长模式优于三维岛状生长模式。当浸润层超过一个临界厚度时,浸润层的表面能降低的速率很小,在这种情况下,量子点的弛豫能在进一步的生长过程中起着关键作用。当量子点超过一定体积时, ΔE 将小于零。可以看出,锗量子点形成的浸润层临界厚度需大于3.5 ML,这一理论结果与实验观测结果基本一致。

---

① ML 为 monolayer 的缩写,指单个原子层。

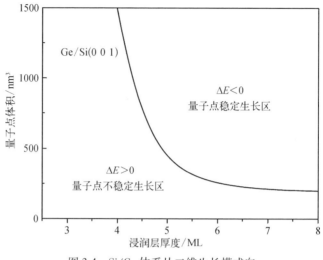

图 3.4　Si/Ge 体系从二维生长模式向
三维生长模式转变的临界条件

3.1.3　图形衬底上量子点的选区成核

　　利用图形化凹坑阵列衬底进行外延生长可以实现对量子点成核位置的有效控制。大多数实验观察表明,由于凹坑表面曲率为负,量子点优先在凹坑内形成。然而,Grydlik 等报道量子点也可以形成于凹坑之间的台地上(Grydlik et al., 2012)。Li 等基于热力学理论研究了量子点在凹坑内外的成核行为,图 3.5 为其计算所用模型示意图(Li et al., 2011)。在单个凹坑对应的面积内,浸润层的自由能可以写成:

$$
\begin{aligned}
E_{2D}(\theta_0) = & (d^2 - \pi r^2)\gamma(\theta_1, \phi_1) + \pi r^2 \gamma(\theta_2, \phi_2) \\
& + 2\pi(r - \theta_3 h_0)(l - \theta_2 h_0 + \theta_1 h_0)\gamma(\theta_3, \phi_3) \\
& + \omega_1 \varepsilon_0^2 V_{WL} + E_{corner}
\end{aligned} \tag{3.12}
$$

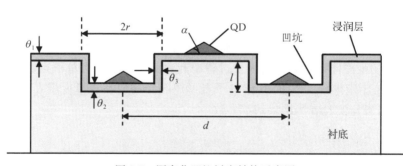

图 3.5　图案化凹坑衬底结构示意图

其中，θ_0、θ_1、θ_2、θ_3分别为总沉积厚度、凹坑间平台上的润湿层厚度、凹坑底部的润湿层厚度和凹坑侧壁的润湿层厚度；$\gamma(\theta,\phi)$为浸润层的表面能，其取决于润湿层厚度θ和表面倾斜取向ϕ。式中第一项代表凹坑间平台的表面能，第二项和第三项代表洞内的表面能，第四项是储存在浸润层中的应变能，最后一项是面与面交接处的能量。通过求解$E_{2D}(\theta_0)$的最小值可以得出体系浸润层的临界厚度。以 Si/Ge 体系及图 3.5 所示柱形凹坑为例，可计算得到 $\theta_1 \approx 3.8$ ML，$\theta_2 \approx 5.4$ ML，$\theta_3 \approx 4.1$ ML，由此表明孔内浸润层的厚度大于平台上的厚度。进一步沉积 Ge 层，储存在浸润层中的晶格失配应变需要释放，而量子点的形成是释放应变的有效途径。

当衬底表面不是平面而是凹坑图案时，二维薄膜生长引起的能量变化的表达式不仅受捕获面积的影响，还受凹坑大小和间距的影响。接下来，将讨论两种典型情况下二维薄膜生长引起的能量变化和量子点在凹坑衬底上的成核位置。第一种典型情况是当捕获长度大于凹坑之间的距离时，由式(3.8)和式(3.9)得出两种生长模式之间能量变化的差异为

$$
\Delta E = \left[E_{2D}(\theta_0) - E_{2D}(\theta_0 + kV/h_0) \right] + \gamma_s A_1 V^{2/3} \\
- \gamma(\theta_{WL}) A_2 V^{2/3} - \omega_2 A_3 \varepsilon_0^2 V \tag{3.13}
$$

无论量子点形成在台面还是坑内，上式中的第一项，即 $\Delta E_{2D}(\theta_0)$，具有相同的值。因而，只需比较两种成核位置对应的 ΔE_{SK}，即可确定量子点的成核位置。图 3.6 展示了总沉积量 θ_0 为 4 ML 时（$\theta_1 = 3.8$ ML，$\theta_2 = 5.4$ ML），两种成核情况下 ΔE_{SK} 随量子点体积的变化。对比可见，平台上量子点的形成能低于坑内的量子点，由此

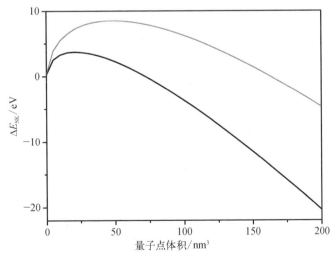

图 3.6 总沉积量 $\theta_0 = 4$ ML 条件下，量子点成核在平台上（灰线）和孔洞内（黑线）时，ΔE_{SK} 随量子点体积的变化

从理论上证明了平台上形成量子点更利于系统稳定。然而,对于第二种典型情况,即当量子点的捕获面积小于凹坑的大小和平台面积时,可以将平台和坑内视为单独的区域来计算能量的变化。因此,总能量差变为

$$\Delta E = A\left[\gamma(\theta_i) - \gamma(\theta_i + kV/h_0)\right] + \gamma_s A_1 V^{2/3}$$
$$- \gamma(\theta_i) A_2 V^{2/3} - \omega_2 A_3 \varepsilon_0^2 V \tag{3.14}$$

其中,$i=1$ 和 $i=2$ 分别表示平台上和凹坑内两种情况。图 3.7 展示了总沉积量 θ_0 为 4 ML 时($\theta_1 = 3.8$ ML,$\theta_2 = 5.4$ ML),ΔE 随量子点体积的变化。结果表明,孔内量子点的形成能低于平台上的量子点,说明量子点优先选择在凹坑内生长,这与第一种情况相反。

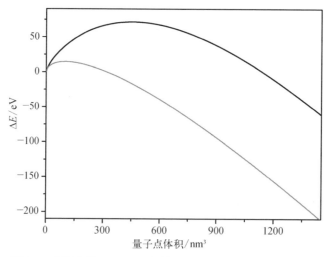

图 3.7   总沉积量 $\theta_0 = 4$ ML 条件下,量子点成核在平台上(黑线)和孔洞内(灰线)时,ΔE 随量子点体积的变化

3.2   图形衬底上硅锗量子点生长动力学理论

3.2.1   一维表面化学势模型

表面化学势模型是一种常用来解决图形化衬底上量子结构优先成核现象的模型(Yang et al., 2004)。表面原子的扩散是由表面化学势决定的,吸附原子总是由表面化学势高的地方向表面化学势低的地方扩散。由此,基于对衬底表面化学势分布的分析,可以确定低维结构在衬底上的成核位置。表面化学势可以表示为

$$\mu = \mu_0 + \Omega\gamma\kappa + \Omega E_s \tag{3.15}$$

其中,μ_0 为平面衬底的表面化学势;Ω 为原子体积;γ 为单位面积的表面自由能;κ

为衬底表面的曲率;E_S为应变弛豫能。基于衬底形貌的剖面图,可以得出其表面曲率,其计算公式可表示为

$$\kappa = -Z''[1 + (Z')^2]^{-3/2} \tag{3.16}$$

其中,Z为局域高度。对于同质外延来说,其表面化学势仅与表面曲率κ有关,即原子总是由大曲率的地方(表面化学势高)迁移到小曲率的地方(表面化学势低)。但对于异质外延,表面化学势还与衬底的局域应变弛豫能有关。局域应变弛豫能可表示为以下形式:

$$E_S = -\frac{C}{2}\left(\frac{\kappa}{|\kappa|}[\kappa(Z_S - Z_0)]^2 - \varepsilon^2\right) \tag{3.17}$$

其中,C为弹性常数;$Z_S - Z_0$为与外延厚度相关的参数;ε为外延层与衬底之间的失配应变。表面能项和应变弛豫能项的竞争控制着量子点的择优成核和生长。通过调整这两项贡献的相对强度,有可能在需要的地方选择性地生长量子点。

图 3.8(a)为硅脊上自组织获得的一维有序量子点阵列。基于硅脊的剖面曲线,Yang 等计算了其对应化学势分布(Yang et al., 2004)。对于亚微米尺寸的图案化结构,表面曲率对表面化学势的影响通常较大。表面化学势中表面能项(与表面曲率呈线性关系)在硅脊底部的凹面区域产生化学势最小值,在硅脊顶部的凸面区域产生化学势最大值。应变弛豫能项在硅脊顶部的最凸区域产生化学势的最小值。图 3.8(b)显示表面能项和应变弛豫能项竞争下,表面化学势出现多个局部极小值。其中,硅脊顶部对应的局部化学势出现较窄且相对较深的化学势极小值,这表明在硅脊顶部是量子点优先成核位置。

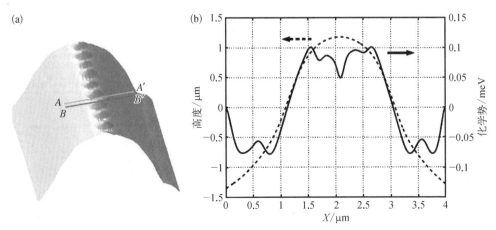

图 3.8 (a)基于硅脊上的一维有序量子点的生长;(b)基于硅脊形貌计算的表面化学势的一维分布

3.2.2　二维表面化学势模型

二维表面化学势能够更加准确地反映量子点在图形衬底上的分布行为。基于原子力显微镜采集的二维形貌数据,可以计算出图形衬底每一点对应的表面曲率,进而得出化学势的二维分布(Chen et al., 2012)。图 3.9(a)显示了在图案凹坑衬底上生长 Ge 量子点后的 SEM 图像。可以看出,四个 Ge 量子点对称地分布在凹坑底部。基于凹坑的表面形貌,可以计算出其对应的二维表面化学势分布。需要指出的是,不同于曲线曲率的计算,曲面曲率的计算可以选用两个主曲率的平均值。图 3.9(b)展示了凹坑对应的表面化学势分布。可以看出,凹坑内部明显存在四个化学势极小区域,它们的位置与锗量子点的成核位置一致。

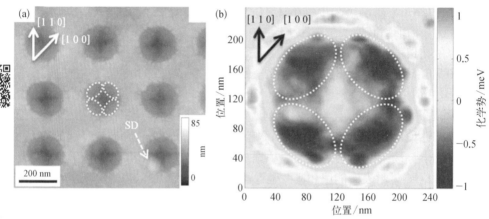

图 3.9　(a) 基于图案凹坑的有序量子点分子;(b) 基于
凹坑形貌计算的表面化学势的二维分布

3.2.3　扩散长度对成核位置影响

吸附原子的扩散长度是影响外延生长动力学过程的重要参量。通过控制生长温度可以调控原子的扩散长度。Zhong 等系统地研究了生长温度对凹坑阵列 Si 衬底上 Ge 量子点形成的影响(Zhong et al., 2008)。如图 3.10 所示,当生长温度为 600 ℃时,量子点会在衬底表面的任意位置成核形成,而不仅仅是在凹坑中;当生长温度为 690 ℃或 720 ℃时,所有的量子点均在凹坑底部成核,而且每个凹坑都被一个量子点占据;当生长温度提高到 800 ℃时,尽管量子点都是生长在凹坑中,但并非每个凹坑都被一个岛占据。不同生长温度下量子点分布的不同特性表明,生长动力学对图案化衬底上有序量子点的形成起着重要作用。

类似于平面衬底上的生长,图案化衬底上吸附原子的表面扩散长度可表示为

图 3.10 凹坑阵列 Si 衬底上 Ge 量子点的表面形貌图

(a) 600 ℃,周期 350×350 nm²;(b) 690 ℃,周期 440×440 nm²;(c) 720 ℃,周期 440×440 nm²;(d) 800 ℃,周期 440×440 nm²

$$L = (D\tau)^{1/2}, \quad D = a^2\nu\exp(-E/k_BT) \tag{3.18}$$

其中,D 为扩散常数;τ 为扩散间隔时间;a 为吸附原子每个跳跃的侧向运动(3.84 Å);ν 为前置系数(大约 10^{13});k_B 为玻尔兹曼常数;T 为生长温度;E 为原子扩散势垒。由于原子台面较窄,台阶跳跃是吸附原子扩散的主要部分。假设 E 为 1.5 eV,τ 为生长 1 ML 原子层所需时间的四分之一,由式(3.18)可以估算出不同生长温度下的扩散长度。表 3.1 列出了不同生长温度下计算所得扩散长度和对应凹坑周期。通过对比,可以把生长温度对原子扩散的影响分为三种情况:① 低温下动力学限制生长,当生长温度为 600 ℃,原子的扩散长度($L = 160$ nm)比凹坑周期小得多($d = 350$ nm)。因此,大多数沉积的 Ge 原子不能扩散到凹坑底部。最终,凹坑阵列衬底上 Ge 量子点的生长类似于平面衬底上的情况,即随机分布且尺寸分布不均匀。② 合适温度下区域受限生长,当生长温度为 690 ℃ 或 720 ℃ 时,原子的扩散长度与凹坑周期相当($T = 690$ ℃,$L = 420$ nm,$d = 440$ nm)。由于不受动力学限制,大多数沉积的 Ge 原子可以扩散到相邻凹坑底部,进而在凹坑内形成单个量子点。③ 高温下量子点的不受限随机生长,当生长温度为 800 ℃时,原子的扩散长度($L = 1\,100$ nm)远远大于凹坑周期($d = 440$ nm),因而 Ge 原子的扩散和成核不受限于其相邻的凹坑面积。所以,虽然量子点的成核位置仍然在凹坑内,但其分布具有随机性。综上所述,只有在合适温度下,当扩散长度与凹坑周期相当时,才能在坑状衬底上获得有序和均匀的量子点。

表 3.1　生长温度 T、扩散长度 L、凹坑周期 d 之间对照关系

$T/℃$	600	690	720	800
L/nm	160	420	550	1 100
d/nm	350	440	440	440

3.3　小应力下薄膜外延生长机制

3.3.1　Asaro-Tiller-Grinfeld 不稳定性模型

薄膜外延生长初期,薄膜和衬底晶格失配所引起的弹性应力较小,但此时薄膜并不是二维平面生长,而是呈现出不稳定性的表面起伏。1972 年,R. J. Asaro和 W. A. Tiller 首先在液相外延中理论分析了这种不稳定性(Asaro et al.,1972)。之后,M. A. Grinfel'd (1986)和 D. J. Srolovitz (1989)重新推导了这种不稳定性。Asaro-Tiller-Grinfeld 不稳定性模型常常用来解决由应力所引起的表面起伏问题。如图 3.11 示意,Ge 薄膜外延过程中产生的弹性应力将导致表面发生起伏,这将导致局部弹性能密度的不均匀,进而影响到表面原子的扩散。

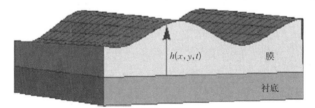

图 3.11　外延薄膜在应力弛豫过程中的
不稳定性导致的形貌演化

表面化学势可以用来直接描述表面原子的扩散行为。原子扩散束流的大小正比于表面化学势的梯度(Mullins, 1957)。假设薄膜的形貌为 $z = h(x, y, t)$,则根据物质守恒:

$$\partial h / \partial t = F + D\sqrt{1 + |\nabla h|^2}\,\Delta_S \mu \tag{3.19}$$

其中,F 为沉积速率;D 为扩散系数;Δ_s 为对表面的拉普拉斯变化。对于表面化学势,可以将其表示为系统能量与表面形貌的公式(Rice et al., 1981):

$$\mu = \Omega\, \delta E/\delta h \qquad (3.20)$$

系统能量由表面能和弹性应变能组成。其中,表面能部分可以表示为

$$E_s = \int \gamma \sqrt{1 + |\nabla h|^2}\, \mathrm{d}\boldsymbol{r} \qquad (3.21)$$

对于弹性能部分,可表示为

$$E_r = \int_{z<h(r)} \varepsilon^r(\boldsymbol{r}, z)\, \mathrm{d}\boldsymbol{r}\mathrm{d}z \qquad (3.22)$$

最终,式(3.20)表面化学势可以表示为

$$\mu(\boldsymbol{r}) = \Omega\gamma\kappa(\boldsymbol{r}) + \Omega\varepsilon^r(\boldsymbol{r}) + \mu_0 \qquad (3.23)$$

其中,Ω 为原子体积;γ 为薄膜表面能;μ_0 平衬底上表面化学势;对于表面 κ,有数学表达式:

$$\kappa = -\left[\Delta h + h_y^2 h_{xx} + 2h_x h_y h_{xy} + h_x^2 h_{yy}\right]/(1 + |\nabla h|^2)^{3/2} \qquad (3.24)$$

外延初期,薄膜偏离其初始平面的值可表示为微扰项 $\mathrm{e}^{ik\cdot r+\sigma t}$,其中生长速率 $\sigma = |\boldsymbol{k}|^3 - \boldsymbol{k}^4$。对于因扰动引起的表面的特征长度 l_0,可表示为

$$l_0 = \frac{\gamma(1-\nu)}{2(1+\nu)Ym^2} \qquad (3.25)$$

其中,Y 和 ν 分别为杨氏模量和泊松比;m 为应变失配。在足够长的外延过程或薄膜原位退火过程中,Asaro-Tiller-Grinfeld 不稳定性所导致的一些外延现象已被实验证实。在后一种情况下,薄膜和衬底之间的浸润相互作用开始发挥作用,这将导致表面能与膜厚 h 的依赖关系。这种依赖性由几个原子高度的变化引起,这种局部环境决定了表面能。对于 Si/Ge 体系,随着 Ge 薄膜厚度的增加,其表面能从 90 meV/$\mathring{A}^2$ 下降到 60 meV/$\mathring{A}^2$。Ge 薄膜表面能随厚度的变化关系可拟合为以下表达式:

$$\gamma(h) = \gamma_f\left[1 + c_w\exp(-h/\delta_w)\right] \qquad (3.26)$$

式中,γ_f 是无限厚 Ge 膜的表面能;c_w 为常数;δ_w 为原子层厚度;高度 h 为坐标 x、y 和时间 t 的函数。考虑到式(3.23),表面化学势可表示为

$$\mu = \Omega\gamma(h)\kappa + \Omega\frac{\mathrm{d}\gamma}{\mathrm{d}h}n_z + \mu^{el} + \mu_0 \qquad (3.27)$$

式中,n_z 为曲面法向量的 z 分量。等号右边第二项将在生长速率表达式中引入修正

项,即

$$\sigma = -\frac{\mathrm{d}^2\gamma}{\mathrm{d}h^2}(\bar{h})\boldsymbol{k}^2 + |\boldsymbol{k}|^3 - \boldsymbol{k}^4 \tag{3.28}$$

其中, $\mathrm{d}^2\gamma/\mathrm{d}h^2$ 为正值。当平均外延厚度 $\bar{h}$ 比较大时, $\mathrm{d}^2\gamma/\mathrm{d}h^2$ 将趋向于 0;当 $\bar{h}$ 比较小时, σ 为负值,此时不稳定性不会进一步发展。相反,当 $\bar{h}$ 大于临界厚度 h_c 时, σ 为正值,此时薄膜的外延生长将表现出显著的不稳定性。这些结论与实验观察到的 SiGe 薄膜在 Si 衬底上的形态演化一致。例如,对应于纯 Ge 薄膜,当 $\bar{h}$ 大于 3 个原子层时,Asaro-Tiller-Grinfeld 不稳定性将会发生,进而导致二维到三维的转变。对于 $\mathrm{Si}_{1-x}\mathrm{Ge}_x$ 薄膜,当 $c_w = \chi/3$ 和 $\delta_w = 2a$ 时,由式(3.28)可以计算出临界厚度 h_c 随 Ge 组分 x 的变化,计算结果如图 3.12 所示。

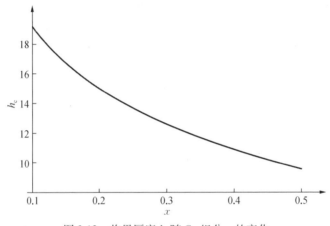

图 3.12　临界厚度 h_c 随 Ge 组分 x 的变化

3.3.2　局域平衡理论

异质外延过程中,凹坑的形貌演化对有序量子点的成核具有重要的影响。R. Bergamaschini 等实验研究了 Ge 外延前后凹坑的形貌演化(Bergamaschini et al., 2012)。图 3.13 展示了周期为 500 nm 的凹坑阵列在生长 Si 缓冲层和进一步外延 3.5 ML Ge 层后的形貌分析。从图 3.13(a)、(c)、(e)可以看出,Si 缓冲层生长后,凹坑演化出{0 0 1}、{1 1 n}、{1 1 3}和{15 3 23}等晶面。然而,当凹坑进一步外延 3.5 ML 的 Ge 后,凹坑的形貌发生了明显的变化,如图 3.13(b)、(d)、(f)所示。可以看出,凹坑的晶面变为{1 0 5}面。很显然,少量的 Ge 沉积导致大量表面原子向坑底迁移。通过对比生长 Si 缓冲层后和再外延 Ge 层后的凹坑剖面形貌[图 3.13(g)]可以看出,虽然 Ge 的外延厚度仅为 0.5 nm,但由此引起的凹坑高度变化有近 20 nm。

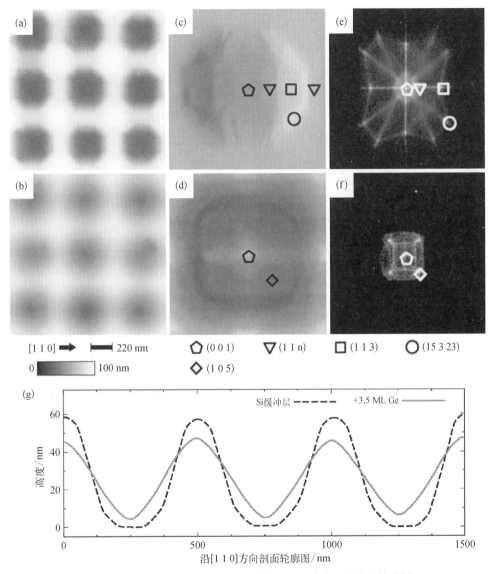

图 3.13 生长 Si 缓冲层后和进一步外延 Ge 层后凹坑的形貌分析

（a，b）凹坑阵列 AFM 图；（c，d）单个凹坑 AFM 图；（e，f）表面取向分布图；（g）生长 Si 缓冲层后和再外延 Ge 层后的剖面形貌对比图

Si 和 Ge 原子在表面的分布可以由局域平衡理论定义：

$$\frac{1}{N_1}\frac{\mathrm{d}G}{\mathrm{d}c_1} = \frac{1}{N_2}\frac{\mathrm{d}G}{\mathrm{d}c_2} \tag{3.29}$$

其中，$N_1(N_2)$ 为局域原子密度；c_1 为局域组分；G 为局域自由能，包括表面能、弹性

能和熵三部分的贡献,其表达式为

$$G = \gamma(c_1)S + N_1 g(c_1) + N_2 g(c_2) \tag{3.30}$$

其中,$\gamma(c_1)$表面能密度;S 为局域面积。$g(c_i) = g_S(c_i) + g_\xi(c_i)$ 为第 i 层中单个原子的自由能密度,与熵和弹性能相关。表面能 $\gamma(c_1)$ 可以表示为

$$\gamma_\nu \propto \sigma \frac{Z_S}{2} \sum_{\mu,\nu} c_{1,\mu} c_{1,\nu} E_{\mu,\nu} \tag{3.31}$$

其中,σ 为单位面积的原子密度;Z_S 为配位数;$E_{\mu,\nu}$ 为元素 μ 和 ν 的结合能。对于 Si/Ge 体系,$E_{\mu,\nu} = \frac{1}{2} \sum_\nu E_{\nu,\nu}$,因而有

$$\gamma(c_1) = \sum_\nu c_{1,\nu} \gamma_\nu, \quad \gamma_\nu \propto \sigma \frac{Z_S}{2} E_{\nu,\nu} \tag{3.32}$$

表面能 γ 与局域组分 c_1 和局域方位 θ 有关,可表示为 $\gamma = \gamma(c_1, \theta)$。对于稳定晶面,表面能可表示为(Tu et al., 2007)

$$\gamma(\theta) = \gamma_0 [1 - \alpha\cos(N\theta)] \tag{3.33}$$

其中,γ_0 从式(3.32)计算得出;α 为代表各向异性程度的常数值;N 为与晶面角度对应的数值。熵对自由能的贡献可以表示为

$$g_S(c_i) = kT \sum_\nu c_{i,\nu} \ln c_{i,\nu} \tag{3.34}$$

其中,k 为玻尔兹曼常数。弹性能对自由能的贡献可以表示为(Landau et al., 1975)

$$g_\xi(c_i) = \Omega \frac{Y}{1-p} \left[\xi(c_i)^2 + \xi(c_i)\Delta\xi + \frac{1}{2(1+p)}\Delta\xi^2 \right], \quad \xi(c_i) = \xi_0(c_{i,\mathrm{Si}} - 1) \tag{3.35}$$

其中,Ω 为原子体积;Y 为杨氏模量;p 为泊松比;$c_{i,\mathrm{Si}}$ 为 SiGe 合金中 Si 的组分,其中局域应变:

$$\Delta\xi = \xi_0 \frac{2(1+p)}{\pi} \int \frac{U(x')}{x-x'} \mathrm{d}x' \tag{3.36}$$

其中,$U(x') = \int_{-\infty}^{h(x')} [c_{i,\mathrm{Si}}(x', z) - 1] \mathrm{d}z$。薄膜形貌的演化可以由法向速度定义:

$$v_n = \sum_{\nu} \left\{ F_{\nu} + \nabla_S \cdot \left[D_{\nu}(c_1) f_{\nu} \nabla_S \mu_{\nu} \right] \right\} \qquad (3.37)$$

其中,F_{ν} 为法线方向上的沉积束流;$\nabla_S \mu_{\nu}$ 为表面化学势梯度;$D_{\nu}(c_1)$ 为扩散系数;f_{ν} 为束流密度;∇_S 表示沿着曲面坐标计算变化。局域化学势 μ_{ν} 包括三部分,即表面能、弹性能和熵的贡献:

$$\mu_{\nu} = \Omega \kappa \tilde{\gamma}(c_1, \theta) + g(c_1) \kappa w_1 + g(c_2)(1 - \kappa w_1) \\ + \left[1 - c_{1,\nu} \kappa w_1 - c_{2,\nu}(1 - \kappa w_1) \right] \frac{\mathrm{d}g}{\mathrm{d}c_{2,\nu}} \qquad (3.38)$$

其中,κ 为表面曲率;κw_1 和 $(1 - \kappa w_1)$ 为与局域原子密度 N_1 和 N_2 对应的变化;$\dfrac{\mathrm{d}g}{\mathrm{d}c_{2,\nu}}$ 为自由能相对于组分的变化。

根据经典理论,扩散系数可表示为

$$D_{\nu}(c_1) = a^2 \nu \exp\left(-\frac{E_{\nu}(c_1)}{kT} \right) \qquad (3.39)$$

其中,采用线性近似,激活能可表示为

$$E_{\nu}(c_1) \propto \sum_{\mu} c_{1,\mu} E_{\mu,\nu} \qquad (3.40)$$

对于 Si/Ge 体系,$E_{\mathrm{Si-Si}} = 1.4 \ \mathrm{eV}$,$E_{\mathrm{Ge-Ge}} = 1.0 \ \mathrm{eV}$;对于理想 SiGe 合金,$E_{\mathrm{Si-Ge}} = 1/2$ $(E_{\mathrm{Si-Si}} + E_{\mathrm{Ge-Ge}}) = 1.2 \ \mathrm{eV}$。束流密度遵循 Arrhenius 关系:

$$f_{\nu} \propto \exp\left(-\frac{E_0 - \mu_{\nu}}{kT} \right) \qquad (3.41)$$

其中,E_0 为平衬底上原子扩散势垒。局域平均组分 $\xi = (N_1 c_1 + N_2 c_2)/N_s$ 随时间的演化方程可以定义为

$$N_s \frac{\mathrm{d}\xi_{\nu}}{\mathrm{d}t} = F_{\nu} + \nabla_S \cdot \left[D_{\nu}(c_1) f_{\nu} \nabla_S \mu_{\nu} \right] - C_{\nu} v_n, \quad C_{\nu} = \begin{cases} c_{2,\nu} & v_n > 0 \\ c_{B,\nu} & v_n < 0 \end{cases} \qquad (3.42)$$

其中,C_{ν} 代表表面和体内原子的交换。

R. Bergamaschini 等(2012)基于以上理论,计算了忽略应力作用下,凹坑形貌的演化。图 3.14 为忽略失配应力和考虑失配应力两种情况下,不同 Ge 沉积厚度下凹坑的形貌演化。可以看出,无失配应力时,少量的 Ge 沉积将带动大量的 Si 原子,进而导致凹坑平坦化。当有应力应变时,原子的迁移将更加剧烈,并且当 Ge 沉积超过一定厚度时,量子点开始在凹坑底部成核。

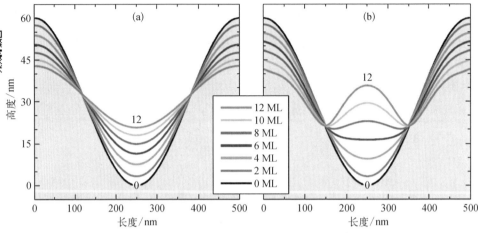

图 3.14　（a）忽略失配应力；（b）考虑失配应力下，
不同 Ge 沉积厚度下凹坑的形貌演化

3.4　本 章 小 结

　　本章详细介绍了低维结构生长的热力学和动力学理论。基于 Tersoff 模型的热力学理论揭示出，异质外延引起的应变弛豫驱动了量子点的形成，而与厚度相关的表面能限制了量子点的生长。另外，图形衬底上成核位置的选择性也可以基于热力学理论得到解释。涉及表面化学势的动力学理论计算过程简单，涉及物理参量较少，可以简单有效地解释图形衬底上量子点在特定位置的成核问题。Asaro-Tiller-Grinfeld 不稳定性理论和局域平衡理论同时结合了前两种理论模型，可以成功解释小应力下外延薄膜的生长，因而弥补前两种理论的不足。在后面的章节中，将进一步介绍以上理论的应用。

参 考 文 献

Asaro R J, Tiller W A. 1972. Interface morphology development during stress corrosion cracking: Part I. Via surface diffusion[J]. Metallurgical Transactions, 3(7): 1789-1796.

Bergamaschini R, Tersoff J, Tu Y, et al. 2012. Anomalous smoothing preceding island formation during growth on patterned substrates[J]. Physical Review Letters, 109(15): 156101.

Chen H M, Kuan C H, Suen Y W, et al. 2012. Thermally induced morphology evolution of pit-patterned Si substrate and its effect on nucleation properties of Ge dots [J]. Nanotechnology, 23(1): 015303.

Grinfel'd M A. 1986. Instability of the separation boundary between a nonhydrostatically stressed elastic body and a melt[J]. Soviet Physics Doklady, 31: 831.

Grydlik M, Brehm M, Schäffler F. 2012. Morphological evolution of Ge/Si (0 0 1) quantum dot rings formed at the rim of wet-etched pits[J]. Nanoscale Research Letters, 7(1): 1 - 6.

Landau L D, Lifshitz III E M. 1975. Theory of Elasticity Chapter III: Elastic waves[J]. Oxford: Oxford Pergamon Press: 116.

Li X, Cao Y, Yang G. 2010. Thermodynamic theory of two-dimensional to three-dimensional growth transition in quantum dots self-assembly [J]. Physical Chemistry Chemical Physics, 12(18): 4768 - 4772.

Li X L, Yang G W. 2008. Theoretical determination of contact angle in quantum dot self-assembly[J]. Applied Physics Letters, 92(17): 171902.

Li X, Ouyang G. 2011. Thermodynamic theory of controlled formation of strained quantum dots on hole-patterned substrates[J]. Journal of Applied Physics, 109(9): 093508.

Müller P, Thomas O. 2000. Asymptotic behaviour of stress establishment in thin films[J]. Surface Science, 465(1 - 2): L764 - L770.

Mullins W W. 1957. Theory of thermal grooving[J]. Journal of Applied Physics, 28(3): 333 - 339.

Rice J R, Chuang T J. 1981. Energy variations in diffusive cavity growth[J]. Journal of the American Ceramic Society, 64(1): 46 - 53.

Srolovitz D J. 1989. On the stability of surfaces of stressed solids[J]. Acta Metallurgica, 37(2): 621 - 625.

Tersoff J, LeGoues F K. 1994. Competing relaxation mechanisms in strained layers[J]. Physical Review Letters, 72(22): 3570.

Tersoff J, Tromp R M. 1993. Shape transition in growth of strained islands: Spontaneous formation of quantum wires[J]. Physical Review Letters, 70(18): 2782.

Tu Y, Tersoff J. 2007. Coarsening, mixing, and motion: the complex evolution of epitaxial islands[J]. Physical Review Letters, 98(9): 096103.

Yang B, Liu F, Lagally M G. 2004. Local strain-mediated chemical potential control of quantum dot self-organization in heteroepitaxy[J]. Physical Review Letters, 92(2): 025502.

Zhong Z, Chen P, Jiang Z, et al. 2008. Temperature dependence of ordered GeSi island growth on patterned Si (0 0 1) substrates[J]. Applied Physics Letters, 93(4): 043106.

第 4 章　硅锗低维结构的可控生长技术

　　硅锗低维结构的可控生长发展相对最为成熟的技术是图形衬底辅助外延技术,即通过在硅衬底表面引入具有一定局域曲率的微纳结构,结合对锗外延生长参数和衬底图形结构的调控,实现对硅锗纳米结构的可控外延制备。该技术主要用于低维硅锗纳米岛结构的可控生长,其生长机制仍然是基于 Stranski-Krastanow (S-K) 自组织外延生长模式,即在衬底上通过二维层状浸润层生长-应变弛豫-三维岛状生长的机制实现。衬底表面的图形结构将改变表面的化学势分布,硅锗纳米岛在衬底表面局域化学势最小的位置优先成核,进而实现可控生长。进一步的研究发现,在斜切的硅衬底表面,利用原子台阶对表面能和应变能弛豫的影响,也可以实现有序 Ge 纳米线或纳米岛的可控生长。通过改变表面斜切倾斜角度及调控 Ge 的外延生长参数,可以实现对纳米线或纳米岛形貌、组分和密度的调控。此外,利用硅锗合金的原子互混和在表面能及应变能驱动下的表面原子迁移,在分子束外延生长腔体内通过生长后的原位退火,也可以实现对硅锗纳米结构的形貌调。结合衬底表面倾角、退火温度、退火时间等参数调控,可以实现取向一致的硅锗纳米线、纳米岛、纳米哑铃、纳米岛链条等高质量复杂纳米结构。类似地,对于生长完毕并已经从生长腔体内取出后的硅锗合金薄膜样品,通过高温后处理,利用高温下的原子互混与迁移,也可在一定程度上实现对硅锗纳米结构的生长调控。

　　本书第 3 章中已经对硅锗低维结构的可控生长机理进行了详细介绍。本章将侧重介绍图形衬底辅助外延技术、斜切衬底表面外延技术、原位生长形貌控制技术及后处理形貌控制技术四种针对硅锗低维结构可控生长的实验技术。分别以代表性结果为例,阐述每种实验技术方法,并讨论不同技术的可控性范围及其限制因素。

4.1　图形衬底辅助外延技术

　　通过改变材料外延系统的生长参数,只能实现对 SiGe 量子点的形貌、面密度等的部分控制,且所得到的自组织 SiGe 量子点在空间上仍然是随机排布,还不能真正实现对量子点生长的有效调控。为了探究提升 SiGe 量子点器件的性能,如量子点光电探测器、量子点发光二极管等,需改善量子点的有序性、均匀性,进一步减少结晶缺陷。在单电子、单光子、自旋及量子微腔电动力学研究领域,甚至需要对单个或数个量子点的生长进行精确的定位控制。因此还需要探索更有效的 SiGe

量子点可控生长技术手段。早期研究的 SiGe 量子点可控生长技术包括：① 利用自组织 SiGe 量子点生长方向的应变自对准效应,生长多层堆叠纵向有序的 SiGe 量子点(Yam et al., 2007；Tersoff et al., 1996)；② 利用斜切的高指数 Si 晶面[如 Si(1 1 1 0)斜切 8°]的原子台阶(step bunch)生长一维有序排列的 SiGe 量子点(Sanduijav et al., 2012；Zhu et al., 1998)；③ 利用 SiGe 合金纳米线作为衬底,继续外延生长 Ge 得到二维有序排布的 SiGe 量子点阵列等(Brunner, 2002),分别如图4.1(a)~(d)所示。从图上可以看出,这些方法均在一定程度上提高了 SiGe 量子点的有序性或均匀性,但仍然没有达到对量子点生长的较好控制,其有序性、尺寸均匀性仍不理想。此外,还有一些工作报道了在应变的 SiGe 合金层上外延生长SiGe 量子点(Marchetti et al., 2005；De Seta et al., 2005；Schmidt et al., 2000),通

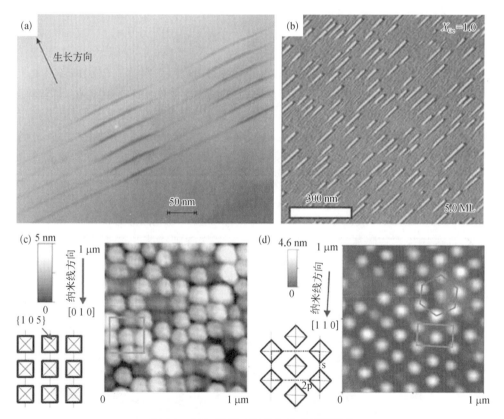

图 4.1 SiGe 量子点可控生长的早期结果

(a) 六层堆叠生长的 SiGe 纳米岛的截面 TEM 图[6×(8 ML Ge/30 nm Si)](Tersoff et al., 1996)；(b) Si(1 1 3)面斜切 0.37°衬底上 500 ℃外延 4 ML Ge 所生长出的一维有序 Ge 纳米岛的 AFM 图(Sanduijav et al., 2012)；(c)和(d)(Brunner, 2002)：在横向周期为 120 nm 的 Si/SiGe 纳米线阵列衬底上沉积 5 ML Ge 后所生长出的横向有序的 Ge 纳米岛的 AFM 图及其对应晶格示意图；(c)和(d)的纳米线分别是沿[0 1 0]和[1 1 0]方向

过应力场来调控量子点的成核位置和均匀性,并且也取得了一定的效果。上述几种技术途径所实现的生长可控性仍然都存在较大的局限性,难以自由地控制 SiGe 量子点的成核位置、密度、排布、均匀性等。

2000 年前后,在图形硅衬底表面开展 SiGe 低维纳米结构的可控外延研究逐渐取得进展,并表现出大的调控自由度和可控性优势(Zhong et al., 2003; Jin et al., 1999)。图形衬底辅助外延技术制备形貌可控的 SiGe 低维纳米结构的技术路线包括硅衬底表面光刻图形结构、图形刻蚀与转移、图形硅衬底表面化学清洗与氢钝化保护、分子束外延系统内衬底氢脱附、硅缓冲层外延、SiGe 低维结构外延及形貌测试反馈等。SiGe 低维结构的形貌主要通过设计硅衬底表面的不同图形结构及反馈调节 SiGe 的外延生长参数实现控制。

4.1.1　Si 衬底图形技术

Si 衬底图形主要是通过平面图形转印技术实现的,即光刻。光刻的基本过程包含两步:第一步是图形掩膜的形成,第二步是图形转移,其示意过程如图 4.2 所示。首先在 Si 衬底表面形成一层有机光刻胶;然后将预想的图形定义在石英制作的掩膜版上,并利用掩膜版对光刻胶进行选择性曝光,接着显影在光刻胶上得到出所需要的图形;再通过湿法或者干法刻蚀将图形转移到 Si 衬底上,最后用有机溶剂去除光刻胶,在硅衬底上得到预想的图形。光刻技术是半导体领域十分成熟的一种工艺,它被广泛用于各种集成电路芯片的加工。传统的紫外光刻主要是使用由汞灯发出的紫外光作为光源,按波长不同分为 G 线(436 nm)、H 线(405 nm)、I 线(365 nm)和深紫外线(DUV, 248 nm)。采用接触式曝光图形分辨率通常在微米量级,而采用投影式曝光图形可以做到亚微米甚至深亚微米。光刻机等工艺设备复杂昂贵,针对不同图形制作需求,研究人员发展了一些新的低成本图形技术,包括纳米球刻蚀(nanosphere lithography, NSL)(Chen et al., 2009)、纳米压印光刻

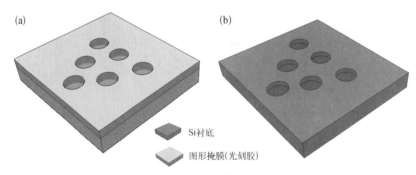

图 4.2　硅衬底图形化过程示意图

(a) 硅衬底及表面的图形掩膜;(b) 图形被转移至硅衬底上

(nanoimprint lithography，NIL)(Chou et al.，1996)等。而针对 100 nm 以下的高分辨率图形需求,还发展了电子束光刻(electron beam lithography，EBL)(Vieu et al.，2000)、软 X 射线投影光刻(X-ray lithography，XIL)(Heuberger，1988)、极紫外光刻(extreme UV lithography，EUVL)(Yen，2016)等。本书对 SiGe 低维结构可控生长中用到的纳米球刻蚀、电子束光刻技术、软 X 射线光刻及纳米压印光刻分别介绍,对紫外光刻在此不做说明。对硅的干法刻蚀和湿法腐蚀工艺也做简要介绍。

1. 纳米球刻蚀技术

纳米球刻蚀是一种新型的图形刻蚀技术,它利用纳米至微米量级直径的微球的自组装排列特性,在 Si 衬底上形成大面积有序的单层纳米球膜,然后通过金属蒸镀将纳米球的有序排列特性转移到 Si 表面,形成有序排列的网孔状金属掩膜,然后通过湿法腐蚀,在 Si 表面形成纳米尺度的空洞,最后用化学溶液将蒸镀的金属去除,进而在 Si 表面得到清洁的有序纳米孔阵列图形(陈培炫,2009)。该方法的工艺优势是操作简单,工艺成本低,易于获得大面积有序纳米孔阵列,纳米孔尺寸、周期可控,且湿法腐蚀得到的纳米结构表面缺陷密度相较于干法刻蚀少。但是该方法也存在不足,如图形阵列单一,纳米孔均匀性受纳米球的尺寸均匀性影响较大。

其典型的工艺过程如图 4.3 所示。使用的纳米球成分为聚苯乙烯,纳米球分散在包含表面活性剂的去离子水中形成悬浮液。首先使用 Langmuir-Blodgett(LB)法(Weekes et al.，2007)在用 HF 腐蚀过的清洁 Si(0 0 1)表面上形成一层自组装

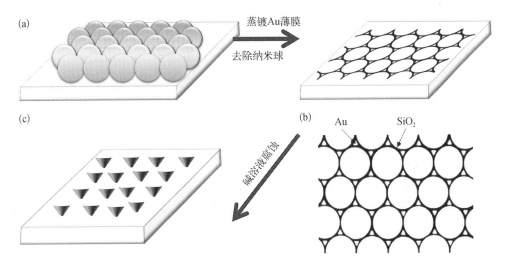

图 4.3　纳米球刻蚀工艺流程

(a)Si(0 0 1)衬底表面的单层六角密排纳米球;(b)Si(0 0 1)衬底表面的有序网孔状 Au-SiO$_x$ 掩膜;(c)Si(0 0 1)衬底表面六角排布的倒金字塔状纳米孔阵列

六角密排单层纳米球薄膜,如图 4.3(a)所示。然后在样品表面溅射一层约 2 nm 厚的 Au 薄膜。部分 Au 原子沉积到六角密排球之间缝隙中,并与表面硅原子发生电化学催化氧化反应,形成 Au - SiO$_x$ 颗粒,如图 4.3(b)所示。然后将样品浸入四氢呋喃溶剂中超声,溶解并去除纳米球,即在硅表面得到六角网孔状排布的 Au - SiO$_x$ 金属掩膜[图 4.3(b)]。进一步将带有掩膜的样品浸入 KOH 溶液中腐蚀,利用碱性溶液对硅晶面各项异性的腐蚀特性(Seidel et al., 1990),在网孔的中心得到六角排列的倒金字塔状纳米孔阵列,如图 4.3(c)所示。最后将样品浸入 KI∶I$_2$∶HF = 10 g∶2.5 g∶1%, 100 ml 的溶液中浸泡,去除表面的 Au - SiO$_x$ 金属掩膜。图 4.4(a)和(b)分别给出了 200 nm 周期单层六角密排纳米球的扫描电子显微镜(SEM)照片和其对应的有序纳米孔阵列的原子力显微镜(AFM)照片。

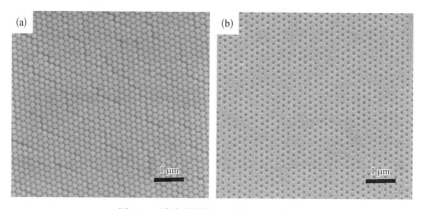

图 4.4　纳米球刻蚀工艺的 SEM 照片

(a) 直径 200 nm 的单层六角密排聚苯乙烯纳米球;(b) 对应于(a)的在 Si(0 0 1)表面湿法腐蚀后形成的六角排布的纳米孔阵列

2. 电子束光刻技术

电子束光刻是一种利用电子束照射电致抗蚀剂进行曝光而获得图形的一种高精细度复杂光刻技术。其工艺过程与传统紫外光刻基本一致,分为涂胶、前烘、电子束曝光、显影和坚膜,然后通过反应离子刻蚀(reactive ion etching, RIE)或电感耦合等离子体刻蚀(inductive-coupled plasma etching, ICP)等干法刻蚀工艺将图形转移至 Si 衬底上,最后去除光刻胶。由于高能电子束的德布罗意波长较小 ($\lambda_e = \dfrac{1.226}{\sqrt{E_e}}$, 单位为 nm,如 100 eV 的电子对应波长只有 0.12 nm),利用聚焦的电子束直接在涂有光刻胶的晶片上描画图形,其极限分辨率可以达到 10 nm,是目前所有图形光刻技术中分辨率最高、可靠性也最高的一种技术。国际上知名的生产厂商主要有日本电子公司(JEOL)、德国 Raith 公司和德国 Vistec 公司等。图 4.5(a)为德国 Vistec 公司生产的型号为 EBPG5000pES 的电子束曝光机设备照片,其电子束曝光系统的结构示意图如图 4.5(b)所示,一般包括电子束发生器、电子束聚焦和扫描控制、样品工作台、真空系统和数据计算机等几部分。其光刻工作模式分为电子束线扫描直写曝光和电子束面投影曝光两种。直写式即直接将聚焦后的电子束斑打在表面涂有光刻胶的晶片上,无需掩膜版;而投影式则是通过高精度的透镜系统将电子束通过掩膜版缩小并投影到涂有光刻胶的晶片上。

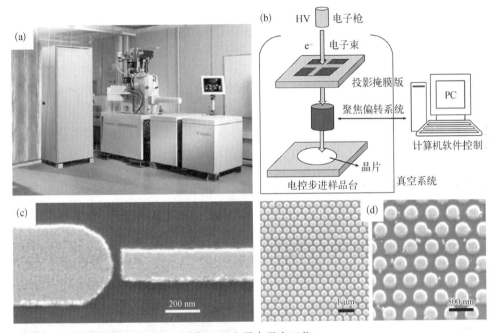

图 4.5 电子束曝光工艺

(a)德国 Vistec 公司生产的型号为 EBPG5000pES 的电子束曝光机设备照片;(b)电子束曝光系统的结构示意简图;(c)使用电子束曝光加工的单电子晶体管的纳米电极的 SEM 照片;(d)金属纳米点阵列的 SEM 照片

影响电子束曝光系统分辨率的因素有光学系统的分辨率、电子束曝光胶特性、电子束散射和邻近效应等,其中邻近效应对光刻分辨率的不利影响最为明显。邻近效应是指电子束在光刻胶中传播的前散射及晶片对电子束的背散射导致的邻近非曝光区域的曝光。该效应会导致图形分辨率下降,并且光刻胶越厚,影响越明显。电子束曝光的直写模式相较于投影模式有更高的图形分辨率,且无需昂贵的投影光学系统和费时的掩膜制备过程,因此在掩膜版加工、原型化、小批量器件的实验室制备和研发中得到了广泛应用。图 4.5(c)和(d)分别是使用电子束曝光加工的单电子晶体管的纳米电极和金属纳米点阵列的 SEM 照片,但由于直写式的曝光过程是将电子束斑逐点扫描曝光,生产效率低,无法满足微电子工业上低成本高效率生产的要求,因而在微电子工业中只作为一种辅助技术而存在。

　　近年来,研究人员在电子束面投影的基础上提出了一种改进的电子束散射角限制投影光刻技术(scanning with angular limitation projection electron beam lithography, SCALPEL)(Harriott, 1997),该技术既可以提供高的电子束投影曝光效率,又能对邻近效应进行抑制,提供高的图形分辨率,因而被认为是未来亚 10 nm工艺节点最具前景的非光学光刻技术。

　　3. 纳米压印技术

　　纳米压印技术是一种利用刻有反图形的印章直接压在涂有热塑性抗蚀剂的晶片上而得到正图形的平面图形转印技术。该技术最早是由华裔科学家周郁于 1996年提出(Chou et al., 1996)。其实质是首先将图形转印到抗蚀剂上,使抗蚀剂图形化,然后通过刻蚀将图形转移到晶片上。基本过程主要包括印章制造和抗蚀剂涂布、压印并移除印章和图形转移等几步,如图 4.6(a)~(e)所示。纳米压印光刻技术按照压印面积可以分为步进式压印和整片压印;按照压印过程中是否需要加热可以分为热压印和常温压印(即通过紫外光固化抗蚀剂,UV-NIL);按照压印模具硬度的大小可以分为软压印光刻和硬压印光刻。目前通过软紫外压印已经实现亚15 nm 分辨率的点阵制备(Li et al., 2009)[图 4.6(f)]。

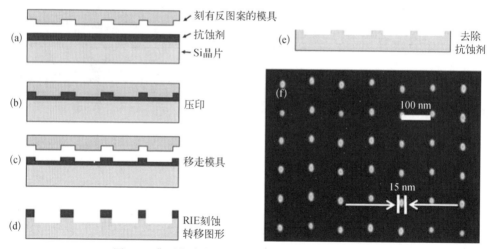

图 4.6　典型的纳米压印过程示意图(Li et al., 2009)

(a) 抗蚀剂涂布和模具准备;(b) 压印过程;(c) 移走模具;(d) RIE 刻蚀转移图形;(e) 去除抗蚀剂;(f) 利用纳米软压印技术获得的亚 15 nm 分辨率的二维点阵

　　纳米压印技术与传统光刻工艺相比,它不是通过改变抗蚀剂的化学特性而实现抗蚀剂的图形,而是通过抗蚀剂的受力形变实现的图形。它的工艺优势就是系统结构简单,不需要复杂的光学透镜系统,能降低设备成本。而其工艺挑战在于印章的制备,由于无法像传统光学光刻使用的倍率放大掩膜,纳米压印只能使用1∶1的掩膜,因此在加工精细图形方面要受制于精细印章的制备。通常是使用 EBL 等高分辨率和高自由度光刻方法结合 RIE 刻蚀在 Si、石英和聚二甲基硅氧烷(PDMS)等印章材料上制备出预期图形的反图形。目前,印章的制作、检查和重复使用次数都面临着严峻的挑战(Guo,2007),该工艺是否能在半导体集成电路工业中大规模应用还有待确定。但是纳米压印作为一种简单的图形复印工艺在实验室研究中已经有了较为广泛的应用。

4. 软 X 射线投影光刻技术

软 X 射线投影光刻技术是传统紫外光刻技术向软 X 射线波段(1~30 nm)的延伸。它是一种利用软 X 射线波段光源,透过 1:1 式的 X 射线掩模版,对光刻胶进行曝光的投影式光学光刻技术(Smith et al.,1993)。由于软 X 射线波长短(约为1 nm)强度高,因此易于实现高分辨率、大焦深和大像场曝光。XRL 技术的主要困难是获得低成本高强度的软 X 射线光源和具有良好机械物理特性的掩膜版。由于对于 X 射线波段任何材料的折射率均接近于 1,而且吸收较大,因而传统的微缩投影光学系统必须改为反射式光路。而单层膜反射镜对正入射软 X 射线的反射率几乎为零,因而开发具有高反射率的掩膜版材料是该技术面临的主要困难。已有报道的合适掩膜版材料有 Mo/Si、SiC 等。而高强度软 X 射线的产生也同样面临困难。最为成熟的软 X 射线产生装置即同步辐射装置,但该装置因成本高、体积大且安装不便,难以与现有的集成电路工艺集成。激光等离子体光源比同步辐射源体积小、价格便宜、易于在现有集成电路生产线上安装,因而被认为是目前最有前景的 XRL 系统光源(Gullikson et al.,1992),然而激光等离子体光源的碎屑问题、光学系统污染问题等限制了其实用化,目前仍然在进一步研究中。

软 X 射线干涉光刻(X-ray interference lithography,XIL)技术是 XRL 技术的一个分支,它是利用两束或多束波长在 1~10 nm 范围的相干 X 射线通过光栅产生的干涉条纹对光刻胶进行投影曝光,如图 4.7(a)所示,是一种新型的先进微纳加工技术,主要用于制备一维或者两维大面积(mm^2量级)周期性纳米图形阵列,尤其在50 nm 以下特征尺寸的周期性纳米结构的制作上具有独特的优势。其基本原理为利用两束相干的软 X 射线的干涉效应形成周期为 P 的驻波,并投影到涂覆有光刻胶的衬底表面曝光,获得周期性的一维条纹。

$$P = \frac{\lambda}{2\sin\theta} \tag{4.1}$$

其中,θ 为两束入射 X 射线夹角的一半。因此最终的干涉曝光图形分辨率为 $\lambda/2$。通过使用 4 束相干 X 射线以两两正交的方式入射到全同光栅上进行干涉,可以实现二维周期图形的投影光刻,如图 4.7(b)所示。

波长在 10 nm 左右的软 X 射线通常由同步辐射获得,其亦被称为极紫外投影

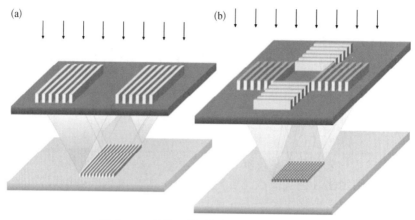

图 4.7   X 射线入射到光栅上干涉投影曝光

(a) 一维图形;(b) 二维图形的原理示意图

干涉光刻(EUVL)。该技术与同样具有纳米加工能力的 EBL 和 AFM 等其他图形手段相比,具有可实用化的投片率和生产效率。而这样的周期性结构可以用于磁点阵、光子晶体、量子点定位生长模板和 X 射线显微用波带片等领域。图 4.8(a)是一种并行多束高效软 X 射线或极紫外干涉投影曝光系统的示意图;图 4.8(b)是

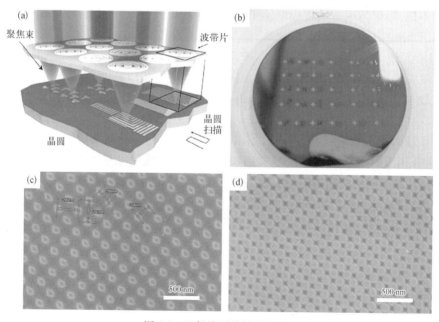

图 4.8   X 射线干涉投影曝光

(a) X 射线光刻示意图;(b) 四光栅 X 射线干涉曝光得到的 2 英寸晶圆照片;经过 15 s(c) 和 11 s(d) 曝光后得到的二维点阵的 SEM 照片(图形周期为 200 nm)

一个经过四光栅 XIL 曝光得到的 2 英寸晶圆照片；图 4.8(c)和(d)分别是经过 15 s 和 11 s 曝光后得到的二维点阵的 SEM 照片(图形周期为 200 nm)。

表 4.1 给出了以上几种图形方法的特性对比。从表中可以看到,每种图形都有自己的工艺优势,同时也都存在不同程度的不足。如纳米球刻蚀低成本但图形不可自定义、分辨率低,X 射线光刻分辨率高、加工效率高但设备又极其复杂昂贵。在实验中具体使用何种图形方法,取决于设备的条件和工艺目标。

表 4.1　几种图形工艺的特性对比

种　　类	设备复杂性	工艺成本	分辨率	图形自定义	加工效率
纳米球刻蚀	简单	低	≥100 nm	否	高
电子束光刻	复杂	高	≥5 nm	是	低
纳米压印	简单	较高	≥25 nm	是	高
X 射线光刻	复杂	极高	≥30 nm	是	高

5. Si 干法刻蚀和湿法腐蚀工艺

如图 4.2(a)所示,利用纳米球自组装排列、电子束光刻、纳米压印、光学光刻等图形技术生成的带有图形窗口的金属掩膜图形或光刻胶掩膜图形,最终都要被转移到 Si 晶片上才能实现对 Si 晶片的图形化[图 4.2(b)],这个图形转移过程所用到的技术就是硅刻蚀工艺。理想的硅刻蚀工艺必须具有以下特点:① 各向异性刻蚀,即只有垂直方向刻蚀,没有横向钻蚀,这样才能保证精确地在被刻蚀的硅晶片上复制出与光刻胶上完全一致的几何图形,如图 4.9 所示;② 良好的刻蚀选择性,即对光刻胶掩模的刻蚀速率比对 Si 晶片的刻蚀速率要小得多,以保证刻蚀进行过程中光刻胶掩蔽的有效性;③ 刻蚀参数容易控制,低成本高产量,对环境污染少,适用于工业生产。硅刻蚀按照刻蚀过程的环境不同可分为两大类,即干法刻蚀和湿法腐蚀。

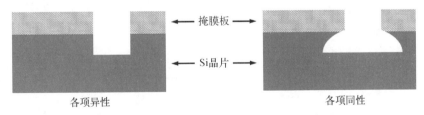

图 4.9　Si 晶片各项同性和各项异性刻蚀示意图

湿法腐蚀是传统的硅刻蚀方法。它是把硅片浸入特定的化学溶液中,使没有被光刻胶保护的那一部分硅表面与溶液发生化学反应生成可溶性的 Si^{4+} 离子而被除去,进而实现光刻图形转移。湿法工艺具有低成本、高产能、操作简便、对设备要求低、刻蚀的选择性好等诸多优点。通过选择不同的化学溶液及配比,可以方便地实现对 Si、SiO_2 和不同 Si 晶面的选择性刻蚀。常用的 Si 腐蚀液有氢氧化钾(KOH)和四甲基氢氧化铵(TMAH)等碱性溶液,硝酸(HNO_3)、氢氟酸(HF)和醋酸(CH_3COOH)混合液(HNA)。SiO_2 的腐蚀液为氢氟酸(HF)或缓冲氢氟酸(BHF,即 HF 和 NH_4OH 的混合液)。控制湿法反应的主要参数有溶液类型、溶液配比、溶液温度、腐蚀时间和溶液搅动性等。以 KOH 为例,KOH 对硅的腐蚀速率远远大于对 SiO_2 腐蚀速率,因此可以以 SiO_2 为掩膜,实现对 Si 的选择性刻蚀。其反应方程为

$$Si + OH^- + 2H_2O \longrightarrow SiO_2(OH)_2^{2-} + 2H_2(g) \tag{4.2}$$

且 KOH 对单晶硅的不同晶面会呈现不同的刻蚀速率,其速率 R 的关系依次为

$$R_{\{110\}面} > R_{\{100\}面} \gg R_{\{111\}面} \tag{4.3}$$

即 {111} 面的刻蚀速率最慢,其值仅为 {110} 面和 {100} 面的百分之一至数十分之一。这种特性即称为各向异性刻蚀(anisotropy etching 或 orientation-dependent etching,ODE)。这种晶面刻蚀选择性与硅不同晶面的原子面密度和键强度有关(Petersen,1982)。图 4.10(a)给出了 30 ℃下不同浓度 KOH 溶液对 Si 单晶三个主要晶面的刻蚀速率,图 4.10(b)给出了质量浓度为 55% 的 KOH 溶液在不同温度下对 Si 单晶三个主要晶面的刻蚀速率[数据取自(Sato et al.,1988)]。HF 溶液对 SiO_2 的刻蚀速率远远大于对 Si 的刻蚀速率。在室温下稀释的 HF 溶液对的 SiO_2 的刻蚀速率可达数微米每分钟,反应方程如下:

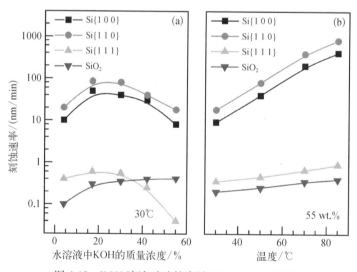

图 4.10 KOH 溶液对硅的腐蚀(Sato et al.,1988)

(a) 30 ℃下不同浓度 KOH 溶液对 Si 单晶三个主要晶面的刻蚀速率;(b) 质量浓度为 55% 的 KOH 溶液在不同温度下对 Si 单晶三个主要晶面的刻蚀速率

$$SiO_2 + 6HF \longrightarrow 2H^+ + SiF_6^{2-} + 2H_2O \tag{4.4}$$

而其对 Si 的刻蚀速率几乎为 0。因此可以利用这种选择性去除 Si 晶片表面的 SiO_2 掩膜层。图 4.11 给出了一个典型的利用 KOH 溶液对 Si 不同晶面的选择性刻蚀及 HF 对 SiO_2 的刻蚀实现的 Si 表面倒金字塔状纳米坑的图形过程。湿法腐蚀虽然有不少优点,但是也同时存在一些不足。如溶液中易出现横向钻蚀使所得的刻蚀剖面呈圆弧形(见图 4.9),这使得精确控制图形变得困难,尤其是对于纳米量级的精细线条加工,这种缺陷尤其明显。湿法腐蚀的另一明显不足就是光刻胶在 Si 晶片表面的粘附性在溶液中容易出现不同程度的破坏,导致光刻图形被破坏。还有一些其他的缺点,如化学溶液消耗成本高、溶液中气泡的形成影响刻蚀的均匀性等,这些缺点都限制了湿法工艺在 Si 电路工业生产上的大规模应用,但是在实验室研究中湿法工艺仍然在继续使用。

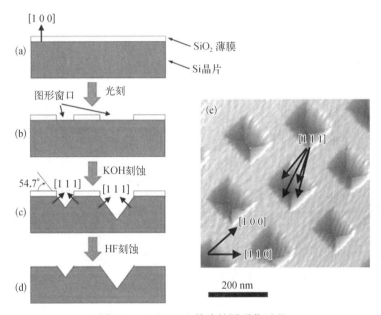

图 4.11 Si(0 0 1)晶片的图形化过程

(a) Si(0 0 1)晶片上覆盖一层 SiO_2 薄膜;(b) 通过光刻在 SiO_2 薄膜上开出图形窗口;(c) 通过 KOH 溶液刻蚀在 Si 晶片上形成倒金字塔状孔洞结构;(d) 通过 HF 溶液刻蚀去除 SiO_2 掩膜;(e) 在 Si(0 0 1)晶片表面形成的倒金字塔状有序排布的纳米孔的 AFM 图

为了满足亚微米及亚 0.1 微米 Si 工艺的高精度光刻图形转移,研究人员开发了干法刻蚀工艺。其基本过程是利用射频电源使设备反应腔内的反应气体生成反应活性高的离子和电子(即等离子体),对有光刻胶掩蔽的 Si 晶片进行物理及化学刻蚀,以选择性地去除我们需要去除的区域。被刻蚀的 Si 变成挥发性的气体,经抽气系统抽离。物理刻蚀是利用偏压将电离的等离子体中的正离子加速,并轰击在被蚀刻材料的表面,而将被蚀刻的 Si 原子撞出。化学刻蚀则是将产生的化学活性极强的原子或者分子团扩散至待刻蚀物质的表面,并与待刻蚀物质反应产生挥发性的生成物。干法刻蚀垂直方向的刻蚀速率远大于侧向,因而可以实现各向异性刻蚀,如实现高深宽比的槽、V 形槽和梯形槽刻蚀等。典型的干法刻蚀系统包括刻蚀反应腔、刻蚀参数控制模块、真空系统和冷却循环水系统四部分。图 4.12(a) 和(b)分别给出了一台日本 Samco 公司生产的小型实验生产型 RIE 系统(型号 RIE -10NR)的设备照片和典型 RIE 刻蚀腔结构示意图。干法刻蚀可以控制的参数主要有反应气体种类、流量、反应腔气压、射频源 RF 功率、刻蚀时间等。通过优化刻蚀参数,可以使得刻蚀工艺达到高重复性、高稳定性和高效率。一个典型的 Si RIE 刻蚀参数如表 4.2 所示,对应的垂直方向刻蚀速率为 1 nm/s。

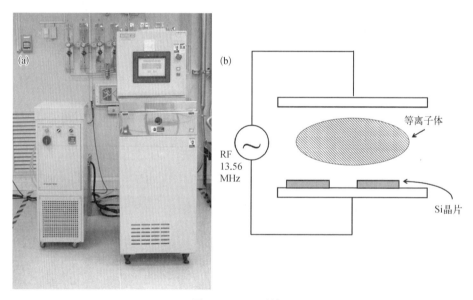

图 4.12　RIE 系统

(a) 日本 Samco 公司生产的科研生产型 RIE 系统(型号 RIE – 10NR)设备照片;(b) RIE 系统的等离子刻蚀腔示意图

表 4.2　典型的 Si RIE 刻蚀参数,参考速率约 1 nm/s

气体种类	气体流量/sccm①	RF 源功率/W	反应腔气压/Pa	硅刻蚀速率/(nm/s)
CF_4	80	150	4.3	1
O_2	5			

————————

① sccm 指标准毫升/分钟。

4.1.2 图形 Si 衬底上可控外延技术

2000 年前后,得益于 Si 微电子光刻刻蚀技术的发展进步,上节所述的几种主要的 Si 衬底的图形技术相继被用于 SiGe 低维纳米结构的可控外延研究,并均实现了对 SiGe 低维纳米结构生长的有效调控。其基本实验过程是在 Si(0 0 1)衬底表面通过光刻刻蚀工艺制备出纳米孔洞(Chen et al., 2008;Grutzmacher et al., 2007;Zhang et al., 2007;Kar et al., 2004;Karmous et al., 2004)、一维条形槽(Zhong et al., 2003)和一维山脊(Zhong et al., 2004;Jin et al., 1999)等微纳尺度图形结构,将制备完成的图形 Si 衬底进行化学清洗后传入分子束外延腔体中,然后经过解吸附和 Si 缓冲层预沉积,可以将衬底表面的微纳图形微结构保持。进而继续在高温下淀积 Ge,通过生长参数的精细调控,实现在特定的位置[如在孔内(Chen et al., 2008;Grutzmacher et al., 2007;Zhang et al., 2007;Kar et al., 2004;Karmous et al., 2004)、槽内(Zhong et al., 2003)、脊上(Zhong et al., 2004;Jin et al., 1999)等]生长出 SiGe 岛装纳米结构,并极大地改善了 SiGe 纳米岛的有序性和组分形貌均匀性。有序性和均匀性的提升也有助于改善材料的光学和电学特性。下面结合不同的衬底图形技术,介绍 SiGe 低维纳米结构的可控生长研究。

1. 纳米球光刻图形 Si 衬底可控外延

图 4.13 为采用本章 4.1.1 节所述纳米球刻蚀技术在 Si(0 0 1)表面制备的不同腐蚀时间下的单个纳米坑形貌图(Chen et al., 2009)。采用 600 nm 直径的聚苯乙烯小球,经过 Au 掩膜蒸发、去除纳米球步骤后,将所获得的带有网格状 Au 掩膜的 Si 衬底浸入 20%质量分数的 KOH 溶液中进行室温腐蚀。不同腐蚀时间下所获得的 Si 纳米坑的形貌不同。图 4.13 分别为在 2 min、3 min、5 min 和 7 min 后所获得的 Si 纳米坑的形貌图。可以看出,纳米坑的横向和纵向尺寸随着腐蚀时间增加逐渐增加,同时纳米坑的形貌也发生明显变化。2 min 下纳米坑基本呈现半圆形凹坑状,而随着腐蚀时间增加,由于 KOH 对 Si 的〈1 1 1〉晶向存在选择性优先腐蚀(参见图 4.11),纳米坑逐渐呈现倒金字塔状,且最终获得与 Si(0 0 1)面夹角均为 54.7°的四个晶面组成的倒金字塔状纳米坑。在经过进一步去除表面 Au 掩膜、标准 RCA 法化学清洗步骤后,带有有序纳米坑的 Si 图形衬底被传入 MBE 系统进样室内进行 300 ℃预脱附处理。之后衬底被传入生长腔室内进行 Ge 的可控外延生长。

图 4.14 给出了在采用 200 nm 的聚苯乙烯纳米小球所制备的周期为 200 nm 的 Si 有序纳米坑衬底上实现的有序 SiGe 纳米岛结构的可控生长结果(Chen et al., 2009)。图 4.14(a)为经历 Au 掩膜蒸发、去除纳米球、KOH 湿法腐蚀、去 Au、RCA

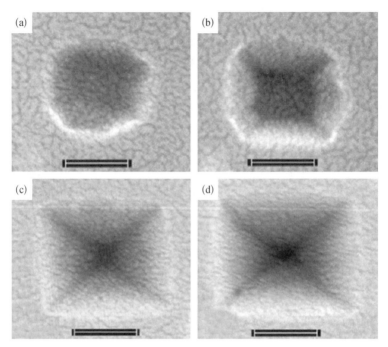

图 4.13　采用 600 nm 直径的纳米球获得的不同腐蚀时间
后的 Si 纳米坑的形貌图(Chen et al., 2009)

(a) 2 min;(b) 3 min;(c) 5 min;(d) 7 min。图片中标尺长度为 200 nm

化学清洗等工艺步骤后的 Si 纳米坑衬底表面 AFM 形貌图,可以看到,呈现六角有序排布的倒金字塔状纳米坑尺寸大小均匀,纳米坑口平均宽度为 60 nm,深度平均为 40 nm。在淀积 100 nm Si 缓冲层后,纳米坑形貌如图 4.14(b)所示,可以看到,纳米坑形貌发生了明显退化,四个〈1 1 1〉晶面上 Si 原子优先沉积使得纳米坑晶面出现了平滑,呈现接近圆形的形貌。在此基础上,淀积 10 ML 的 Ge,获得了尺寸高度均一的六角有序排布的 SiGe 纳米岛阵列,如图 4.14(c)所示。图 4.14(c)同时给出了在同样生长参数下 Si(0 0 1)衬底表面所生长获得的随机排布的 Ge 纳米岛。对比图 4.14(c)和(d)可以看出,通过使用图形衬底,纳米岛的均匀性、有序性、一致性都获得了极大提升。同时,通过改变纳米球的直径,可以在 100~1 000 nm 范围内灵活调控 SiGe 纳米岛的周期。而通过控制纳米坑的腐蚀时间,可以控制纳米坑的尺寸,进而调控 SiGe 纳米岛的尺寸,进而实现对 SiGe 纳米岛生长的高可靠、多维度的有效调控。但需要指出的是,受限于纳米球的自组装密排特性,有序 SiGe 纳米岛的空间排布局限于六角排布,其他排布如正方形等排布难以通过本方法实现。纳米坑内表面化学势低,Ge 原子在衬底表面迁移的过程中,将优先在纳米坑内堆积成核。这种纳米坑内优先成核生长的特性可以通过本书 3.3 节中的表面化学势

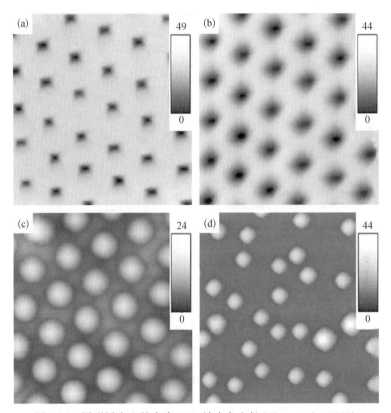

图 4.14 图形衬底上的有序 SiGe 纳米岛生长(Chen et al., 2009)

（a）采用纳米球刻蚀技术制备的 200 nm 周期的有序纳米坑阵列 AFM 形貌图（1×
1 μm²）；（b）淀积完 100 nm Si 缓冲层后的 AFM 形貌图；（c）淀积完 10 ML Ge 后的
SiGe 有序纳米岛 AFM 形貌图；（d）同样生长参数下平 Si 衬底表面生长的 SiGe 随机分
布纳米岛 AFM 形貌图

模型进行很好地解释。

2. 电子束光刻图形 Si 衬底可控外延

电子束直写曝光光刻技术具有极限分辨率高、图形定义方便的巨大优势，十分
适宜于在 Si 衬底表面制备出位置精确控制的纳米图形。结合反应离子刻蚀或
KOH 化学腐蚀等干法湿法工艺，可以精确高效的在 Si(0 0 1)衬底表面制备出纳米
孔，用于实现 SiGe 纳米结构的可控生长。

图 4.15(a)为在 Si(0 0 1)衬底表面采用电子束直接曝光光刻结合反应离子干
法刻蚀工艺制备的周期为 1 μm 的二维有序纳米孔阵列的 AFM 形貌图（ Zhang
et al., 2007)。可以看到获得的纳米孔与采用纳米球光刻刻蚀技术所制备出的倒
金字塔状纳米坑形貌有明显不同，纳米孔口呈现圆形，平均直径约 300 nm，平均深

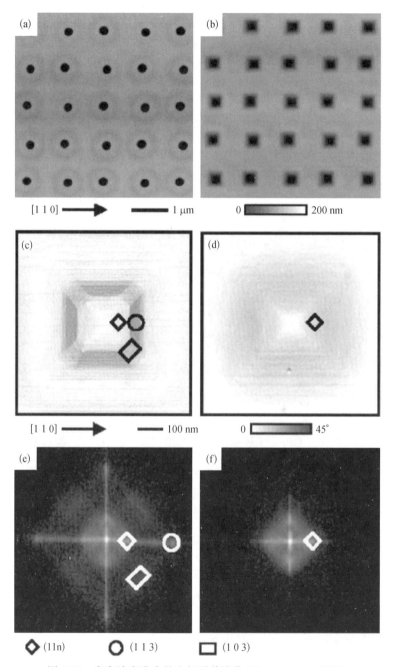

图 4.15　有序纳米孔内的生长形貌演化(Zhang et al., 2007)

(a) Si(0 0 1)表面光刻刻蚀完毕后的纳米孔 AFM 形貌图;(b) 淀积完 36 nm Si 缓冲层后的 AFM 形貌图;(c)和(d)分别为淀积完 72 nm 和 144 nm 后 Si 缓冲层后的单个纳米坑的 AFM 相位图;(e)和(f)对应于(c)和(d)图的晶面图

度约 80 nm。图 4.15(b)为将所获得的纳米孔衬底经过 RCA 化学清洗传入 MBE 生长腔体后,外延 36 nm Si 缓冲层后的纳米孔 AFM 形貌图。Si 缓冲层生长过程中衬底温从初始的 360 ℃线性升高至 500 ℃,图中可以看到缓冲层外延完毕后,圆形纳米孔形貌发生了显著变化。纳米孔演化为方形孔,且深度和边长分别减小至 20 nm 和 200 nm。在保持生长温度变的情况下,进一步增加 Si 缓冲层厚度至 72 nm 和 144 nm 后,纳米孔的形貌演化分别如图 4.15(c)和(d)所示。对应的计算后的晶面图如图 4.15(e)和(f)所示。可以看到 72 nm 缓冲层下纳米孔侧壁主要由{1 1 3}组成,孔的角上由{1 0 3}晶面组成。而 144 nm 下,纳米孔侧壁进一步演化为更浅的{1 1 n}面。这种纳米孔侧壁晶面的演化特性与 Si 原子晶面能相关(Zhong et al.,2004)。

图 4.16(a)和(b)为在 36 nm Si 缓冲层生长完毕后[图 4.15(b)]在 700 ℃进一步外延 3.75 ML 和 5.0 ML Ge 后获得的有序 SiGe 纳米岛的 AFM 形貌图。可以看到,3.75 ML Ge 外延完毕后,在纳米孔内获得了均一的呈现截断金字塔状的 SiGe 纳米岛,而随着 Ge 量增加到 5 ML,纳米孔内的 SiGe 纳米岛尺寸进一步增加,形貌更加陡峭,形成由四个{1 0 5}晶面组成的完整金字塔状合金结构。

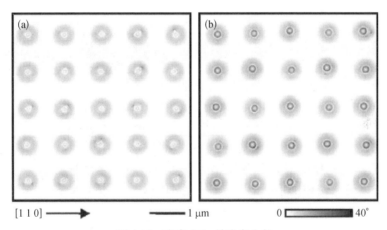

图 4.16 有序 SiGe 纳米岛生长

(a)和(b)分别为在 36 nm Si 缓冲层生长完毕后在 700 ℃进一步外延 3.75 ML 和 5.0 ML Ge 后获得的有序 SiGe 纳米岛的 AFM 相位图

奥地利林兹大学在电子束光刻 Si 纳米孔衬底上的 SiGe 合金纳米岛的可控生长方面也有深入的研究(Boioli et al., 2011;Hackl et al., 2011;Vastola et al., 2011;Grydlik et al., 2010)。图 4.17(a)~(h)为在周期为 300 nm 的 Si(0 0 1)表面纳米孔内的 SiGe 合金纳米岛随着 Ge 量的变化关系。需要指出的是,所制备的 Si 纳米孔在电子束光刻曝光显影完成后,采用了四甲基氢氧化铵溶液(TMAH)进行湿法腐蚀形成纳米坑。由于碱性溶液的晶向选择性,所制备的纳米孔结构与图

4.13(a)类似,即为倒金字塔状,坑口边长为约 200 nm,深度约 50 nm。该纳米孔衬底经过 RCA 清洗后,传入 MBE 生长腔体。以 0.06 Å/s 的速率外延 45 nm Si 缓冲层,同时衬底温度从 450 ℃ 线性升高至 550 ℃。Si 缓冲层生长前后的单个 Si 纳米坑的形貌如图 4.17(a)和(b)所示。可以看到缓冲层生长完毕后,纳米孔出现了清晰的形貌演化,呈现由 4 个 {1 1 n} 面构成的倒金字塔状。在衬底温度升至 700 ℃ 后,改变 Ge 沉积量从 4 ML 均匀递增至 10 ML,对应于不同 Ge 沉积量所生长的 SiGe 纳米岛的形貌分别如图 4.17(c)~(h)所示。可以清楚地看到,纳米坑内合金 SiGe 纳米岛尺寸逐渐增加,从初始的包含 4 个 {1 1 n} 面的金字塔逐渐过渡到包含多个晶面的圆顶型岛状结构。同时,坑的侧壁晶面也逐渐从 {1 1 n} 退化为平滑的侧壁。通过改变纳米坑的周期,可以实现从 300 nm 至数微米周期的有序 SiGe 合金纳米岛阵列,如图 4.18 所示。

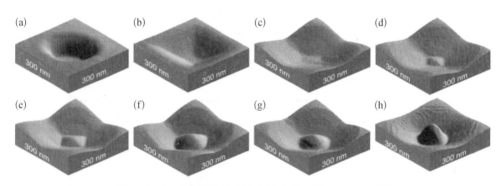

图 4.17　不同阶段的单个纳米坑内的三维 AFM 形貌图

(a) 制备完毕后的 Si 纳米坑;(b) 45 nm Si 缓冲层生长完毕后(c)~(h) Ge 沉积量从 4 ML 均匀递增至 10 ML 过程中不同 Ge 沉积量的 SiGe 纳米岛形貌

在电子束光刻技术制备的纳米孔衬底上,通过调控曝光剂量、显影、刻蚀等工艺参量,可以灵活调控纳米孔的占空比。在具有较大占空比的 Si 纳米孔内,通过调节 Si 缓冲层的厚度、生长温度,利用 Si 缓冲层外延过程中纳米孔的形貌演化,钟振扬等还实现了在单个纳米孔内生长 5 个 SiGe 纳米岛的特殊有序结构(Zhong et al., 2005),充分验证了电子束光刻制备纳米孔技术在 SiGe 纳米结构可控生长方面的灵活性和优势。此外,M. Bollani 等在电子束光刻技术制备的纳米孔衬底上,用等离子体增强化学气相沉积(PECVD)亦实现了完美的有序 SiGe 纳米岛结构,再次验证了该技术的广泛适用性和灵活性(Bollani et al., 2010)。

3. 极紫外干涉光刻图形 Si 衬底可控外延

使用 10~30 nm 波长的软 X 射线干涉投影曝光光刻技术制备有序 Si 纳米结构图形衬底,在实现有序 SiGe 合金纳米结构的可控生长方面也取得了巨大进展

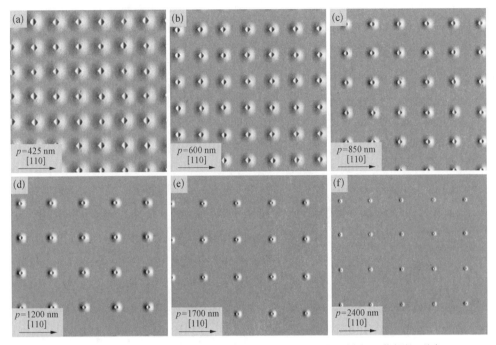

图 4.18　在采用电子束光刻技术制备的 Si(0 0 1)纳米坑衬底上获得的不同
周期严格有序 SiGe 合金纳米岛 AFM 相位图,Ge 沉积量均为 3 ML

(a) 425 nm;(b) 600 nm;(c) 850 nm;(d) 1 200 nm;(e) 1 700 nm;(f) 2 400 nm

(Dais et al., 2008; Grutzmacher et al., 2007; Zhong et al., 2007; Zhong et al.,
2004; Zhong et al., 2003; Jin et al., 1999)。该波长范围内的软 X 射线也称为极
紫外线,因此该干涉曝光技术也被称为极紫外全息干涉光刻(EUV - IL)。其光
源通常来自同步辐射,因此具有光强强、曝光效率高的优势,非常有利于快速制
备大面积一维或二维有序图形。此外,通过控制入射角度和投影距离,可以灵活
控制曝光图形的周期、占空比等工艺参数,进而实现对 SiGe 外延结构更高的控
制自由度。

　　瑞士保罗谢勒研究所(Paul Scherrer Institute)建设有同步辐射装置及 EUV - IL
专用束线,其装置照片及结构示意图分别如图 4.19(a)和(b)所示。其曝光腔室为
真空腔,通过真空管路与 X 射线束线直接连通。分束后的相干 X 射线经过光圈调
节机构和掩膜板干涉并投影到涂覆有光刻胶的 Si 衬底样品表面,完成图形曝光。
X 射线波长为 13.5 nm,属于极紫外波段。可实现的最小图形周期为 22 nm
(Auzelyte et al., 2009)。图 4.20(a)和(b)分为瑞士保罗谢勒研究所 EUV - IL 束线
站在 Si(0 0 1)衬底上光刻加 RIE 刻蚀制备的周期为 280 nm×280 nm 的有序纳米坑
上外延 50 nm Si 缓冲层后的 AFM 图及对应的高度轮廓图。所用光刻胶为 PMMA,

所用 RIE 刻蚀剂为 CHF_3、SF_6 和 O_2 的混合刻蚀剂。制备完成的 Si 纳米坑图形衬底在依次经过 H_2SO_4 : H_2O_2 = 2 : 1 酸溶液清洗、去离子水冲洗、HF 缓冲层液腐蚀后被传入 MBE 生长腔体。在 500 ℃ 脱附 5 分钟之后,首先以 0.5 Å/s 的速率在 300 ℃ 下沉积了 50 nm 的 Si 缓冲层,所获得的形貌如 4.20(a) 和(b)所示。可以看到,获得了均匀一致的纳米坑图形,且低、高曝光计量下,纳米孔的占空比显著变化。低曝光剂量下,纳米坑占空低,Si 缓冲层生长完毕后,纳米坑为近似倒金字塔状,侧壁倾角约 11.3°,对应晶面为 {1 1 n} 面(5≤n≤7);高曝光剂量下,纳米坑占空显著增加,坑底部为平(0 0 1)晶面,侧壁晶面也更加陡峭。

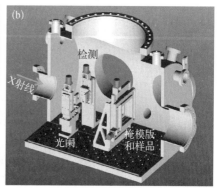

图 4.19　瑞士保罗谢勒研究所同步辐射光源上
建设的 EUV-IL 专用束线站

(a) 曝光腔室设备照片;(b) 腔体结构示意图

　　图 4.20(c)和(d)分别为在 4.20(a)、(b)中的 Si 缓冲层外延完毕后的衬底上进一步分别外延 6 ML 和 7 ML Ge 后获得的有序 SiGe 纳米岛结构。Ge 沉积的过程中,衬底温度从 300 ℃ 均匀升至 500 ℃。可以看出,在低曝光剂量的纳米孔内,获得了尺寸高度均匀的有序圆顶状 SiGe 纳米岛阵列,其位置与纳米孔的位置一一对应,纳米岛尺寸较大。非常奇特的是,在高曝光剂量的纳米孔内,每个纳米孔的四角分别获得了一个金字塔状的小尺寸 SiGe 纳米岛,纳米岛尺寸均匀一致,与纳米孔也一一对应。4.20(e)为对应于 4.20(c)和(d)中的 SiGe 纳米岛的高度和直径统计分布图(统计个数大于 1 000)。4.20(c)中的圆顶状纳米岛直径和高度分别为 77.8±1.2 nm 和 9.35±0.63 nm。4.20(d)中的金字塔状纳米岛直径和高度则分别为 57.6±3.5 nm 和 4.6±0.4 nm。同时,4.20(c)中的纳米岛面密度为 $1.6×10^9$ cm^{-2},而 4.20(d)中的纳米岛面密度则相对于(c)图增加至 4 倍。

　　采用极紫外光刻技术制备 Si 图形衬底,除通过控制曝光剂量外,还可以通过控制入射光束夹角、光栅周期、投影距离等参数,灵活控制二维纳米孔的周期,获得不同周期的有序 SiGe 纳米点阵列,如图 4.21(a)所示(周期为 500 nm)(Zhong et al.,

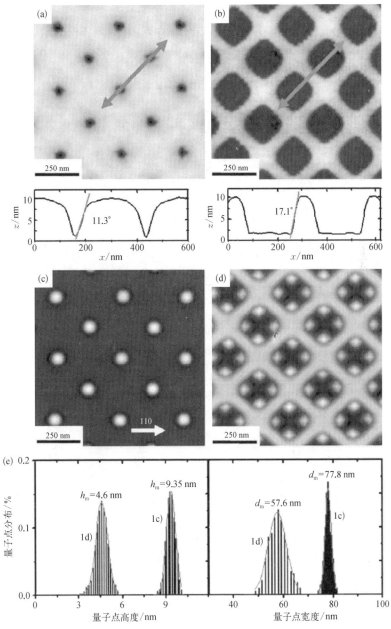

图 4.20 瑞士保罗谢勒研究所 EUV‑IL 束线站在 Si(0 0 1)衬底上光刻
加 RIE 刻蚀制备的周期为 280 nm×280 nm 的有序纳米坑上外
延 50 nm Si 缓冲层后的 AFM 图(1×1 μm²)(Dais et al., 2008)

(a) 低曝光剂量;(b) 高曝光剂量;(c)和(d)分别为在(a)衬底上外延 6 ML Ge 和
在(b)衬底上外延 7 ML Ge 后获得的有序 SiGe 纳米岛结构;(e)为对应于(c)和(d)中
的 SiGe 纳米岛的高度和直径统计分布图

2007)。此外,通过改变光栅个数,也可以制备具有不同周期和占空比的一维有序 Si 纳米槽衬底,并通过生长获得一维有序 SiGe 纳米岛链,如图 4.21(b)和(c)所示(Zhong et al., 2003；Jin et al., 1999)。这些结果充分表明,在极紫外干涉光刻制备的 Si 有序图形衬底上外延生长 SiGe 纳米结构,是一种十分有效的 SiGe 纳米结构的可控生长方法。

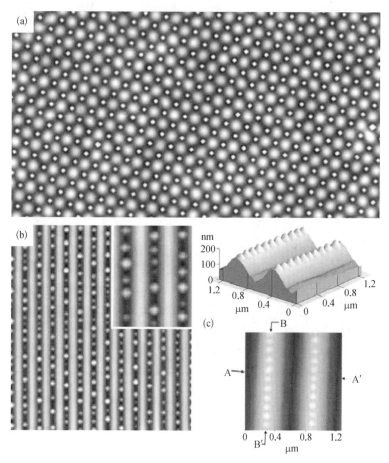

图 4.21　不同有序 Ge 纳米岛阵列

(a) Si(0 0 1)面上正方排列的纳米孔内生长的有序 Ge 纳米岛的 AFM 图(620 ℃外延 7 ML Ge)(Zhong et al., 2007)；(b) Si(0 0 1)面上一维纳米槽内生长的一维有序 Ge 纳米岛的 AFM 图(620 ℃外延 5 ML Ge)(Zhong et al., 2003)；(c) Si(0 0 1)面纳米脊上生长的一维有序 Ge 纳米岛的 AFM 图(630 ℃外延 10 ML Ge)(Jin et al., 1999)

4.1.3　可控性技术限制

基于本书第 3 章中所介绍的表面化学势模型,SiGe 纳米结构优先在图形 Si 衬底上局域化学势最小的区域成核。而由于表面化学势与衬底表面的曲率密切相关,因此通过各种光刻、刻蚀等图形产生及转移技术,可以调控 Si 衬底表面的局域曲率,结合对外延过程中 Si 缓冲层、Ge 层的沉积参数优化,可实现对 SiGe 纳米结构形貌、尺寸、组分、成核位置、排布方式、面密度等参量的有效控制。4.1.2 小节所述的三种方法在 SiGe 纳米结构生长调控方面整体上均表现出了高可控性和高灵活性的特征,然而,这些技术路径也均存在一定的技术限制。

电子束光刻具备任意图形直写的能力,在周期性排布或特定结构的 SiGe 纳米岛生长方面有优势,但是其在制备 mm 级大面积有序 SiGe 纳米岛方面效率低下、成本高昂。纳米球刻蚀技术图形排布方式固定,难以实现具有正方排布、长方排布等其他周期性特征的有序 SiGe 纳米岛的生长,且受限于纳米球的尺寸均匀性,100 nm 以下的小周期高密度排布也难以实现。极紫外干涉光刻技术具备高效率、大面积、高产量等优势,但存在仅能制备周期性图形的限制,无法制备具有任意排布的 SiGe 纳米岛,在某些对纳米结构成核位置有特殊需求的应用场合无法满足需求。

4.2 斜切 Si 衬底表面外延技术

鉴于图形 Si 衬底可控性技术限制,具有一定可替代性的斜切 Si 衬底表面外延技术亦常常被用于 SiGe 低维纳米结构的可控外延生长。不同于图形 Si 衬底表面的人工微结构,斜切 Si 衬底表面具有天然的周期性原子台阶微结构。相对于图形 Si 衬底的复杂制备工艺,斜切 Si 衬底的制备与常规 Si(0 0 1)衬底的制备工艺完全相同。其基本外延实验过程是将化学清洗后具有一定斜切偏角的 Si(0 0 1)衬底传入分子束外延腔体中,然后经过解吸附和 Si 缓冲层预沉积,进而继续在高温下淀积 Ge。通过对斜切偏角和生长参数的精细调控,可以实现特定需求 SiGe 低维纳米结构的可控生长。下面结合不同的斜切衬底表面,介绍 SiGe 低维纳米结构的可控生长研究。

4.2.1 斜切 Si 衬底上可控外延技术

斜切 Si(0 0 1)衬底上 SiGe 纳米结构的可控生长是近几年来异质外延的一个研究热点。斜切衬底上 Ge 外延所涉及的失配应变(Spencer et al., 2000)、生长动力学(Schelling et al., 1999)、各向异性弹性(Persichetti et al., 2011)能等都比平 Si(0 0 1)衬底和图形衬底的情况更加复杂。斜切 Si 衬底上生长的 SiGe 量子点具有较好的尺寸均匀性和空间分布的局域有序性(Zhu et al., 1998)。同时,自组装 SiGe 量子点的形状随着斜切角度的变化发生显著的变化(Persichetti et al., 2010),在特定偏角衬底上,甚至可以形成 Ge 纳米线(Szkutnik et al., 2007;Chen et al., 2012)。利用小角度的斜切衬底和原位退火技术,可以实现 SiGe 纳米线的横向生长(Zhang et al., 2012)。尽管现在研究人员对斜切衬底上的外延过程已经有了一些研究,但对该过程中的内在机理还不太清楚。

1. 沿〈1 1 0〉方向斜切 Si 衬底

斜切衬底可以通过对单晶 Si 锭的偏向切割获得。切割后的 Si 片经过机械抛光和化学抛光后,可获得平整的表面。为了减少表面的悬挂键,表面相邻的 Si 原子将沿〈1 1 0〉方向形成(2×1)的原子再构。对于沿〈1 1 0〉方向偏离 Si(0 0 1)面小角度的斜切衬底,其表面台阶也是由(2×1)再构构成的。图 4.22 为不同偏角斜切衬底表面的高分辨 STM 图。从中可以看出,对于小角度偏角 ($\theta < 2°$) 的斜切面,其台阶由单原子层组成,且相邻两台阶(2×1)再构的方向相互垂直,即为 $S_A + S_B$ 相。当偏角角度较大时($\theta = 4°$ 或 $6°$),台阶由单原子层变为双原子层,且相邻台阶面原子再构方向变为单一的沿斜切偏角的方向,即为 D_B 相。除此之外,随着斜切角度的增加,台阶的密度有了很大的提高。对于一定偏角的斜切面,其表面相邻两台阶的距离可表示为以下公式:

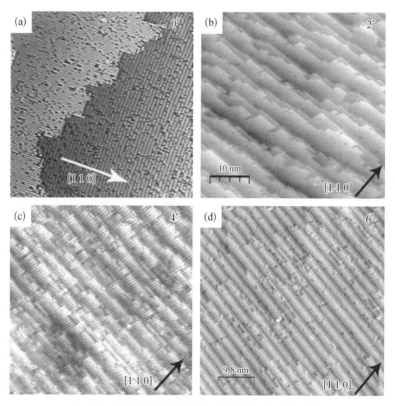

图 4.22　不同偏角斜切衬底表面原子台阶的高分辨
STM 图(Persichetti et al., 2010)

(a) 0°;(b) 2°;(c) 4°;(d) 6°

$$\langle L \rangle = \frac{[\, n_S(\theta) + 2n_D(\theta)\,]\,a}{\sqrt{8}\tan\theta} \tag{4.5}$$

其中，$a = 0.384$ nm 为 Si(0 0 1)表面的晶格常数；n_S 和 n_D 为 $S_A + S_B$ 相台阶和 D_B 相台阶的相对密度。由以上公式可以看出，极小的偏角将引起台阶间距离的极大减小。当偏角大于 $1°$ 时，台阶距离将增加至 10 nm 以上。

2. 沿〈1 0 0〉方向斜切 Si 衬底

对于沿〈1 0 0〉方向斜切的 Si(0 0 1)衬底来说，其表面的结构与〈1 1 0〉方向斜切的 Si(0 0 1)衬底有所不同。虽然〈1 0 0〉方向台阶表面原子仍然是(2×1)再构，但其并不像〈1 1 0〉方向台阶一样具有长程的周期性。由于能量的驱使，〈1 0 0〉斜切表面是由高密度的扭结状台阶组成的(Persichetti et al.，2012)，如图 4.23(a)所示。该台阶由[1 1 0]和[$\overline{1}$ 1 0]台阶沿斜切方向〈1 0 0〉交错组成，形成了沿〈1 0 0〉方向的斜切面，如示意图 4.23(b)所示。

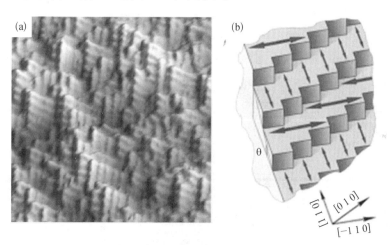

图 4.23　沿〈1 0 0〉方向斜切的 Si(0 0 1)衬底上表面的
原子台阶(Persichetti et al.，2012)

(a) STM 图；(b) 示意图

3.〈1 1 0〉方向斜切硅衬底上量子点的可控外延

Lichtenberger 等在沿〈1 1 0〉方向斜切 $4°$ 的 Si(0 0 1)衬底上制备了局部有序的 SiGe 纳米结构(Lichtenberger et al.，2005)。实验条件为：在 425 ℃ 下，以 0.02 nm/s 的速率同质外延一层 Si 缓冲层；随后在 SiGe 异质外延阶段，5 nm 的 $Si_{0.55}Ge_{0.45}$ 合金沉积在 Si 缓冲层上，在 Si 外延过程中，表面台阶将不断积累，形成高度约为 5 nm，周期为 100 ± 5 nm 的一维台阶束结构。图 4.24(a)~(d)为生长温度

425 ℃和 550 ℃下,SiGe 纳米结构的 AFM 形貌图。从图 4.24(a)和(b)可以看出,在较低的外延温度下(425 ℃),Si 缓冲层的一维台阶束结构得以很好保留,同时这些台阶束的一侧出现脊形的 SiGe 量子点。这些量子点沿着台阶束的方向排列生长,并且沿着斜切方向拉长。当生长温度升高到 550 ℃时,三角形的量子点覆盖了整个台阶束,如图 4.24(c)和(d)所示。表面取向分析发现,在 425 ℃下,台阶束一侧修饰的晶面为($\bar{1}$0 5)和(0 $\bar{1}$ 5)面,台阶束的另一侧为(0 0 1)面。在 550 ℃下,非对称的量子点呈现出四个完好的$\{$1 0 5$\}$面。当生长温度提高到 625 ℃时,从图 4.24(e)和(f)可以看出相对对称的近"圆顶"型的量子点取代了原来的不对称的类

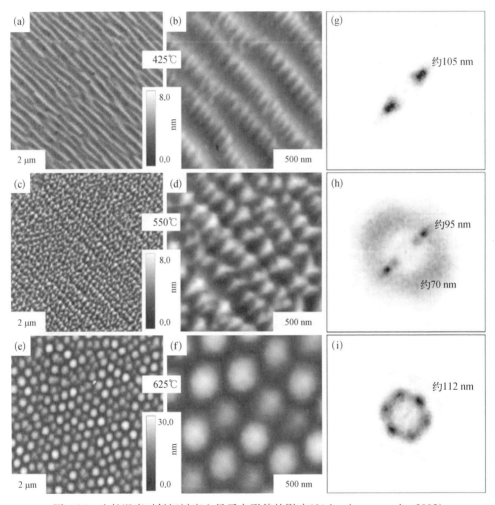

图 4.24　生长温度对斜切衬底上量子点形貌的影响(Lichtenberger et al., 2005)

(a)~(f)为 425 ℃、550 ℃和 625 ℃下,Si$_{0.55}$Ge$_{0.45}$量子点的 AFM 形貌图;(g)~(i)分别为 425 ℃、550 ℃和 625 ℃下量子点对应的快速傅里叶变化图

"金字塔"型量子点。

采用以上台阶束条纹辅助生长的方法,量子点空间分布亦得到很大的改善。图 4.24(g)、(h)和(i)展示了 425 ℃、550 ℃和 625 ℃下获得量子点对应 AFM 图像的快速傅里叶变化图(fast Fourier transform, FFT)。图 4.24(g)中展示了两个对称的清晰斑点,并且与斑点对应的空间距离为 105 nm,这一距离恰与一维台阶束的周期接近。当温度达到 550 ℃时,其对应的 FFT 在原有斑点的基础上出现一个椭圆的斑环,如图 4.24(h)。这一斑环反映了两个空间周期分布,其中垂直于斜切方向的空间周期为 70 nm,而平行于斜切方向的周期为 95 nm。在 625 ℃下,所获得量子点的 FFT 具有六个显著的斑点,并且斑点呈六角分布,如图 4.24(i)。这说明在高温生长条件下,量子点具有六方最密堆积的排布。

4. 衬底斜切偏角对量子点形状的影响

实验和理论研究表明,在平的 Si(0 0 1)衬底的表面,应力驱使是 Ge 量子点形成的主要原因。"金字塔"型的量子点是由四个等价的 {1 0 5} 面组成。当衬底具有一定斜切偏角时,其表面生长的量子点形状的对称性将被打破。Persichetti 等系统地研究了斜切偏角与量子点形状的关系(Persichetti et al., 2010)。如图 4.25(a)所示,当斜切偏角沿[1 1 0]方向且小于 8°时,量子点将沿着斜切方向发生拉长。图 4.25(b)中离散点展示了沿斜切衬底上不对称量子点短边(L_m)和长边(L_M)的比值,实线为由四个{1 0 5}面组成量子点的 L_m/L_M。可以看出,从 STM 数据中提取的 L_m 与 L_M 比值很好地与理论值吻合,这说明斜切衬底上的量子点也是由{1 0 5}面组成。另外,当斜切偏角为 8.05°时,SiGe 纳米结构将由量子点转换为量子线的结构,此时纳米线是由两个{1 0 5}面组成的。尽管不同斜

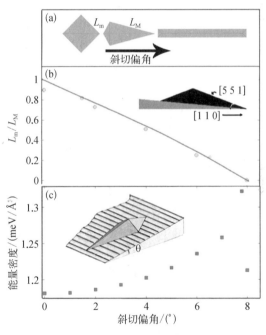

图 4.25 (a) 量子点形状随斜切偏角变化的示意图,图示中 L_m 为量子点短边的长度,L_M 为量子点长边的长度;(b) 不同斜切偏角下 L_m 和 L_M 比值,其中离散点为 STM 提取的实验数据,实线为与理想金字塔对应的理论值;(c) 与斜切偏角对应的量子点的弹性能密度(Persichetti et al., 2010)

切衬底上 SiGe 纳米结构都是有{1 0 5}面组成,但有限元计算显示,不同斜切衬底上的 SiGe 纳米结构具有不同的弹性能密度。从图 4.25(c)中可以看出,随着斜切偏角的增加,SiGe 纳米结构的弹性能密度将不断增加,但当斜切偏角为 8.05°,弹性能密度将出现突然下降。

5. Si(1 1 10)衬底上 Ge 纳米线的生长

当 Si(0 0 1)衬底沿[1 1 0]方向斜切 8.05°时,即获得 Si(1 1 10)面。Chen 等利用高分辨 STM 系统的研究了该衬底上 Ge 的外延成核过程(Chen et al., 2012)。该斜切衬底经过 RCA 清洗后,传入 MBE 生长腔体进行外延生长。首先,在衬底表面外延 40 nm Si 缓冲层,之后在 550 ℃下以 1.1 Å/min 的速率外延 Ge 层,随后将衬底温度降至室温进行原位的 STM 测试。为了研究 Ge 纳米结构随 Ge 外延量的演化关系,Ge 外延量以 0.5 ML 递增。在最初的生长阶段,沉积的 Ge 以薄膜的形式存在,当 Ge 沉积量达到 3.6 ML 时,衬底表面局部将出现沿斜切方向的隆起,如图 4.26(a)所示。这个拉长的隆起宽度在 5~10 nm,长度在 15~30 nm。另外,从图 4.26(a)和 SOM(surface orientation map)图,可以清楚地看出,这个隆起的侧面有{1 0 5}面出现。在 Ge 沉积量增加至 4 ML 的过程中,这些隆起的形貌并没有发生很大的变化,如图 4.26(b)所示。然而,当 Ge 沉积量达到 4.2 ML 时,外延的 Ge 层将迅速演化出具有完好{1 0 5}晶面的一维 Ge 纳米线结构。图 4.26(c)展示了 Ge 沉积量为 4.5 ML 时,衬底表面的 STM 形貌图。从图中可以看出,Ge 纳米线覆盖了整个斜切表面,并且整齐的沿斜切方向排布,其高度为 1.2 nm,宽度为 17 nm,长度超过了 300 nm。Ge 纳米线的侧壁面具有{1 0 5}晶面所特有的"锯齿"型表面原子再构。同时,从 SOM 图中两个锐利的{1 0 5}晶面点进一步确定了{1 0 5}晶面的出现。图4.26(d)展示了不同 Ge 沉积量下,沿[1 1 0]方向 Ge 纳米结构的表面 STM 形貌图。可以看出,当 Ge 的沉积量达到 4.5 ML 时,二维 Ge 浸润层将迅速地演化出纳米线,并覆盖整个表面。

从以上结果中可以看出,Si(1 1 10)斜切面上纳米线的生长模式异于平 Si(0 0 1)衬底上量子点的生长。首先,平 Si(0 0 1)衬底上量子点的成核位置一般是分立的,但 Si(1 1 10)上纳米线是完全覆盖表面,这相当于使最初平坦的外延 Ge 层转化为非平坦的{1 0 5}晶面化的浸润层。其次,纳米线整齐地沿外延方向延伸,具有很好的周期性。最后,纳米线的形成实质上是消耗了最初二维 Ge 浸润层,因此纳米线下面几乎没有浸润层的存在。

6. Si(1 1 10)衬底上 SiGe 量子点的生长

Sanduijav 等系统地研究了斜切 Si(1 1 10)衬底上量子点形貌的演化过程。首先,Sanduijav 等在斜切衬底上预沉积了 40 nm 厚的 Si 缓冲层(Sanduijav et al.,

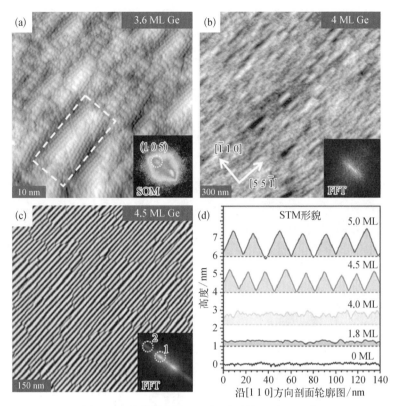

图 4.26　生长温度为 500 ℃时,斜切 Si(1 1 10)
上 Ge 纳米结构随 Ge 沉积量

(a) 3.6 ML;(b) 4.0 ML;(c) 4.5 ML 变化的 STM 形貌图;图(d)为不同 Ge 沉积量下,
Ge 纳米结构沿[1 1 0]方向上的表面轮廓 STM 图

2012)。从 STM 图中可以看出,Si 缓冲层表面有一些双原子层的原子台阶,并且这些台阶垂直于斜切方向。虽然有原子台阶的存在,但在现有生长条件下,衬底表面并没有形成明显的台阶束结构。随后,在衬底温度 600 ℃下,以 1～2 Å/min 的速率外延一层 Ge。Ge 层沉积完毕后,将衬底的温度迅速降到室温,并传入 STM 观察室进行原位的形貌表征。

当 Ge 的外延量为 4.5 ML 时,衬底表面形成了紧密覆盖的一维 Ge 纳米线,这些纳米线宽 20 nm,长 200 nm,晶面由{ 1 0 5}面组成。当 Ge 的外延量增至5.5 ML 时,斜切表面出现了孤立的“蝌蚪”型和三维岛状量子点。图 4.27 展示了在衬底不同区域获得的 Ge 纳米结构的高分辨 STM 形貌图及相应的示意图。从图 4.27(a)中可以看出“蝌蚪”型 Ge 纳米结构由头部的(0 0 1)面、侧面的两个{ 1 0 5}面和尾部的高密度台阶面组成。随着进一步的粗化,“蝌蚪”型 Ge 纳米结构头部的(0 0 1)面将演化出两个完好的{ 1 0 5}面,同时尾部的高密度台阶面将逐渐收缩以释放应力积累,如图 4.27(a)所示。在这一阶段,Ge 纳米结构的顶部已经演化出四个完好的{１０５}面,此时 Ge 纳米结构呈现出如平衬底上的"岛状"结构,如图 4.27(c)所示。由于衬底斜切的影响,量子岛是非对称的。在下一阶段的粗化过程中,量子岛将在{１０５}面的基础上增加四个{１１３}面和八个{12 3 23}面,形成类似于平衬底上"圆顶"型的量子岛,如图 4.27(d)和(i)所示。图 4.27(e)和(f)展示了"圆顶"型量子岛进一步粗化后的形貌,从图中可以看出,量子点出现了更加陡峭的晶面。这些晶面分别为{20 4 23}、{１０１}和{１１１}面,如图 4.27(j)所示。

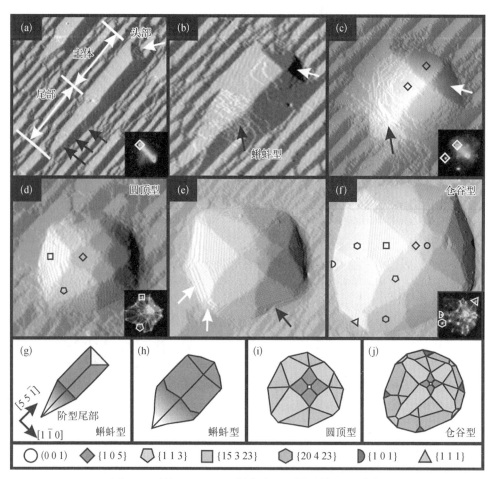

图 4.27　斜切 Si(1 1 10)衬底表面不同形貌 GeSi 纳米
结构的高分辨 STM 图(Sanduijav et al., 2012)

(a) 头部为(００１)面的"蝌蚪"型;(b) 头部为(１０５)面的"蝌蚪"型;(c) 介于"蝌蚪"型和"圆顶"型;(d) 由{１１３}和{12 3 23}面构成的"圆顶"型;(e) 具有高密度台阶的"仓谷"型;(f) 具有完整{１０１}、{20 4 23}和{１１１}面的"仓谷"型,图像尺寸:100×100 nm²;(g)～(j)为不同形状 GeSi 纳米结构的示意图

4.2.2 原位退火形貌控制技术

在生长腔室中进行原位退火是实现 SiGe 纳米结构可控生长的重要途径之一。经过原位退火处理,SiGe 纳米结构的形貌、组分和应力分布等可以得到有效调控。另外,原位的高真空环境可以有效地避免杂质的污染,以及规避外部环境导致的不稳定性等问题。

Zhang 等利用原位退火技术在具有极小斜切偏角的 Si(0 0 1)衬底上成功地制备了横向生长的 Ge 纳米线结构(Zhang et al., 2012)。其生长条件是:在 570 ℃下,以 0.04 ML/s 的生长速率外延 4.4 ML 的 Ge;随后,在 560 ℃下进行原位退火处理。通常情况下,Si(0 0 1)衬底上"木屋"型量子点的临界成核厚度为 4.5 ML。因此,当 Ge 的沉积量为 4.4 ML 时,Ge 主要以浸润层的形式存在。然而,随着原位退火的进行,Ge 浸润层上将逐渐出现三维的量子岛,并逐渐演化为纳米线。图 4.28(a)展示了偏角小于 0.05°的斜切 Si(0 0 1)衬底上生长的纳米线 AFM 形貌图,从中可以看出,Ge 纳米线的高度和宽度非常均匀,并且这些纳米线均沿着[0 0 1]或者[0 1 0]方向延伸。当退火 1 h 时,纳米线的长度有几百纳米,当退火时间达到 3 h 时,其长度达到了微米级。之后,继续增加退火时间时,纳米线的长度并没有发生显著的增长。

研究发现纳米线的密度可以通过调节 Ge 的沉积量实现。当降低 Ge 的沉积量时,参与纳米线生长的亚稳态 Ge 将相应变少,因此纳米线的密度将下降。图 4.28(b)展示了低沉积量下衬底表面的纳米线的 AFM 形貌图。从图中可以看出,纳米线的密度出现了很大的下降,并且图中最长的纳米线达到了 2 μm,其对应的长高比达到 1 000。通过对比不同沉积量下纳米线,可以看出低沉积量有利于纳米线的伸长。图 4.28(c)为偏角小于 0.5°的斜切 Si(0 0 1)衬底上纳米线的 AFM 形貌图。从图中可以看出,当斜切偏角增加时,沿着斜切方向延伸的纳米线将出现锥形结构,即头宽尾窄。

Zhang 等从热力学的角度分析了以上纳米线生长的成因。图 4.29 展示了 N 层浸润层上宽度为 b 的 Ge 纳米线与相应体积的局部 $N+1$ 层浸润层之间的能量差 ΔE。从计算结果中可以看到,当纳米线的宽度大于 8 nm 时,能量差 ΔE 是小于 0 的。这说明当亚稳态的 Ge 量足以形成宽度为 8 nm 以上的纳米线时,Ge 的二维层状生长将被三维纳米线生长取代。理论计算表明,当纳米线直径为 16.3 nm 时,纳米线的构型在能量上最占优势,这一值与实验值 18.6 nm 非常接近。

4.2.3 可控性技术限制

相对于图形衬底,斜切 Si 衬底的制备过程简单易行,不需要多余复杂的后续处理技术。通过选择合适的斜切偏角和生长条件,可以实现对 SiGe 纳米结构形

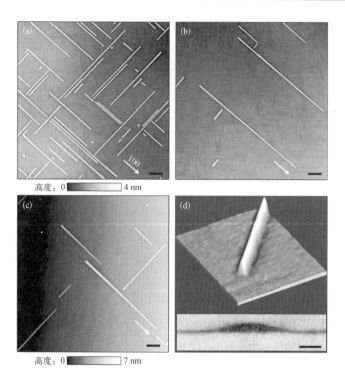

图 4.28　偏角小于 0.05°的斜切 Si(0 0 1)衬底上形成的(a) 高密度和(b) 低密度 Ge 纳米线的 AFM 形貌图;(c) 偏角小于 0.5°的斜切 Si(0 0 1)衬底上锥形 Ge 纳米线的 AFM 形貌图;(a)、(b) 和(c) 图中黑色标尺为200 nm;(d) 图为单根 Ge 纳米线的三维 AFM 形貌图;插图为覆盖 Si 盖帽层的单根纳米线截面 TEM 图,黑色标尺为 5 nm(Zhang et al., 2012)

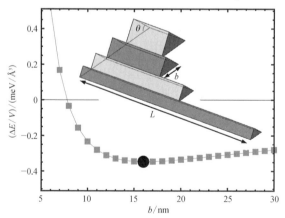

图 4.29　宽度为 b 的 Ge 纳米线与相应二维 Ge 薄膜
之间的单位体积能量差 ΔE(Nie et al., 2011)

　　假设纳米线只有两个{1 0 5}面,图中黑色圆点为最小能量差所对应的 Ge 纳米线宽度

状、大小和分布的有效调控。特别是,在特定角度的斜切衬底上可以实现横向纳米线阵列的生长。然而,斜切衬底无法控制 SiGe 纳米结构的成核位置和排布方式,大多数情况下,斜切衬底上 SiGe 纳米结构都是随机分布的。另外,斜切衬底上 SiGe 纳米结构的生长机理更为复杂,特别是动力学因素在 SiGe 纳米结构生长过程中起到非常重要的作用。

4.3　后处理形貌控制技术

本章前两节所述的通过衬底预图形、衬底斜切或生长腔室原位退火等技术途径实现的生长控制均为原位生长形貌控制技术,即在外延生长腔体内完成对 SiGe 纳米结构的生长控制。除原位形貌控制技术以外,在某些特殊的应用情形下,可能需要在生长完成后,对 SiGe 纳米结构的形貌进一步调控,即后处理形貌控制技术。其主要是利用在高温处理过程中的 SiGe 原子迁移和互混,实现材料的再分布,形成新的纳米结构。

4.3.1　退火热氧化析出硅锗合金纳米岛

实验表明,通过在氧气氛围中对覆盖有 Si 层的 SiGe 纳米岛样品进行高温热处理,将会在样品的表面产生一层新的嵌入在 SiO_x 基质中的 SiGe 纳米岛结构,且该纳米岛精确位于下层的 SiGe 纳米岛上方。图 4.30(a) 为经由 MBE 系统生长在Si(0 0 1)衬底上获得表面覆盖有低温 Si 覆盖层的 SiGe 纳米岛样品的 AFM 形貌图。在 SiGe 纳米岛生长前首先在 640 ℃ 预沉积 80 nm 的 Si 缓冲层,以消除衬底表面缺陷,提升原子级平整度。Ge 层生长采用两步法进行,即首先在 640 ℃ 生长0.8 nm 的 Ge,然后生长中断并原位保持 5 min,保持衬底温度 640 ℃ 不变。之后继续生长 0.05 nm 的 Ge,完成 SiGe 纳米岛层的生长。然后衬底温度降至 300 ℃,并沉积 30 nm 的 Si 覆盖层,完成样品生长。由图 4.30(a) 可以看出,纳米岛呈现圆顶型,平均直径 70 nm,平均高度 12 nm。图 4.30(b) 和 (c) 分别给出了纳米岛的截面低分辨透射电子显微镜(TEM)和高分辨率 TEM 图。从低分辨 TEM 图上可以看出,30 nm 低温 Si 覆盖层沉积完毕后,包覆了 SiGe 纳米岛,形成了形貌一致但尺寸更大的纳米岛结构。由 TEM 测量出 SiGe 纳米岛的直径约 55 nm,高度约 12 nm。从高分辨 TEM 上可以看到,低温 Si 覆盖层中有一些堆叠层错缺陷产生,主要与 Si 覆盖层生长温度较低、覆盖层中应变高有关。图 4.30(d) 给出了该样品的结构示意图。

图 4.31(a) 为将该样品在氧气氛中 1 000 ℃ 退火 5 min 后的表面 AFM 形貌图。退火炉通入氧气,流量 2.5 L/min,待炉温稳定在 1 000 ℃ 后,将样品置于石英舟中并传入炉膛中央,采用开管方式退火,5 min 后传出炉膛,自然冷却。由

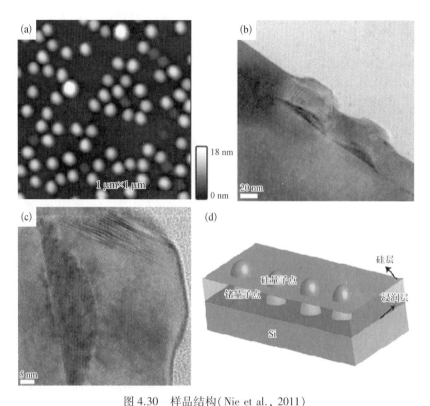

图 4.30　样品结构(Nie et al., 2011)

(a) 生长完毕的覆盖有 Si 层的 SiGe 纳米岛表面 AFM 图;(b)和(c) 纳米岛的截面低分辨
TEM 和高分辨 TEM 图;(d) 样品结构示意图

AFM 中可以看出,样品表面为尺寸均匀的纳米岛结构,可以推测,高温下氧气气氛中,表面 Si 覆盖层氧化形成 SiO_x,同时材料可能出现进一步互混和偏析。图 4.31(b)为退火后样品的 TEM 图。可以清楚地看到,退火后样品结构发生了巨大的变化,形成了双层 SiGe 合金纳米岛结构,且新形成的 SiGe 纳米岛与下层 SiGe 纳米岛位置精确对应,直径略有增加,而高度显著增加到 22 nm。同时,下层的 SiGe 纳米岛的边缘对比度下降,变得模糊,表明下层 SiGe 纳米岛与 Si 覆盖层之间在高温下发生了剧烈的互混,并且 Ge 原子向 Si 覆盖层表面偏析,形成了新的 SiGe 合金纳米岛。图4.31(c)为对应于图 4.31(b)中方框内的高分辨 TEM 图。可以更加清楚地看到,新形成的 SiGe 纳米岛晶格完整无缺陷,并且被非晶材料包覆。非晶材料组分均匀。通过电子衍射谱(EDS)分析表明,该非晶材料主要成分为 SiO_x。进一步采用高角环形暗场成像模式观察(high-angle annular dark field, HAADF)样品的衬度,可以看到新形成的 SiGe 合金纳米岛亮度更亮,说明其 Ge 含量更高(Ge 原子比 Si 原子重,原子越重 HAADF 模式下衬度越亮)。

同时,从下层 SiGe 纳米岛的较低的亮度也可以判断,大部分的 Ge 原子已经迁移并偏析到上层新形成的纳米岛中。

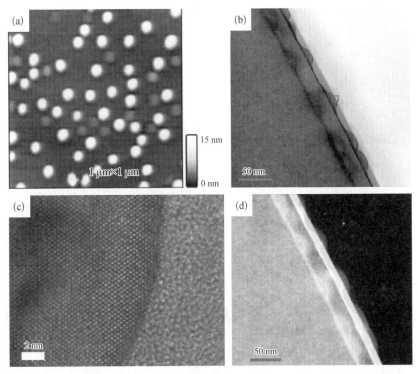

图 4.31 (a) 样品在 1 000 ℃氧气气氛中退火后的表面 AFM 图;(b) 样品的明场 TEM 图;(c)为(b)中方框区域的高分辨 TEM 图;(d) HAADF 模式下的样品界面图(Nie et al., 2011)

对图 4.30(a)中的样品在氧气气氛中在 800 ℃和 900 ℃下分别进行退火实验,并测试不同温度下的退火后的样品的拉曼(Raman)光谱以分析 Ge 组分的变化。图 4.32(a)对比了原始样品、800 ℃、900 ℃和 1 000 ℃下氧气气氛中退火完毕后样品的拉曼光谱。测试过程中采用 Si 衬底的一阶横光学声子峰 520 cm^{-1}对所有样品的光谱进行了校准(Nie et al., 2010)。302 cm^{-1}处的宽包络峰为 Si 的二阶横声学声子峰和 Ge－Ge 峰的重叠(Lin et al., 2007)。可以看出,仅 1 000 ℃热处理的样品能在 292 cm^{-1}处观察到拉曼信号,其余较低温度下热处理的样品均无此信号。该拉曼峰为 Ge－Ge 峰的信号(Kolobov et al., 2002),这表明仅在 1 000 ℃下形成了 Ge 组分高的纳米岛。409～423 cm^{-1}之间的拉曼信号则来自 Ge－Si 合金声子峰,其峰位和强度与具体 GeSi 的合金组分和应变有关(Wan et al., 2001)。800 ℃、900 ℃热处理后的样品的 Ge－Si 声子峰强度弱于未退火样品和 1 000 ℃退火后的样品,表明 800 ℃、900 ℃热处理后 SiGe 纳米岛内 Ge 发生了偏析,同时也说明 1 000 ℃下 Ge 强烈偏析形成新的高 Ge 组分的新纳米岛,与 TEM 观察到的结果一致。

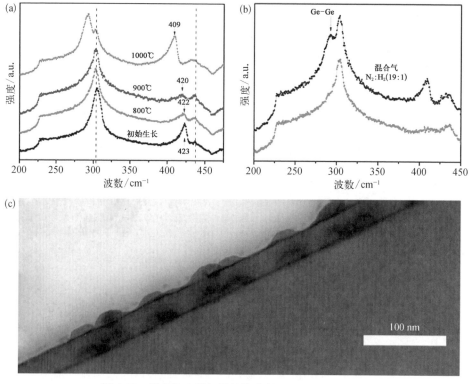

图 4.32　样品的光谱与微结构表征(Nie et al., 2011)

(a) 样品在氧气氛中不同温度下退火后的拉曼光谱;(b) 原始样品及在氮氢混合气 1 000 ℃ 退火后的拉曼光谱对比;(c) 氮氢混合气氛下 1 000 ℃ 退火后样品的明场模式 TEM 图

　　实验分析还表明,氧气气氛环境在退火形成新的高 Ge 组分纳米岛过程中扮演了关键作用。图 4.32(b) 对比了未退火样品及在氮氢混合气(N_2:H_2 = 19:1)氛围下 1 000 ℃ 退火样品的拉曼光谱。可以看出,Ge-Ge 峰和 Ge-Si 合金峰的信号相对于氧气气氛中的退火样品的信号显著降低,表明由于氧气浓度的降低,Ge 的偏析也被显著抑制。而图 4.32(c) 给出了氮氢混合气氛下 1 000 ℃ 退火样品的 TEM 图,在原始 GeSi 纳米岛上方无新的 Ge 纳米岛形成,与拉曼光谱数据一致。这种氧气气氛中高温热处理形成新 Ge 纳米岛的行为是高温下的多种协同机制共同作用的结果:Ge-Si 互迁移、Ge 从 SiGeO$_x$ 和 GeO$_x$ 中的偏析、Ge 的迁移凝聚(Lai et al., 2007)。

4.3.2　硅锗纳米岛热处理组分再分布控制

　　上一节介绍了在氧气气氛中高温退火可以在覆盖有 Si 层的 SiGe 纳米岛表面

利用 Ge‑Si 迁移、氧化、偏析、凝聚等效应析出新的 SiGe 合金纳米岛,除此之外,研究还发现在 SiGe 纳米结构生长完毕后,原位热处理也可以实现 SiGe 组分的再分布,通过控制原位热处理的时间、温度等参数实现对 SiGe 纳米结构的形貌、组分控制(Lee et al.,2010)。

图 4.33(a)为采用超高真空化学气相沉积(UHV‑CVD)技术在 Si 衬底表面外延 Si 缓冲层后继续在 600 ℃下沉积 13 ML 的 Ge 后形成的 SiGe 纳米岛的 AFM 形貌图。反应采用 SiH$_4$ 和 GeH$_4$ 作为前驱体,Si 和 Ge 的沉积速率分别为 0.03 nm/s 和 0.8 ML/s。沉积完毕后腔体抽取残余反应物质耗时 3 min,期间样品原位生长温度保持。可以看出,13 ML 的 Ge 外延完毕后 GeSi 纳米岛呈现典型的大小双模尺寸分布。大的岛呈现圆顶状结构,横向尺寸约 60 nm,小的岛呈现金字塔状,横向尺寸约 40 nm,圆顶状纳米岛数量在所有纳米岛中占比约 88%。为了对纳米岛内 SiGe 合金的微区组分分布进行表征,采用了选择性化学腐蚀的方法对样品进行处理。采用的腐蚀液是配比为 28% 的 NH$_4$OH 与 31% 的 H$_2$O$_2$,并用去离子水稀释。该腐蚀

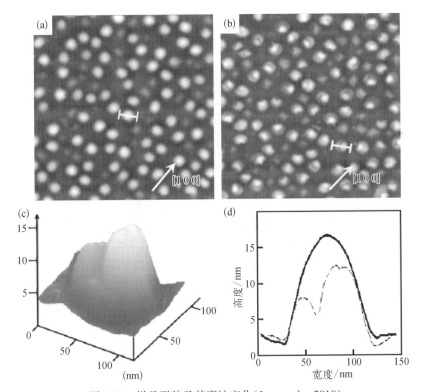

图 4.33 样品形貌及其腐蚀变化(Lee et al.,2010)

(a) 13 ML Ge 沉积后的样品表面 AFM 形貌图(1×1 μm^2);(b)和(c)选择性化学腐蚀后的表面 AFM 形貌图;(d)沿(a)和(b)中拉线的纳米岛的高度轮廓图

液从 SiGe 合金纳米岛中选择性腐蚀 Ge,当 Ge 组分低于 30% 时腐蚀截止(Katsaros et al.,2006)。图 4.33(b)和(c)为室温下腐蚀 100 min 后的样品表面 AFM 形貌图,图 4.33(d)为腐蚀前后[沿着(a)和(b)中白色拉线]纳米岛的高度轮廓图。可以看到,腐蚀后剩余的 Si 或低 Ge 组分 SiGe 合金纳米结构呈现半月形非对称结构,类似结果在其他研究工作中已有报道,这种非对称 Ge 组分被认为是 SiGe 合金过程的自由能最小化所致(Denker et al.,2005)。SiGe 合金纳米岛形成的过程中,相邻纳米岛之间的弹性互斥作用,导致 Ge 向纳米岛的一侧与 Si 互混。在合金的过程中,自由能进一步驱动这种互混过程,并最终形成单侧 Ge 组分高的组分不对称结构。

　　图 4.34(a)为 Ge 沉积量增加至 21 ML 后生长的 SiGe 纳米岛的 AFM 形貌图,可以看出,样品呈现大量尺寸均匀的小尺寸纳米岛和少量横向尺寸达 300 nm 的大尺寸“超级岛”(superdome)。图 4.34(b)为选择性腐蚀掉 Ge 后的样品表面 AFM 形貌图,纳米岛残余结构为对称的环形结构,说明这些小尺寸纳米岛的微观组分结构为包含一个富 Ge 的核和富 Si 的外圈,同时,与 4.33(b)中腐蚀完毕后的非对称结构相比,说明 21 ML 的 Ge 生长过程中,原子迁移、互混、凝聚过程也显著不同。观察图 4.34(b)中“超级岛”腐蚀后的残余结构,可以看出其包含若干小的圆顶形 SiGe 合金纳米岛,说明在 21 ML Ge 沉积过程中,由于 Ge 过量,若干相邻的小尺寸纳米岛融合而产生“超级岛”。而同时,在应变能最小化的内在机制下,在热动力学驱动力的作用下,Ge 原子将由小尺寸的圆顶 SiGe 纳米岛通过表面原子迁移,迁移进入“超级岛”中并增加其尺寸,同时,导致小尺寸的圆顶 SiGe 纳米岛的尺寸及密度均低于 13 ML 样品。而由于密度和尺寸的降低,小尺寸的圆顶 SiGe 纳米岛之间的互斥作用显著弱化,因此合金纳米岛中的 Ge 含量并未出现图 4.33(b)中的非对称分布,而呈现对称分布。

　　图 4.34(c)为图 4.34(b)中的样品在 UHV - CVD 生长腔体内生长完毕后,在 600 ℃ 生长温度下继续原位保持 60 min 后的样品表面的 AFM 形貌图。可以看到,热处理完毕后,仅少量尺寸更大的“超级岛”和少量尺寸较大的纳米岛剩余在表面上,大部分小尺寸合金 SiGe 纳米岛发生了严重的原子互混和迁移而消失。图 4.34(d)为进一步对原位退火后的样品做选择性湿法腐蚀后的表面 AFM 形貌图。图 4.34(e)为化学腐蚀前后 Ge 超级岛的高度轮廓图[沿图 4.34(c)、(d)中的白色拉线],可以看出,非常有趣的是腐蚀后大尺寸“超级岛”呈现对称的双环分布,而原本尺寸较大的合金纳米岛腐蚀后呈现半月形非对称结构,这说明 60 min 原位退火后,样品表面 SiGe 原子组分发生了剧烈的再分布,其双环富 Ge 结构“超级岛”的形成机制如图 4.35(a)~(c)所示。21 ML Ge 沉积完毕后形成的初始“超级岛”包含一个富 Ge 的核和一个富 Si 的环,如图 4.35(a)所示。原位退火的初始阶段,表面的 Si 原子向“超级岛”上部迁移,形成图 4.34(d)中内圈的富 Si 结构。而随着退火的持续,在应变能的驱动下,Ge 原子从周围继续向“超级岛”迁移,这个阶段,“超

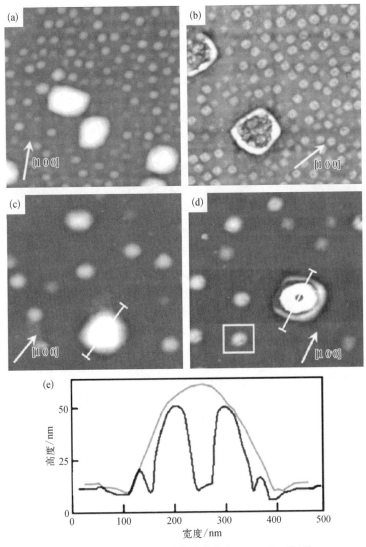

图 4.34   样品形貌及其腐蚀变化(Lee et al., 2010)

(a) 600 ℃下分别沉积 21 ML Ge 后形成的 SiGe 纳米岛的 1×1 μm² AFM 形貌图;
(b) 化学腐蚀后的 1×1 μm² AFM 形貌图;(c) 生长完毕后原位退火 100 min 的 1×1 μm²
AFM 形貌图。火 60 min 后的表面 1×1 μm² AFM 形貌图;(d) 退火后样品化学腐蚀后的
形貌图;(e) 化学腐蚀前后 Ge 超级岛的高度轮廓图[沿图(c)、(d)中的拉线]

级岛”形成了新的富 Ge 环。而随着进一步退火增加到 60 min,新形成的富 Ge 环结
构与 Si 原子再次互混,形成最终的外圈富 Si 结构[图 4.34(c)]。因此,腐蚀后中
心的富 Ge 核和外圈的富 Ge 环被选择性腐蚀掉,残余的为内外两圈富 Si 结构。

这些结果充分表明,对于 SiGe 合金纳米岛结构,通过生长完毕后的原位退火,

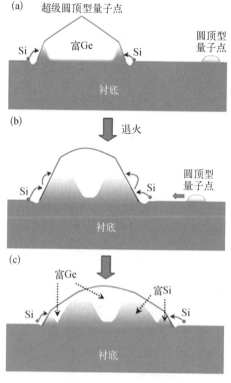

图 4.35　原位退火过程中双环形富 Ge 分布结构形成机制示意图（Lee et al., 2010）

并控制退火的温度、时间等参数,利用 SiGe 原子之间的互混、迁移、凝聚过程,在应变能的驱动下,可以获得纳米岛内的 Si、Ge 元素组分再分布,进而在一定程度上实现对纳米岛结构的控制。

4.3.3　可控性与技术限制

本节所介绍的包括生长后热处理及原位热处理两种技术方式均可对 SiGe 合金纳米结构的形貌、组分实现控制,这种控制主要是利用高温热处理过程中 Si、Ge 原子在应变能最小化原理驱动下的原子迁移、互混、偏析、凝聚等过程,实现 SiGe 纳米结构的组分再分布,进而控制其组分和形貌。由于该技术途径仅退火温度、退火氛围、退火时间、升降温方式等几个自由度,对 SiGe 合金纳米结构制备的可控性也局限在组分的再分布,难以实现对 SiGe 纳米结构的位置、尺寸、形貌的精确控制,因此,仅能作为对图形衬底、斜切衬底及原位生长形貌控制技术的补充手段。

4.4　本　章　小　结

本章介绍了图形衬底辅助外延技术、斜切衬底表面外延技术、原位生长形貌控制技术及后处理形貌控制技术四种针对 SiGe 低维结构可控生长的实验技术。分别选取代表性实验结果,详述了每种实验技术方法,并讨论每种技术方法的可控性范围及其限制因素。在本书接下来的第 5 和第 6 章中则将分别详细介绍图形衬底辅助外延和斜切衬底表面外延两种 SiGe 可控生长技术的最新研究进展。

参 考 文 献

陈培炫. 2009. 图案硅衬底上锗硅量子点生长［D］. 上海：复旦大学.

Auzelyte V, Dais C, Farquet P, et al. 2009. Extreme ultraviolet interference lithography at the Paul Scherrer Institut［J］. Journal of Micro/Nanolithography, MEMS, and MOEMS, 8(2): 021204.

Boioli F, Gatti R, Grydlik M, et al. 2011. Assessing the delay of plastic relaxation onset in SiGe islands grown on pit-patterned Si (0 0 1) substrates[J]. Applied Physics Letters, 99(3): 033106.

Bollani M, Bonera E, Chrastina D, et al. 2010. Ordered arrays of SiGe islands from low-energy PECVD [J]. Nanoscale Research Letters, 5(12): 1917 – 1920.

Brunner K. 2002. Si/Ge nanostructures[J]. Reports on Progress in Physics, 65(1): 27 – 72.

Chen G, Sanduijav B, Matei D, et al. 2012. Formation of Ge nanoripples on vicinal Si (1 1 10): from Stranski-Krastanow seeds to a perfectly faceted wetting layer [J]. Physical Review Letters, 108(5): 055503.

Chen G, Vastola G, Lichtenberger H, et al. 2008. Ordering of Ge islands on hill-patterned Si (0 0 1) templates[J]. Applied Physics Letters, 92(11): 113106.

Chen P, Fan Y, Zhong Z. 2009. The fabrication and application of patterned Si (0 0 1) substrates with ordered pits via nanosphere lithography[J]. Nanotechnology, 20(9): 095303.

Chou S Y, Krauss P R, Renstrom P J. 1996. Nanoimprint lithography [J]. Journal of Vacuum Science & Technology B: Microelectronics and Nanometer Structures Processing, Measurement, and Phenomena, 14(6): 4129 – 4133.

Dais C, Solak H H, Müller E, et al. 2008. Impact of template variations on shape and arrangement of Si/Ge quantum dot arrays[J]. Applied Physics Letters, 92(14): 143102 – 143102 – 3.

De Seta M, Capellini G, Evangelisti F. 2005. Ordered growth of Ge island clusters on strain-engineered Si surfaces[J]. Physical Review B, 71(11): 115308.

Denker U, Rastelli A, Stoffel M, et al. 2005. Lateral motion of SiGe islands driven by surface-mediated alloying[J]. Physical Review Letters, 94(21): 216103.

Grutzmacher D, Fromherz T, Dais C, et al. 2007. Three-dimensional Si/Ge quantum dot crystals[J]. Nano Letters, 7(10): 3150 – 3156.

Grydlik M, Brehm M, Hackl F, et al. 2010. Inverted Ge islands in {111} faceted Si pits—a novel approach towards SiGe islands with higher aspect ratio[J]. New Journal of Physics, 12(6): 063002.

Gullikson E M, Underwood J H, Batson P C, et al. 1992. A soft X-ray/EUV reflectometer based on a laser produced plasma source[J]. Journal of X Ray Science & Technology, 3(4): 283 – 299.

Guo L J. 2007. Nanoimprint lithography: Methods and material requirements[J]. Advanced Materials, 19(4): 495 – 513.

Hackl F, Grydlik M, Brehm M, et al. 2011. Microphotoluminescence and perfect ordering of SiGe islands on pit-patterned Si(0 0 1) substrates[J]. Nanotechnology, 22(16): 165302.

Harriott L R. 1997. Scattering with angular limitation projection electron beam lithography for suboptical lithography[J]. Journal of Vacuum Science & Technology B, 15(6): 2130 – 2135.

Heuberger A. 1988. X-ray lithography [J]. Journal of Vacuum Science & Technology B: Microelectronics Processing and Phenomena, 1988, 6: 107 – 121.

Jin G, Liu J L, Thomas S G, et al. 1999. Controlled arrangement of self-organized Ge islands on patterned Si (0 0 1) substrates[J]. Applied Physics Letters, 75(18): 2752 – 2754.

Kar G S, Kiravittaya S, Stoffel M, et al. 2004. Material distribution across the interface of random and ordered island arrays[J]. Physical review letters, 93(24): 246103.

Karmous A, Cuenat A, Ronda A, et al. 2004. Ge dot organization on Si substrates patterned by focused ion beam[J]. Applied Physics Letters, 85(26): 6401 – 6403.

Katsaros, G, Rastelli, et al. 2006. Investigating the lateral motion of SiGe islands by selective chemical etching[J]. Surface Science Amsterdam, 600(12): 2608 – 2613.

Kolobov A V, Morita K, Itoh K M, et al. 2002. A Raman scattering study of self-assembled pure isotope Ge/Si (1 0 0) quantum dots[J]. Applied Physics Letters, 81(20): 3855 – 3857.

Lai W T, Li P W. 2007. Growth kinetics and related physical/electrical properties of Ge quantum dots formed by thermal oxidation of $Si_{1-x}Ge_x$-on-insulator[J]. Nanotechnology, 18 (14): 145402 – 145407.

Lee S W, Chang H T, Lee C H, et al. 2010. Composition redistribution of self-assembled Ge islands on Si (0 0 1) during annealing[J]. Thin Solid Films, 518(6): S196 – S199.

Lichtenberger H, Mühlberger M, Schäffler F. 2005. Ordering of $Si_{0.55}Ge_{0.45}$ islands on vicinal Si (0 0 1) substrates: Interplay between kinetic step bunching and strain-driven island growth[J]. Applied Physics Letters, 86(13): 131919.

Lin J H, Yang H B, Qin J, et al. 2007. Strain analysis of Ge/Si (0 0 1) islands after initial Si capping by Raman spectroscopy[J]. Journal of Applied Physics, 101(8): 353.

Li Z, Gu Y, Wang L, et al. 2009. Hybrid nanoimprint-soft lithography with sub-15 nm resolution[J]. Nano Letters, 9(6): 2306 – 2310.

Marchetti R, Montalenti F, Miglio L, et al. 2005. Strain-induced ordering of small Ge islands in clusters at the surface of multilayered Si-Ge nanostructures [J]. Applied Physics Letters, 87(26): 1020.

Nie T X, Chen Z G, Wu Y Q, et al. 2011. Amorphous SiO_x nanowires catalyzed by metallic Ge for optoelectronic applications[J]. Journal of Alloys & Compounds, 509(9): 3978 – 3984.

Persichetti L, Sgarlata A, Fanfoni M, et al. 2011. Breaking elastic field symmetry with substrate vicinality[J]. Physical Review Letters, 106(5): 055503.

Persichetti L, Sgarlata A, Fanfoni M, et al. 2010. Shaping Ge islands on Si (001) surfaces with misorientation angle[J]. Physical Review Letters, 104(3): 036104.

Persichetti L, Sgarlata A, Mattoni G, et al. 2012. Orientational phase diagram of the epitaxially strained Si (0 0 1): Evidence of a singular (1 0 5) face[J]. Physical Review B, 85(19): 195314.

Petersen K E. 1982. Silicon as a mechanical material[J]. Proceedings of the IEEE, 70(5): 420 – 457.

Sanduijav B, Scopece D, Matei D, et al. 2012. One-dimensional to three-dimensional ripple-to-dome transition for SiGe on vicinal Si (1 1 10)[J]. Physical review letters, 109(2): 025505.

Sato K, Shikida M, Matsushima Y, et al. 1998. Characterization of orientation-dependent etching properties of single-crystal silicon: Effects of KOH concentration [J]. Sensors and Actuators A: Physical, 64(1): 87 – 93.

Schelling C, Springholz G, Schäffler F. 1999. Kinetic growth instabilities on vicinal Si (0 0 1) surfaces [J]. Physical Review Letters, 83(5): 995.

Schmidt O G, Jin-Phillipp N Y, Lange C, et al. 2000. Long-range ordered lines of self-assembled Ge islands on a flat Si (0 0 1) surface[J]. Applied Physics Letters, 77(25): 4139 – 4141.

Seidel H, Csepregi L, Heuberger A, et al. 1990. Anisotropic etching of crystalline silicon in alkaline solutions: I. Orientation dependence and behavior of passivation layers [J]. Journal of the Electrochemical Society, 137(11): 3612.

Smith H I, Schattenburg M L. 1993. X-ray lithography from 500 to 30 nm: X-ray nanolithography[J]. IBM Journal of Research and Development, 37(3): 319 – 329.

Spencer B J, Voorhees P W, Tersoff J. Enhanced instability of strained alloy films due to compositional stresses[J]. Physical Review Letters, 2000, 84(11): 2449.

Szkutnik P D, Sgarlata A, Balzarotti A, et al. Early stage of Ge growth on Si (0 0 1) vicinal surfaces with an 8 degrees miscut along [1 1 0][J]. Physical Review B, 2007, 75(3): 033305.

Tersoff J, Teichert C, Lagally M G. 1996. Self-organization in growth of quantum dot superlattices[J]. Physical Review Letters, 76(10): 1675.

Vastola G, Grydlik M, Brehm M, et al. 2011. How pit facet inclination drives heteroepitaxial island positioning on patterned substrates[J]. Physical Review B Condensed Matter, 84(15): 151 – 152.

Vieu C, Carcenac F, Pepin A, et al. 2000. Electron beam lithography: Resolution limits and applications[J]. Applied Surface Science, 164(1 – 4): 111 – 117.

Wan J, Luo Y H, Jiang Z M, et al. 2001. Ge/Si interdiffusion in the GeSi dots and wetting layers[J]. Journal of Applied Physics, 90(8): 4290 – 4292.

Weekes S M, Ogrin F Y, Murray W A, et al. 2007. Macroscopic arrays of magnetic nanostructures from self-assembled nanosphere templates[J]. Langmuir, 23(3): 1057 – 1060.

Yam V, Débarre D, Bouchier D, et al. 2007. Mechanism of vertical correlation in Ge/Si (0 0 1) islands multilayer structures by chemical vapor deposition [J]. Journal of Applied Physics, 102(11): 113504.

Yen A. 2016. EUV Lithography: From the very beginning to the eve of manufacturing[C]//Extreme Ultraviolet (EUV) Lithography VII. International Society for Optics and Photonics: 977632.

Zhang J J, Katsaros G, Montalenti F, et al. 2012. Monolithic growth of ultrathin Ge nanowires on Si (0 0 1)[J]. Physical Review Letters, 109(8): 085502.

Zhang J J, Stoffel M, Rastelli A, et al. 2007. SiGe growth on patterned Si (0 0 1) substrates: Surface evolution and evidence of modified island coarsening[J]. Applied Physics Letters, 91(17): 173115.

Zhong Z, Bauer G. 2004. Site-controlled and size-homogeneous Ge islands on prepatterned Si (0 0 1) substrates[J]. Applied Physics Letters, 84(11): 1922 – 1924.

Zhong Z, Halilovic A, Mühlberger M, et al. 2003. Positioning of self-assembled Ge islands on stripe-patterned Si (0 0 1) substrates[J]. Journal of Applied Physics, 93(10): 6258 – 6264.

Zhong Z, Schmidt O G, Bauer G. 2005. Increase of island density via formation of secondary ordered islands on pit-patterned Si (0 0 1) substrates [J]. Applied Physics Letters, 87(13): 133111 – 133114.

Zhong Z, Schwinger W, Schäffler F, et al. 2007. Delayed plastic relaxation on patterned Si substrates:

Coherent SiGe pyramids with dominant ｛1　1　1｝ facets [J]. Physical Review Letters, 98(17): 176102.

Zhu J, Brunner K, Abstreiter G. 1998. Two-dimensional ordering of self-assembled Ge islands on vicinal Si (0 0 1) surfaces with regular ripples[J]. Applied Physics Letters, 73(5): 620 – 622.

第 5 章　图形硅衬底上硅锗可控外延生长

为探究硅锗低维纳米结构在器件应用方面的价值,如量子点光电探测器、量子点发光二极管等,需持续改善硅锗低维结构的有序性、均匀性,减少材料缺陷。在某些特定的器件应用中,如单光子器件、单电子器件、自旋输运器件和量子输运器件等,甚至需要对单个或数个量子点的生长进行精确定位和结构调控,因此需对硅锗纳米结构的外延生长进行更加完善和有效的调控。通过对外延生长工艺的深入研究,图形硅表面上硅锗合金纳米结构的生长调控目前已取得较大进展,相继实现了一维二维有序纳米岛、高密度有序三维量子点晶体、有序排布纳米环、单纳米岛、耦合多纳米岛等多种微纳合金结构的可控外延制备,实现了对硅锗低维结构尺寸、形貌、均匀性和空间排布的高度可控。通过制备 Si 微柱、Si 微盘等微米级图形结构,进一步实现了硅锗纳米岛围栏、同轴量子阱等复杂低维结构形貌的精确控制,基本满足了器件应用对硅锗低维结构的高可控性要求。

在第 3、4 章中已经对硅锗低维结构的可控生长理论和实验技术进行了详细介绍,本章将重点围绕图形化衬底上的硅锗低维结构可控外延研究,依次介绍有序排布纳米岛、纳米环、可控纳米岛及纳米岛围栏、同轴量子阱等硅锗低维结构的可控外延最新实验进展,并对其中涉及的组分、应变、表面化学势分布等物理机制进行讨论。

5.1　有序排布硅锗纳米岛

在平的 Si(1 0 0)晶面上外延获得的 Ge 或 SiGe 合金纳米岛结构,其分布通常无规则,呈现杂乱无序的随机排布状态,且其尺寸涨落大,组分一致性低,光学性质较差。尽管可以通过改变生长参数实现对 SiGe 纳米岛的形貌(如金字塔形、圆顶形)或密度实现一定的控制,但结果仍然差强人意,尤其是所生长 SiGe 合金纳米结构的空间任意性,使其难以与各种光电或电学器件的工艺进行有效集成,难以制备出具有实用价值的功能器件。而通过在 Si 衬底表面引入微纳图形结构,利用表面化学势的涨落,可有效调控 Ge 原子的优先成核位置,实现在特定位置生长出 SiGe 合金纳米结构,在实现纳米结构有序排布的同时,获得组分与一致性的极大改善。

5.1.1　一维有序纳米岛

在 SiGe 纳米结构可控制备方面,制备一维有序 SiGe 纳米岛线列,是最早开展的工作之一。相较于二维有序生长控制,一维有序的 Si 衬底图形制备工艺相对更为简单。图 5.1 是在 Si(0 0 1) 上采用一维选区外延生长实现的一维有序 SiGe 合金纳米岛线列 (Jin et al., 1999)。其衬底是在 Si(0 0 1) 上通过热氧化产生厚度约 400 nm 的 SiO_2 层。继而通过紫外光刻，沿 ⟨1 1 0⟩ 晶向形成长方形光刻图形窗口。将带有光刻胶图形的衬底浸入 HF 溶液中，选择性腐蚀掉图形窗口中的 SiO_2，同时形成具有 H 键钝化保护的一维 Si 图形窗口。将所制备的图形衬底传入分子束外延腔体，热解吸附处理后，图形窗口内 H 原子脱附裸露出清洁的 Si 表面。采用的分子束外延系统为气源系统，其中 Si 源采用 Si_2H_6 气源裂解而得，而 Ge 源则采用 Knudsen 热蒸发固态源炉。首先在 660 ℃预沉积 120 nm 的 Si 作为缓冲层，由于 SiO_2 为非晶结构，因此 Si 优先选区沉积在 Si 图形窗口区域，产生 Si 的长方形凸起台面状结构。缓冲层生长完毕后，在 630 ℃以 0.01 nm/s 的速率沉积 10 ML 的 Ge。之后将样品降温，并从分子束外延腔体中取出。采用 HF 腐蚀掉样品表面的 SiO_2 后，在图形区域进行表面形貌测试。图 5.1(a) 为在 0.6 μm 宽的 Si 脊条上生长完毕后获得的自组织 Ge 纳米岛的三维及二维形貌图，可以看出，在 Si 脊条上获得了一维有序排布的 Ge 纳米岛线列，且其尺寸与形貌高度一致。5.1(b) 为沿着图 5.1(a) 中 AA' 和 BB' 的高度轮廓图，可以看到，所获得的 Ge 纳米岛平均高度大约在 20 nm，平均宽度约 80 nm，周期约 120 nm，纳米岛形貌高度一致，均为圆顶形，尺寸涨落窄，宽度分布在 70~90 nm 之间。

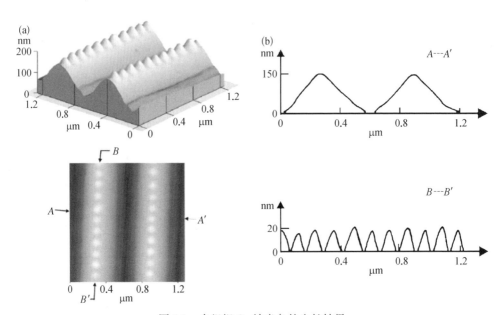

图 5.1　自组织 Ge 纳米岛的生长结果

(a) 在沿 ⟨1 1 0⟩ 方向 0.6 μm 宽的 Si 脊条上外延 10 ML Ge 后获得的自组织 Ge 纳米岛三维及二维形貌图；(b) 沿 (a) 中 AA' 和 BB' 的高度轮廓图

由于选区外延生长过程中生长速率的各向异性特点,在图形窗口的 Si(0 0 1)表面上外延 Si 的过程中,初始阶段形成{1 1 3}晶面,随着 Si 沉积量的增加,进一步形成由{1 1 1}晶面所主导的脊条状结构(Xiang et al., 1996),进一步增加 Si 的沉积量,将减小脊条的顶端尺寸。在 120 nm Si 缓冲层沉积完毕后,最终形成一个由{1 1 3}晶面组成的一维尖条状的结构,与平 Si(0 0 1)衬底上外延 Ge 的双模尺寸分布特点形成显著对比。在一维 Si(0 0 1)脊条上外延 10 ML Ge 后所形成的 Ge 纳米岛的形貌和尺寸均呈现高度一致性,即单模分布,其原因可能与脊条上外延过程中的应变效应及垂直于脊条方向上的限制效应有关。从 Si 缓冲层生长过程中脊条侧面晶面演化的过程中亦可看出,由于不同晶面上的实际生长速率不同(Xiang et al., 1996),原子存在从侧壁上向脊条顶部迁移的过程。相关的拉曼测试结果表明,缓冲层外延完毕后的 Si 脊条顶部呈现张应变状态,从能量角度上看也是优先成核的位置。由于跨越已成核的 Ge 岛需要非常高的能量,因此,在 Ge 沉积过程中,吸附 Ge 原子沿脊条方向的一维扩散亦将会受到抑制。这些外延过程中的原子行为特点与在平 Si(0 0 1)上原子沿面内二维方向上的随机迁移与成核行为显著不同。这种一维 Si 脊条对 Ge 外延过程中原子在沿脊条与垂直脊条二个空间维度上的扩散限制作用,是形成高一致性单模分布 Ge 纳米岛的物理成因。

实际上,在一维 Si 图形衬底上的 Ge 纳米岛生长并非简单表现为在脊条顶部成核。更详细的实验表明,Ge 纳米岛的成核位置与生长温度、生长速率、Si 缓冲层结构、脊条间距、脊条侧壁倾角等结构参数密切相关(Zhong et al., 2003b)。图 5.2(a)~(g)为在不同间距、不同宽度、不同深度、不同侧壁倾角的一维 Si 刻蚀槽内以不同生长温度、不同生长速率生长的 Ge 纳米岛的三维形貌结构。7 个样品其对应的详细生长参数见表 5.1。刻蚀槽是在 Si(0 0 1)表面采用 X 射线干涉光刻结合反应离子刻蚀技术制备的。刻蚀后的一维刻蚀槽的结构参数也见表 5.1。

表 5.1 对应 X1、X2、X3、X4、X6、X7、X_T 7 个样品的一维 Si 刻蚀槽的周期、刻蚀深度、缓冲层厚度、Ge 沉积速率、Ge 生长温度、脊条顶部宽度、生长后的槽深、侧壁倾角列表

样　品	X1	X2	X3	X4	X6	X7	X_T
周期/nm	500	670	500	750	400	600	500
刻蚀深度/nm	100	100	100	100	50	50	50
缓冲层厚/nm	133	133	133	133	100	100	133
Ge 沉积速率/(Å/s)	0.1	0.1	0.1	0.1	0.05	0.05	0.1
Ge 生长温度/℃	650	650	650	650	650	650	600
脊条顶部宽/nm	175	150	198	130	110	210	222
槽深/nm	28	56	25	90	18	35	17
侧壁倾角/(°)	11.8	21.5	13.2	26.0	9.3	15.3	10.2

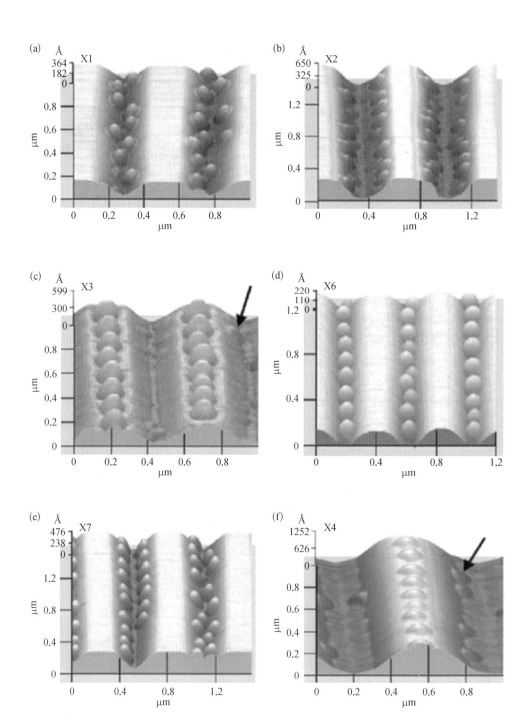

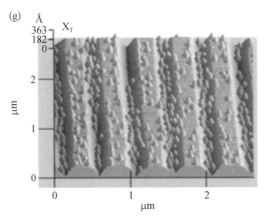

图 5.2 对应表 5.1 中的 7 个样品生长完毕
后的 Ge 纳米岛的三维 AFM 形貌图

采用标准 RCA 法对图形衬底进行清洗后,传入分子束外延腔体中进行 H 脱附处理。X1、X2 样品刻蚀槽深约 100 nm,沉积 Si 缓冲层 133 nm,然后在 650 ℃以 0.1 Å/s 沉积 7 ML 的 Ge,并沉积完毕后在原位 650 ℃保持 35 s。X_T 样品在同样厚度的缓冲层生长完毕后,在 600 ℃以 0.1 Å/s 沉积 7 ML 的 Ge,并沉积完毕后在原位 600 ℃保持 1 min。X3、X4 的生长过程类似,但在缓冲层中插入了一个包含 5 个周期的 20 Å $Si_{0.5}Ge_{0.5}$/30 Å Si 的超晶格结构(Zhong et al., 2003a)。X6、X7 由于刻蚀槽深度较浅,总 Si 缓冲层厚度减至 100 nm,生长速率为 0.5 Å/s,缓冲层生长过程中,衬底温度均匀地从 550 ℃升至 650 ℃。之后以 0.05 Å/s 的速率在 650 ℃沉积 7 ML Ge,并在生长完毕后在 650 ℃原位保持 70 s。所有样品均在 Ge 生长完毕后立即降至室温,以尽量避免降温过程中引入进一步的 SiGe 互混。由图 5.2(a)～(g)可以看出,在一维脊条/沟槽图形衬底表面,不同结构参数、不同生长参数生长完毕后的 Ge 纳米岛形貌区别非常大。对比四块只生长了 Si 缓冲层的四个样品 X2、X7、X1 和 X6 可以看出,一方面在脊条的顶端没有 Ge 纳米岛的成核,另一方面,X2、X7、X1 的纳米岛均在槽的侧壁或底部成核,且位置随机分布。仅当一维沟槽的周期较小、且深度较浅时,才在沟槽的底部形成一维有序排布的 Ge 纳米岛,即 X6。脊条的顶部沿脊条方向和垂直脊条方向的均方根(RMS)粗糙度分别为 1.3 Å 和 2.4 Å。而对比 X3、X4 两块生长了 Si/SiGe 超晶格缓冲层的样品可以看出,Ge 纳米岛主要在脊条的顶部成核,形成一维有序纳米岛结构,纳米坑底部有少量 Ge 纳米岛成核。对比 X1～X7 样品可以得到结论,通过调控一维沟槽的周期、脊条占空比及缓冲层生长完毕后的应变状态,可以在一维沟槽的顶部或底部实现一维有序排布的尺寸一致 Ge 纳米岛线列。

生长过程中,Ge 原子在衬底表面的迁移与成核过程与生长温度密切相关。对比 600 ℃ 生长的 X_T 与其他几块 650 ℃ 生长的样品形貌可以看出,同样 7 ML Ge 的沉积量的情形下,样品的 Ge 纳米岛并未呈现明显的成核位置选择性,所获得的 Ge 纳米岛位置随机排布,在脊条顶部、沟槽侧壁、沟槽底部均观察到随机分布的 Ge 纳米岛,且纳米岛尺寸涨落大,除圆顶状纳米岛外,还有大量金字塔状纳米岛出现。这充分显示了生长温度对一维有序 Ge 纳米岛可控外延的影响。其内在物理原因是 Ge 原子在衬底表面的迁移长度与衬底温度成正比。同时,衬底温度越高,吸附 Ge 原子的自由能越大,跨越高低起伏图形结构势垒的能力越强。因此,高温下,在满足特定一维周期、沟槽深度和占空比的情形下,Ge 原子在充分迁移后,优先在局域应变能低的区域成核,可实现一维有序排布的尺寸一致的纳米岛线列(如 X6)。而相应地,降低生长温度,Ge 原子迁移长度和自由能减小,更易表现出局域成核的行为,产生随机排布的 Ge 纳米岛。

生长过程中,Ge 原子在衬底表面的迁移和成核过程与生长温度密切相关。对比 600 ℃ 生长的 X_T 与其他几块 650 ℃ 生长的样品形貌可以看出,同样 7 ML Ge 的沉积量的情形下,样品的 Ge 纳米岛并未呈现明显的成核位置选择性,所获得的 Ge 纳米岛位置随机排布,在脊条顶部、沟槽侧壁、沟槽底部均观察到随机分布的 Ge 纳米岛,且脊条顶部的纳米岛并非优先在脊条的边沿处成核。整个测试区域的各处,Ge 纳米岛的尺寸均呈现无规律的随机涨落,既有大的圆顶状,也有小的金字塔状。

进一步的截面 TEM 测试研究表明,对于 X7、X6 两块样品,Ge 纳米岛分别在沟槽的两侧侧壁上和在沟槽的底部成核,见图 5.3(a) 和(c)。这与图 5.2 中的 AFM 形貌测试结果一致。图 5.3(b) 和(d) 分别对应图 5.3(a) 和(c) 中穿过单个 Ge 纳米岛的高分辨截面 TEM 照片,可以看到,由于 X7 比 X6 在缓冲层生长完毕后沟槽底部更宽,因此其两个侧壁与槽底分别在底部的两侧形成两个交叠线。Ge 纳米岛分别沿着这两个交叠线在槽底两侧优先成核,形成两行 Ge 有序纳米岛线列,且纳米岛的形状呈现对称特征。而 X6 样品由于稍窄,缓冲层生长完毕后,沟槽两侧侧壁在槽底部相交,形成单个 V 型交叠槽,Ge 纳米岛在该 V 型槽底部优先成核,形成单行有序 Ge 纳米岛线列,且 Ge 纳米岛几何形状对称。这些结果表明,Si 缓冲层生长完毕后,侧壁表面和槽底(X7)或侧壁表面之间(X6)形成的交叠线位置为低应变能区域,Ge 吸附原子优先在该低应变能位置成核。图 5.3(e) 为 X3 样品的截面 TEM 照片,可以看到,Si 缓冲层中 5 个周期的 20 Å $Si_{0.5}Ge_{0.5}$/30 Å Si 的超晶格结构的界面清晰可见。同时,Ge 纳米岛优先在脊条顶端的中间成核。Ge 纳米岛的底部与缓冲层中的 SiGe 超晶格产生明显的原子互混。这也表明,Si 缓冲层中插入 SiGe 超晶格后,对应变的分布产生了调制,使得脊条顶部形成了局域低应变区域。同时,在侧壁的其他位置也出现了少数小的 Ge 纳米岛,尽管尺寸较小,但其底部与 SiGe 超晶格的原子互混效应也十分明显。因此,可以得到结论,SiGe 超晶格的插入,显著改变了由沟槽起伏引起的局域形变分布,并使缓冲层与 Ge 纳米岛成核位置的原子互混效应加剧。

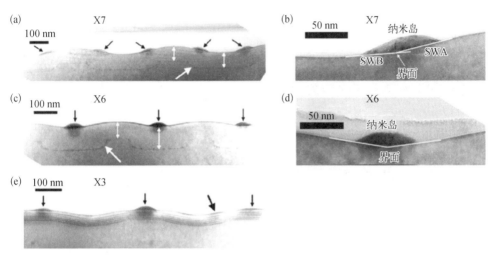

图 5.3 Ge 纳米岛样品的界面 TEM 照片

（a）X7 低分辨率;（b）X7 高分辨;（c）X6 低分辨率;（d）X6 高分辨率;（e）X3 低分辨率

以上研究结果表明,通过调控一维沟槽图形结构、Ge 生长温度、生长速率和缓冲层应变等结构及外延参数,可以有效调控 Ge 纳米岛的优先成核位置、形貌和分布,可在不同位置实现具有不同形状的一维有序 Ge 纳米岛线列。进一步的研究工作还表明,在 Si(0 0 1)衬底表面采用具有更小周期、更窄尺寸的一维纳米脊条,结合生长参数调控,可以实现更高密度的一维有序的 Ge 纳米岛线列(Chen et al.,2008)。

图 5.4(a)是在周期为 150 nm 的一维有序 Si 纳米脊条图形结构上依次外延 10 nm 的 $Si_{0.8}Ge_{0.2}$ 的合金缓冲层和 7 ML 的 Ge 后获得的高密度一维有序 Ge 纳米岛线列 AFM 形貌。一维纳米脊条图形为在 Si(0 0 1)衬底表面采用电子束光刻和反应离子刻蚀工艺制备的。沟槽深度约 20 nm,脊条宽度约 80 nm,Ge 沉积速率 0.1 nm/s,所获得的有序 Ge 纳米岛面密度高达 $5.4×10^{-9}$ cm^{-2}。图 5.4(b)为沿图 5.4(a)中 SS' 的高度轮廓和对应的表面化学势分布,表面化学势的理论及其计算方法已在本书第 3 章中详述,在此不再赘述。从图 5.4(b)的化学势分布可以清楚地看到,Ge 纳米岛的成核位置与局域化学势的最低点精确对应,这说明理论上 Ge 纳米岛倾向于优先在局域化学势的最低点成核,这也为进一步精确调控 Ge 纳米岛的成核位置,实现具有特定几何分布的 Ge 纳米岛的可控生长提供依据。图 5.4(c)和(d)分别为沿图 5.4(a)中的 x 和 y 方向的纳米岛统计尺寸分布。可以看出,在垂直于一维 Ge 纳米岛线列方向上,纳米岛的尺寸分布更加集中,而在沿一维 Ge 纳

米岛线列方向上,纳米岛的尺寸分布涨落相对较大。这是由于沿一维 Ge 纳米岛线列方向上,Ge 纳米岛之间距离更近,纳米岛间的相互作用更加明显,Ge 原子在相邻纳米岛之间的迁移存在竞争,使得 Ge 纳米岛的尺寸涨落更大。

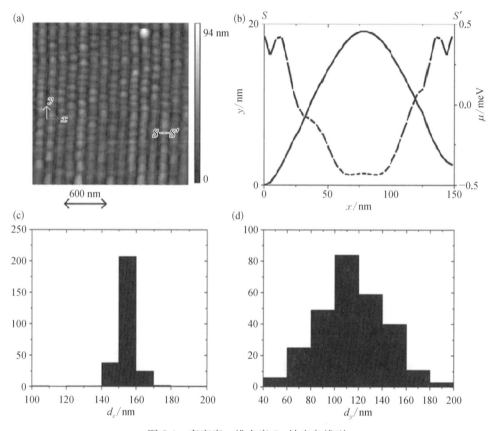

图 5.4　高密度一维有序 Ge 纳米岛线列

(a) AFM 形貌图;(b) 沿(a)中 SS'的高度分布和对应的计算的表面化学势分布;(c) 和(d)分别为沿(a)中 x、y 方向的 Ge 纳米岛的统计尺寸分布

5.1.2　二维有序纳米岛

将 Si 衬底表面一维有序的图形结构扩散到二维有序,结合外延生长参量的调节,可以实现二维有序排布的 Ge 纳米岛阵列。通过改变图形结构、外延层结构和生长参数,可实现对二维有序纳米岛的成核位置、尺寸、组分、形貌及应变的精细调控。图 5.5(a)和(b)给出了在二维有序 Si 纳米坑衬底上外延 Si 缓冲层和 Ge 层后获得的有序排布 Ge 纳米岛的三维 AFM 形貌图,周期分别为 370 nm 和 400 nm。(Zhong et al., 2004)。该二维有序 Si 图形衬底是通过采用 X 射线干涉全息光刻和

反应离子刻蚀技术在 Si(0 0 1)衬底表面制备而获得。在传入 MBE 生长腔体前,采用标准 RCA 法进行化学清洗。生长开始前,在 900 ℃高温下原位保持 10 min,使吸附的钝化 H 原子完全脱附。

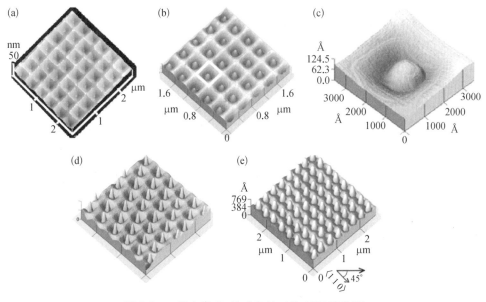

图 5.5　二维有序 Ge 纳米岛的三维 AFM 形貌图

(a) 130 nm Si 缓冲层生长完毕后(周期 400 nm);(b) 4 ML Ge 沉积完毕后(周期 400 nm);(c) 对应(b)中的单个 Ge 纳米岛结构;(d) 10 ML Ge 沉积完毕后(周期为 370 nm);(e) 6 ML Ge 沉积完毕后

　　首先以 0.5 Å/s 的速度沉积 130 nm 的 Si 缓冲层。Si 缓冲层生长的过程中,衬底温度均匀地从 500 ℃升至 650 ℃。缓冲层生长完毕后,衬底温度升至 700 ℃。同时,以 0.05 Å/s 的速度沉积 Ge。在 Ge 沉积的过程中,为了使得原子有足够时间进行充分迁移,每个原子层生长完毕后,Ge 束源炉挡板关闭 7 s,即每个原子层之间引入 7 s 的生长停顿。图 5.5(a)为 130 nm Si 缓冲层生长完毕后的 AFM 形貌图,纳米坑周期为 400 nm。可以清晰地看到,由反应离子刻蚀产生的 Si 纳米坑在 Si 缓冲层外延完毕后,演化成由 4 个晶面组成的倒金字塔状的纳米坑结构。侧壁倾角在 4.5°~15°,坑深超 20 nm。每个侧壁均由多个{1 1 n}晶面组成。这种 Si 原子沉积过程中的纳米坑侧壁演化趋势与{1 1 n}晶面能量更低、更稳定有关(Zhong et al., 2003b)。图 5.5(b)为 Si 缓冲层生长完毕后,进一步在 700 ℃沉积 4 ML 的 Ge 后所形成的二维有序 Ge 纳米岛阵列形貌图。与一维沟槽脊条结构表面的原子迁移规律类似,纳米坑之间的 Ge 吸附原子或 Ge-Si 二聚物倾向于向坑内迁移,且倾向于沿侧壁向坑底部迁移,最终在纳米坑底部优先成核,形成二维有序 Ge 纳米岛结构。图 5.5(c)进一步放大地展示了单个纳米坑内的 Ge 纳米岛成核结构。进一步增加

Ge 的沉积量,可以看出,6 ML 和 10 ML Ge 沉积完毕后,Ge 纳米岛的二维有序特性得到保持,同时 Ge 纳米岛尺寸逐渐增加,分别如图 5.5(d)和(e)所示。

通过对纳米坑的尺寸、周期及 Ge 外延生长参数的综合调控,可以实现在单个纳米坑内多个 Ge 纳米岛的有序生长,进而在同样的周期下大大提升 Ge 纳米岛的面密度(Zhong et al., 2005)。图 5.6(a)为在二维有序 Si 纳米坑衬底上外延获得的有序排布 Ge 纳米岛阵列。纳米坑衬底为在 Si(0 0 1)衬底表面采用电子束光刻和反应离子刻蚀技术制备。二维有序纳米坑周期为 430 nm,沿着〈1 1 0〉和〈1 -1 0〉晶向排列。经过 RCA 步骤清洗后,传入 MBE 生长腔体,并在 880 ℃脱附 H 吸附原子,获得洁净衬底表面。之后首先以 0.5 Å/s 的速率沉积 100 nm 厚的 Si 缓冲层,同时衬底温度从 450 ℃均匀升至 530 ℃,该缓冲层的生长消除了反应离子刻蚀过程中引起的表面粗糙。之后,以 0.045 Å/s 的速率在 615 ℃沉积 8 ML 的 Ge,8 个原子层的生长过程中,每个原子层之间均引入 8 s 的生长停顿,以保证 Ge 原子在图形衬底表面充分迁移。从图 5.6(a)可以清楚看到,Ge 沉积完毕后,在有序纳米坑衬底表面呈现奇特的一坑五岛的对称分布,即每个纳米坑中心均有一个 Ge 纳米岛成核,同时,每个纳米坑的周围也有 4 个对称的纳米岛成核,且分布均沿着〈1 0 0〉和〈0 1 0〉晶向。分别以 I_b 和 I_c 表示纳米坑中心和坑周围的纳米岛,进一步的分析结果显示,I_b 的晶面主要由{15 3 20}和{1 1 3}主导,I_c 的晶面主要由{15 3 23}和{1 1 3}主导。且统计表明,I_b 和 I_c 的统计尺寸分别为 22.5 nm(±2.0%)和 19.7 nm(±3.5%),如图 5.6(b)所示,纳米岛尺寸分布表现出极高的一致性。

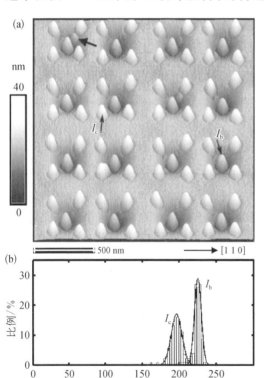

图 5.6 二维有序排布的 Ge 纳米岛阵列

(a) 二维有序排布 Ge 纳米岛阵列的三维 AFM 形貌图(周期 430 nm);(b) 对应于坑中心位置(I_b)和坑周围(I_c)的 Ge 纳米岛的统计尺寸分布

进一步的深入研究表明,这种一坑五岛的特殊 Ge 纳米岛的成核过程与 Si 缓冲层后纳米坑的几何形貌密切相关。图 5.7(a)~(c)分别对应 Si 缓冲层生长完毕后、5 ML 的 Ge 沉积完毕后、8 ML 的 Ge 沉积完毕后的单个纳米坑的三维 AFM 形貌。可以直观地看到,这种一坑五岛的分布是由一坑一岛的分布演化而来,随着 Ge 沉积量由 5 ML 增加至 8 ML,在纳米坑的边沿的四角形成了 4 个新的 Ge 纳米岛。仔细分析图 5.7(a)中纳米坑生长完毕后的形貌图可以看出,纳米坑呈现倒金字塔状,坑的边沿分别沿⟨1 1 0⟩和⟨1 -1 0⟩晶向。通过图 5.7(d)中的轮廓曲线可以得到该倒金字塔状纳米坑的四个侧壁倾角在 7°~9°。坑口宽度约 310 nm。金字塔的四个侧壁晶面均十分清晰,四个侧壁晶面之间及四个晶面与(1 0 0)面之间均形成了清晰的交叠线。同时,两两相邻侧壁晶面与(1 0 0)面之间通过三个晶面交叉形成了清楚的交叉点,即图中 A、B 处。在 5 ML Ge 沉积完毕后,这些清晰的晶面及晶面交叉变得模糊,同时纳米坑侧壁上出现波浪形纳米结构,从图 5.7(e)中的高度轮廓可以十分清晰地看到这种波浪台阶,倾角约 11.5°,这种波浪形台阶结构在

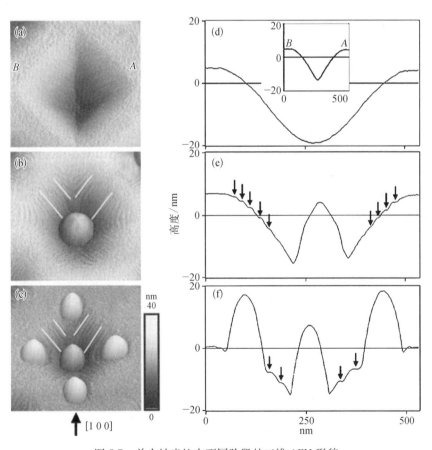

图 5.7　单个纳米坑在不同阶段的三维 AFM 形貌

(a) Si 缓冲层生长完毕后;(b) 5 ML 的 Ge 沉积完毕后;(c) 8 ML 的 Ge 沉积完毕后;
(d)~(f)为对应沿(a)~(c)中白色线的高度轮廓

8 ML Ge 沉积完毕后依然存在,如图 5.7(c)和(f)所示,这些波浪台阶结构主要由
{1 0 5}和{0 0 1}晶面组成。对比图 5.7(b)和(c)可以看出,随着 Ge 沉积量的增
加,这些波浪台阶结构更加明显。与一维脊条状图形衬底上的 Ge 外延迁移机制类
似(Zhong et al., 2003a),Ge 吸附原子在图形衬底表面迁移的过程中,在一定 Ge 沉
积速率和衬底温度的条件下,将优先向高局域曲率的区域迁移成核。因此,成核位
置与 Si 缓冲层生长完毕后 Ge 沉积开始前的图形衬底表面状态直接相关。图 5.7
(c)中的五个 Ge 纳米岛成核位置与图 5.6(a)中的五个高局域曲率的位置精确对
应,这在本质上仍然是由于局域高曲率的位置的局域表面化学势最低(Chen et al.,
2008)。

　　通过对纳米孔尺寸和形状的调节,可以更加直接有效地调控 Ge 纳米岛的成
核位置,获得具有特定分布的有序 Ge 纳米岛阵列。图 5.8 展示了在不同尺寸有
序纳米孔衬底上外延获得的具有不同几何分布特征的有序 Ge 纳米岛阵列(Dais
et al., 2008)。衬底是通过极紫外干涉光刻和反应离子刻蚀技术在 Si(0 0 1)衬
底上制备的。通过调节曝光剂量,可以灵活改变所刻蚀出来的纳米孔直径和
形状。

　　制备完成的 Si 纳米坑图形衬底,在依次经过 $H_2SO_4 : H_2O_2 = 2 : 1$ 酸溶液清
洗、去离子水冲洗、HF 溶液腐蚀后被传入 MBE 生长腔体。在 500 ℃脱附 5 分钟
之后,首先以 0.5 Å/s 的速率在 300 ℃下沉积了 50 nm 的 Si 缓冲层。图5.8(a)和
(b)分别是在低和高两种曝光剂量下光刻和刻蚀后获得的有序纳米坑阵列上外
延 Si 缓冲后的衬底表面 AFM 形貌图。可以看出,低曝光剂量下,纳米孔呈现小
的圆形,而高曝光剂量下,纳米孔呈现大的方形结构,纳米孔的占空比显著变化,
纳米孔周期为 280 nm。低曝光剂量下,纳米坑占空低,Si 缓冲层生长完毕后,纳
米坑为近似倒金字塔状,侧壁倾角约 11.3°,对应晶面为{1 1 n}面($5 \leq n \leq 7$)。
高曝光剂量下,纳米坑占空显著增加,坑底部为平(0 0 1)晶面,侧壁晶面也更加
陡峭。图5.8(c)和(d)分别为在图 5.8(a)和(b)中所示的有序纳米坑衬底上进
一步沉积6 ML和 7 ML 的 Ge 后外延获得有序 Ge 纳米岛阵列。Ge 沉积的过程
中,衬底温度同步从 300 ℃均匀升至 500 ℃。可以看出,在低曝光剂量的纳米孔
内,获得了尺寸高度均匀的有序圆顶状 Ge 纳米岛阵列,其位置与纳米孔的位置
一一对应,纳米岛尺寸较大。在高曝光剂量的纳米孔内,则每个纳米孔的四角分
别获得了一个金字塔状的小尺寸 Ge 纳米岛,纳米岛尺寸均匀一致,与纳米孔也
一一对应。与图 5.7 中所阐述的成核机制类似,该一坑四岛的成核位置也与纳
米坑内 Si 缓冲层生长完毕后的四角局域曲率最大、表面化学势最低有关。图
5.8(c)中的圆顶状纳米岛直径和高度分别为 77.8±1.2 nm 和 9.35±0.63 nm。而图
5.8(d)中的金字塔状纳米岛直径和高度则分别为 57.6±3.5 nm 和 4.6±0.4 nm。
同时,图 5.8(c)中的纳米岛面密度为 1.6×10^9 cm^{-2},而 5.8(d)中的纳米岛面密度

图 5.8 有序纳米坑上外延 50 nm Si 缓冲层后的 AFM 图

（a）小圆孔；（b）大方孔；（c）和（d）分别为在（a）上外延 6 ML Ge 和在（b）上外延 7 ML Ge 后获得的有序 Ge 纳米岛阵列

则相对（c）图增加至 4 倍。

上述结果表明通过二维纳米坑图形衬底的结构调控，同时对 Si 缓冲层、Ge 外延层的生长参数进行优化，可以获得具有不同几何分布特征的二维有序 Ge 纳米岛阵列。且纳米岛的尺寸均匀性获得极大改善。此外，在二维有序 Si 纳米坑图形衬底上制备有序 Ge 纳米岛还表现出了较强的生长方式灵活性。除采用 MBE 技术外，在低能化学气相沉积（LE-PECVD）系统上，通过对衬底温度、沉积量和沉积速率的优化，也在图形衬底上实现了二维有序排布的高均与性 Ge 纳米岛阵列（Bollani et al.，2010）。

5.1.3 生长温度对成核有序性的影响

在 5.1.1 和 5.1.2 两小节中均已提及，Ge 沉积过程中的衬底温度作为一个重要的外延参数，对图形衬底上 Ge 的有序成核行为有显著的影响。衬底温度对平 Si 衬底上的 Ge 外延生长行为研究已经较为清楚（Jin et al.，2003）。对于 500～

700 ℃生长温度之间的 Ge 外延行为研究表明,低温下 Ge 倾向于出现高密度金字塔状成核,而高温下则 Ge 岛密度降低,尺寸增大,形状倾向于圆顶形。衬底温度越高,Ge 吸附原子在 Si 表面的迁移长度越长(即 $1/\sqrt{\text{Ge 纳米岛面密度}}$),500 ℃下,特征长度约 100 nm,而 700 ℃下则显著增加至约 600 nm。而 Ge 纳米岛生长完毕后,如果持续原位保持高温,则 Ge 原子会产生进一步的迁移和再分布行为,Ge 原子将从浸润层中迁移进入纳米岛中,同时,原本已经成核的纳米岛则会倾向于随机向周围的较大尺寸的纳米岛迁移互混合并,最终迁移和互混将使得纳米岛的密度极大地降低。而在图形衬底上,由于衬底结构将在 Ge 原子迁移过程中引入势垒,因此其行为将有新的特点,在这种情形下,生长温度对成核有序性的影响更加突出。

　　图 5.9 为在有序 Si 图形衬底上不同衬底温度下的 Ge 纳米岛生长表面 AFM 形貌图。图形衬底采用 X 射线干涉全息光刻和反应离子刻蚀技术制备。Ge 纳米岛

图 5.9　有序 Si 纳米孔图形衬底上不同温度
下的 Ge 纳米岛生长结果(5×5 μm^2)

(a) 600 ℃(周期 350 nm);(b) 690 ℃(周期 440 nm);(c) 720 ℃(周期 440 nm);
(d) 800 ℃(周期 440 nm)

采用 MBE 生长。在传入 MBE 生长腔体前,采用标准 RCA 法进行化学清洗。在硅缓冲层开始生长前,先在 880 ℃ 高温下原位保持 10 min,使吸附的钝化 H 原子完全脱附。

之后首先以 0.5 Å/s 的速率沉积 120 nm 厚的 Si 缓冲层,同时衬底温度从 450 ℃ 均匀升至 600 ℃。然后,以 0.04 Å/s 的速率沉积 8 ML 的 Ge,衬底温度采用 600 ℃、690 ℃、720 ℃ 和 800 ℃,分别对应 A、B、C、D 4 个样品,如图 5.9(a)~(d)所示。从图 5.9(a)可以看出,600 ℃ 低温下在整个图形衬底表面出现了小尺寸的圆顶状 Ge 纳米岛,密度较高,且呈现杂乱无序随机分布,与二维有序纳米坑无对应关系;当温度升至 690 ℃,则获得了二维有序排布的 Ge 纳米岛阵列,在每个纳米坑内均有一个 Ge 纳米岛成核,一一对应;温度升至 720 ℃ 时,一一对应的二维有序 Ge 纳米岛成长行为仍然得到保持,同时 Ge 纳米岛的尺寸均匀性有所改善;进一步地,当温度升至 800 ℃ 时,产生了低密度的杂乱无序排布的大尺寸 Ge 纳米岛,与纳米坑无位置对应关系,这种生长行为与平 Si 衬底表面的 Ge 原子迁移行为有一定的类似性。在一定温度范围内,温度越高,Ge 吸附原子获得的动能越高,在衬底表面迁移的距离越长,有利于实现长程有序排布的 Ge 纳米岛阵列。然而当温度高到 Ge/Si 原子互混显著增加时,这种有序生长行为将被打破,产生与平 Si 衬底类似的低密度的无序的、大尺寸圆顶 Ge 岛。

图 5.10 进一步阐释了 Ge 吸附原子在平 Si 衬底和图形 Si 衬底表面的迁移行为(Bergamaschini et al., 2010)。在平 Si 衬底表面迁移的过程中,Ge 原子将"看"到由表面周期性原子形成的周期性势垒,其能量约为 1.1 eV。而 Ge 原子从已经成核的 Si/Ge 合金纳米岛中迁移脱离出来则将需要克服更高的势垒,如图 5.10(a)右图所示,其绝对势垒大小取决于纳米岛的形状、尺寸、组分等参数。与之形成明显对比,在 Si 纳米坑图形衬底上的 Ge 原子迁移则更加复杂。当 Ge 原子在纳米坑中时,其进一步迁移将需要克服更高的势垒,在坑底部的 Ge 原子势垒最大,因此 Ge 原子倾向于在坑的底部停留成核。而当 Ge 原子在坑周围迁移经过坑时,由于相对而言,坑中势能更低,Ge 原子更倾向于迁移而进入坑中。上述这些情况的发生是有前提条件的,即需要在特定的 Ge 沉积速率、特定的衬底温度下才能发生。当衬底温度显著升高或 Ge 沉积速率显著增大时,由于 Ge 原子能量更高,将更倾向于出现图5.9(d)所示的结果。进一步的详细蒙特卡罗仿真结果及分析可参看文献(Bergamaschini et al., 2010)。

5.1.4 二维周期对成核有序性的影响

有序 Ge 纳米岛的生长由 Si 图形衬底结构、外延生长参数共同决定。在特定的 Si 图形结构下,存在 Ge 沉积速率、衬底温度、Ge 沉积量等参量的外延参数窗口,仅当外延参数落于窗口内时可以获得二维有序的 Ge 纳米岛阵列。

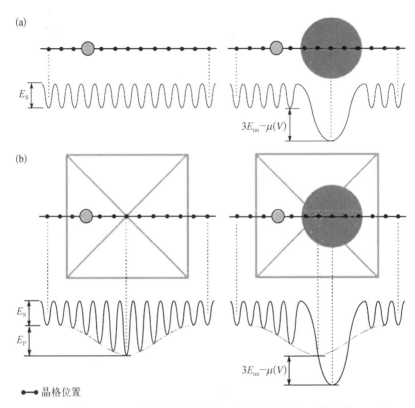

图 5.10　Ge 吸附原子在衬底表面向纳米岛迁移过程及从
纳米岛中迁移出来的过程中的势能分布示意图

(a) 平 Si 衬底表面;(b) 纳米坑图形 Si 衬底表面

通过增加二维有序排布的 Si 纳米坑的周期,可实现 15 μm 甚至更大周期的二维有序 Ge 纳米岛阵列(Ma et al., 2014b),如图 5.11 所示。得益于电子束光刻极高的灵活性,采用电子束光刻和反应离子刻蚀技术,可以制备具有任意大周期和纳米孔尺寸的 Si 纳米孔阵列。图 5.11(a)～(f)即为在采用该技术制备的周期为 0.6～15 μm 的二维有序 Si(0 0 1)纳米孔图形衬底上外延一定量的 Ge 获得的低密度有序 Ge 纳米岛阵列,纳米孔直径约 90 nm,深度约 25 nm。除 5.11(a)的 Si 缓冲层为 130 nm 外,其余 Si 缓冲层厚度为 40 nm。缓冲层生长过程中,衬底温度从 400 ℃均匀升至 550 ℃,Ge 沉积速率为 0.06 Å/s。除 5.11(a)的 Ge 沉积量为 8.5 ML外,其余 Ge 沉积量均为 3 ML。从图 5.11 可以看出,对于周期为 0.6～15 μm 的二维有序纳米孔衬底,所有样品均实现了一坑一岛的二维有序排布 Ge 纳米岛阵列,且 Ge 纳米岛尺寸一致。值得注意的是,Ge 外延完毕后,纳米坑从刻蚀完毕后的圆形退化为倒金字塔状,其动力学机制与图 5.7 一致。

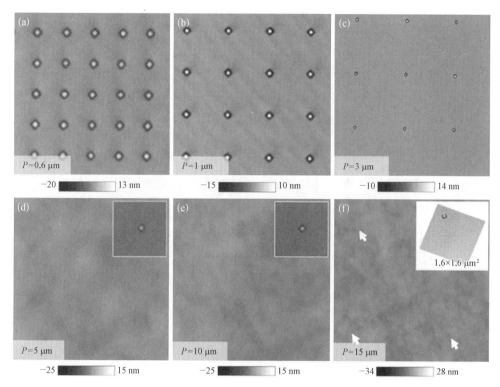

图 5.11 二维有序纳米坑衬底上的低密度
有序 Ge 纳米岛 AFM 形貌图

(a) 0.6 μm;(b) 1 μm;(c) 3 μm;(d) 5 μm;(e) 10 μm;(f) 15 μm

进一步的研究表明,距离纳米孔越近,统计意义上 Ge 原子迁移进入纳米孔成核的概率越大。而同样二维周期下,纳米孔直径越大、深度越大,则纳米孔周围的 Ge 吸附原子被"吃"进纳米孔内成核的概率越大(Ma et al.,2014b;Grydlik et al.,2013)。这可以从图 5.12 中直观地看出来。图 5.12(a)~(f)给出了在不同纳米孔周期(P)和直径(D)的图形衬底上的有序 Ge 纳米岛生长结果,Ge 沉积量均为 6 ML,(a)~(c)图为 450~550 ℃生长,而(d)~(f)图为 550~600 ℃生长。除纳米孔内,纳米孔之间也出现大量的小尺寸 Ge 纳米岛。即在 Ge 过量的情形下,通过纳米孔之间的区域的 Ge 纳米岛分布情况,研究 Ge 吸附原子的扩散与迁移情况。定义 N_A、N_B 分别为图中 A、B 两个等面积区域中的 Ge 纳米岛统计面密度,通过图 5.12(g)中 N_B/N_A 与 P 和 D 的关系可以看出,其与 P 和 D 均成正比,即同样沉积量下,P 越大、D 越大,靠近纳米孔周围的纳米岛密度越低。这充分证明了距离纳米孔越近、纳米孔直径越大,统计意义上 Ge 原子迁移进入纳米孔成核的概率越大的规律。

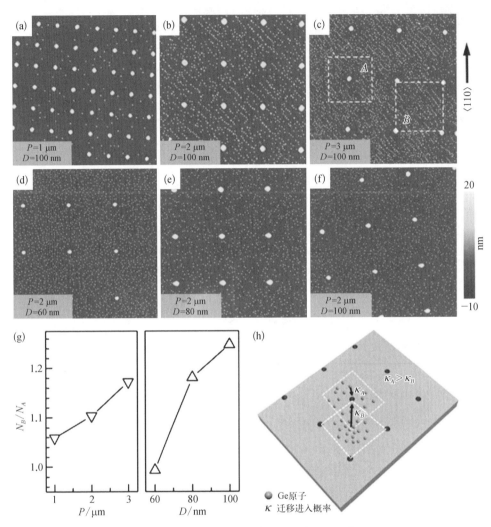

图 5.12　不同纳米孔周期(P)和直径(D)的
图形衬底上的有序 Ge 纳米岛生长结果

（a）~（c）450~550℃生长；（d）~（f）550~600℃生长；（g）N_B/N_A 与 P 和 D 的关系；（h）Ge 吸附原子
迁移进入纳米孔的概率示意图

5.1.5　三维有序纳米岛

　　由于 Si、Ge 两种材料存在约 4%的大晶格失配，因此在 Si 衬底上外延获得的
Ge 纳米岛实质上为处于应变状态的 Si/Ge 合金岛，其应变状态与纳米岛的组分分
布、几何形貌、尺寸等参数密切相关。正是由于存在应变效应，Si/Ge 合金纳米岛在

生长方向上具有与 InAs/GaAs 多层堆叠量子点类似的多层堆叠自对准效应（Solomon et al., 1996）。得益于该特性，在二维有序生长的基础上，通过生长参数调控，进一步可以实现三维有序的 Ge 纳米岛阵列。

图 5.13（a）为在基于自组装纳米球刻蚀技术制备的 Si（0 0 1）纳米坑图形衬底上生长的 15 层堆叠的三维有序 Ge 纳米岛阵列的表面 AFM 形貌图（Ma et al., 2012），纳米坑图形周期为 100 nm。在传入 MBE 生长腔体前，采用标准 RCA 法进行化学清洗。在 Si 缓冲层开始生长前，先在 760 ℃下原位保持 3 min，使吸附的钝化 H 原子完全脱附。脱附完毕后，首先以 0.36 Å/s 的速率在 400 ℃下生长 64 nm Si 缓冲层，第一层 Ge 纳米岛生长在 Si 缓冲层外延完毕后的纳米坑中，因此，为了保证应变充分积累，第一层给予较多的 Ge 沉积量。首先在 450~550 ℃均匀变温的过程中，以 0.06 Å/s 的速率沉积 5 ML 的 Ge，然后在保持衬底在 550 ℃下进一步生长 Ge 5 ML（连续生长，不中断），此时，在纳米坑中形成二维有序的 Ge 纳米岛阵列。第一层 Ge 岛生长完毕后，衬底温度立即降至 450 ℃，降至 450 ℃后，生长 Si 间隔层 5.5 nm，同时衬底温度均匀地从 450 ℃升至 550 ℃。后续 14 层 Ge 纳米岛均保持 550 ℃定温生长，后续 Si 间隔层生长参数与第一层 Si 间隔层完全相同。由于在多层堆叠外延的过程中，应变存在积累放大效应，使得纳米岛尺寸逐渐增大（Capellini et al., 2003）。为抵消这种放大效应，使三维方向上纳米岛尺寸均一，因此，后续 14 层 Ge 纳米岛的 Ge 沉积量每 3 层递减 0.5 ML。最终获得的三维有序 Ge 纳米岛阵列的最顶层表面形貌图如图 5.13（a）所示，面内呈现六角密排有序格子，由四个 {1 0 13} 面组成的金字塔形状，该外延参数实际上是经过大量的参数研究和反复优化才最终获得的（Ma et al., 2013）。图5.13（b）和（c）分别为该样品的低分辨和高分辨 TEM 图，从（b）图可以看出，后续层中 Ge 纳米岛的位置与第一层中纳米坑中的量子点在生长方向上完全对应，面内周期保持严格的 100 nm。从高分辨的（c）图可以看到，后续 Ge 纳米岛层的平均高度约 4.5 nm，Si 间隔层高度约 2.5 nm。Si 间隔层的实际厚度比生长值小是由于 Si/Ge 原子在高温下的原子互混和迁移所致。在面内 Ge 纳米岛平均宽度约 90 nm，纳米岛横向间距约 10 nm。所实现的三维有序 Ge 纳米岛的面密度和体密度分别高达 1.2×10^{10} cm^{-2} 和 1.71×10^{16} cm^{-3}。

在采用极紫外干涉曝光结合反应离子刻蚀技术制备的高密度有序 Si 纳米坑图形衬底上，也实现了类似的三维有序 Ge 纳米岛阵列的生长（Grutzmacher et al., 2007）。二维方形有序纳米坑的周期为 90 nm×100 nm。采用类似的低温 Si 缓冲层技术和多层 Ge/Si 间隔层堆叠外延生长技术，最终实现了 10 层堆叠的三维有序 Ge 纳米岛阵列，其截面 TEM 和表面 AFM 图分别如图 5.14（a）和（b）所示。Ge 纳米岛的平均横向和纵向尺寸分别为 45 nm 和 4.2 nm，统计尺寸涨落小于 9%。与图 5.13 中的结果类似，除长在 Si 纳米坑中的第一层 Ge 纳米岛的高

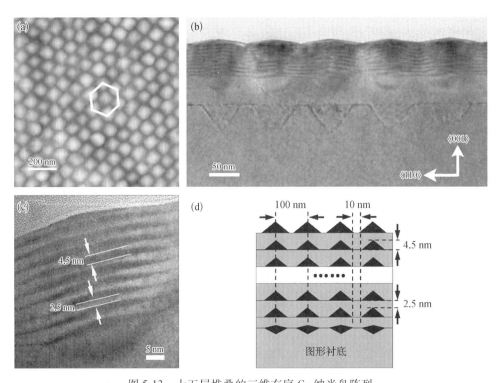

图 5.13　十五层堆叠的三维有序 Ge 纳米岛阵列

（a）最顶层表面形貌图；（b）和（c）分别为低分辨和高分辨 TEM 图；（d）结构及尺寸示意图

宽比偏大，其余层的 Ge 纳米岛均呈现由四个 {1 0 5} 面构成的金字塔状，即也获得三维高度有序的高密度 Ge 纳米岛阵列，面密度和体密度也分别达到 1.1×10^{10} cm^{-2} 和 9.7×10^{15} cm^{-3}。

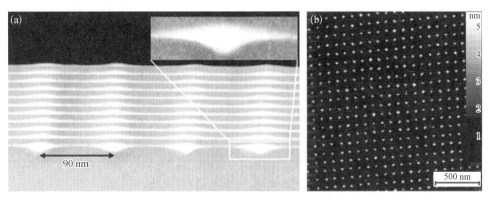

图 5.14　十层堆叠的三维有序 Ge 纳米岛阵列

（a）截面 TEM 图；（b）表面形貌图

5.1.6 有序排布硅锗纳米岛组分与应变分析

随着一维及二维有序 Ge 纳米岛可控生长技术的发展成熟,对于图形衬底上有序生长体制下的 Ge 纳米岛的组分及应变分布的研究也得以开展,对有序成核的物理机制及原子的迁移过程的认识也逐步深入。尤其是基于 AFM 及化学腐蚀的纳米层析成像技术的发展(Zhang et al.,2010b),使得精确表征 Ge 纳米岛内的组分分布成为可能。

图 5.15(a)~(c)为利用纳米层析成像技术获得的 Si 图形衬底上有序 Ge 纳米岛的组分分布表征结果(Zhang et al.,2010c)。质量分数 28%的 NH$_4$OH 溶液和质量分数 31%的 H$_2$O$_2$ 溶液按照 1 : 1 的体积比配成的混合溶液,具有选择性腐蚀

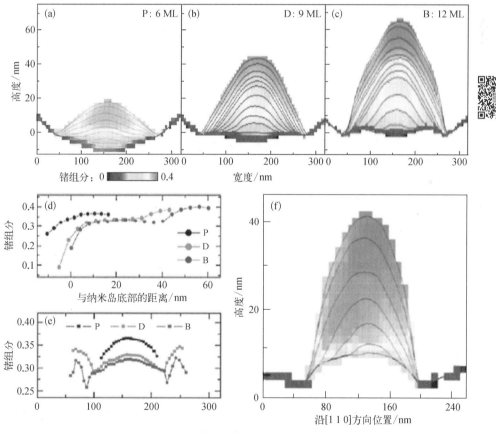

图 5.15 Ge 纳米岛内的组分分布

(a)~(c)纳米坑图形衬底上 Ge 沉积量分别为 6 ML、9 ML 和 12 ML 的有序纳米岛的截面组分分布;(d)和(e)三种纳米岛内的纵向及横线 Ge 组分分布曲线;(f)平 Si 衬底上 Ge 沉积量为 8 ML 的无序纳米岛内的组分分布

$Si_{1-x}Ge_x$ 合金而不腐蚀 Si 的特性,且其腐蚀速率与 Ge 的组分 x 成正比。采用该溶液,通过对 Ge 纳米岛样品进行多步渐进式腐蚀,并在每步腐蚀后进行 AFM 形貌测量。通过分析形貌变化,结合腐蚀时间和腐蚀速率与 Ge 组分的关系,可分层还原出 Ge 的组分分布。从图(a)~(c)的界面图及(d)和(e)中的组分分布曲线可以清楚地看到,纳米坑衬底上生长的 Ge 纳米岛内的 Ge 组分呈现水平方向对称分布,垂直方向非对称分布,纳米岛的顶部富 Ge 而底部富 Si。随着 Ge 沉积量的增加,Ge 纳米岛从金字塔状、圆顶状过渡到谷仓状,同时岛顶部的 Ge 组分也逐渐升高。岛顶部的 Ge 组分介于 30% 和 40% 之间。而对比图(f)中平 Si 衬底上 Ge 沉积量为 8 ML 的无序纳米岛内的组分分布可以看出,水平方向 Ge 呈现一定不对称分布,而垂直方向上 Ge 组分仍然是顶部高于底部。但无序 Ge 纳米岛中的平均 Ge 组分(约 37%)比图形衬底上的 9 ML Ge 沉积量的 Ge 岛(约 30%)更高,目前推测其可能与纳米坑图形底上 Ge 生长过程中 Si 表面的 SiGe 浸润层更薄,Si 原子向岛内迁移互混更容易有关。这些结果也充分说明,图形衬底上的 Ge 纳米岛与平衬底上的 Ge 纳米岛本质上均为 SiGe 合金岛,岛内组分呈现非均匀分布,且平均 Ge 组分与 Ge 沉积量、生长温度等参数密切相关。

在应变研究方面,实验结果表明,纳米坑图形衬底上生长的有序 Ge 纳米岛呈现出比平 Si 衬底上 Ge 纳米岛延迟的弹性应变弛豫,因此,可以实现比平 Si 衬底上尺寸更大、高宽比更高的 Ge 纳米岛(Zhong et al., 2007)。而在多层堆叠有序 Ge 纳米岛生长方面的研究表明,垂直方向多层堆叠时的应力场存在的精确对准效应来源于下层 Ge 纳米岛的应力场调制(Kar et al., 2004)。

图 5.16 为采用有限元理论计算的 Si 有序纳米坑衬底上外延的双层堆叠的有序 Ge 纳米岛的 xz 面[沿(1 1 0)面]和 xy 面[沿(1 0 0)面]的应变分布,纳米坑周期为 400 nm。第一层 Ge 纳米岛的沉积量为 15 ML,生长温度为 760 ℃。第一层 Ge 生长完毕后,在 620 ℃ 依次沉积 12 nm 的 Si 间隔层和 9 ML 的 Ge,获得了双层堆叠的二维有序 Ge 纳米岛阵列(Zhang et al., 2010a)。从(a)中可以看出,上下两层 Ge 纳米岛均呈现压应变,且应力场在生长方向上精确对准,Si 间隔层呈现张应变,接近 1.22%。从图(b)可以进一步看出,Si 间隔层被 SiGe 合金纳米岛沿着[1 0 0]和[0 1 0]划分为 4 个高张应变的区域。在双轴张应变的情形下,Si 的六重简并导带将分裂为二重简并的 Δ_2 和四重简并的 Δ_4 能级,其中 Δ_2 在低温下将形成具有量子限制效应的电子势阱。而从图(c)和(d)则可以看出,生长 20 nm 厚的 Si 覆盖层后,双层 Ge 纳米岛的应变产生了显著变化。Ge 纳米岛内的平均张应变增加,间隔层中 Si 的张应变显著降低。与此同时,Si 覆盖层表现出了最高接近 1.57% 的张应变值,这应当是与下层的 Ge 纳米岛层的应力场积累效应有关。

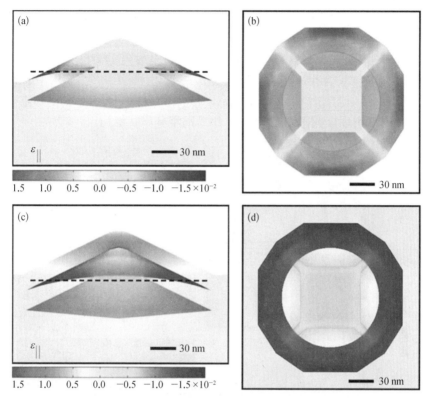

图 5.16 计算的双层堆叠有序 Ge 纳米岛内的应变分布情况

(a) 和 (b) 为无 Si 覆盖层;(c) 和 (d) 为第二层 Ge 纳米岛上生长 20 nm 厚的 Si 覆盖层

5.2 可控硅锗纳米岛外延结构

利用 Ge 在图形 Si 衬底上的选取优先成核特性,除了可以实现除有序排布 Ge 纳米岛的可控外延外,通过在 Si 表面进一步设计具有特定结构的微纳结构,还可以实现其他具有特定几何排布的 Ge 纳米结构。

5.2.1 单硅锗纳米岛结构

所谓单硅锗纳米岛结构是指面密度极低的稀疏 Ge 纳米岛阵列,Ge 纳米岛的成核精确可控。图 5.17 给出了在低密度 Si 有序纳米坑衬底上外延获得的单 Ge 纳米岛阵列的生长结果(Ma et al., 2014a),有序纳米孔衬底为采用电子束光刻和反应离子刻蚀制备而获得的,纳米孔深度和直径分别为 25 nm 和 40 nm,为圆形孔,如图 (a) 所示。在 H 原子脱附完成后,依次生长了 Si 缓冲层 40 nm 和 3.6 ML 的 Ge。其中 Si 和 Ge 的生长速率分别为 0.3 Å/s 和 0.06 Å/s。而 Si 和 Ge 的生长温度分别为 350 ℃定温和 450~550 ℃变温,纳米孔周期为 3.4 μm。从图 5.18(b)、(c)和(d)可以看出,Ge 沉积完毕后,形成了与纳米孔一一对应的大周期有序排布金字塔状 Ge 纳米岛阵列。通过实现这种位置精确可控的极低密度的有序 Ge 纳米岛阵列,研究或集成单个 Ge 纳米岛成为可能,进一步调节 Ge 的沉积量、沉积温度等参量,可以进一步灵活地调控这种单 Ge 纳米岛的形貌、尺寸和组分,同时,采用堆叠生长的方式,还可以实现极低密度的单个 Ge 纳米岛堆叠串状结构。

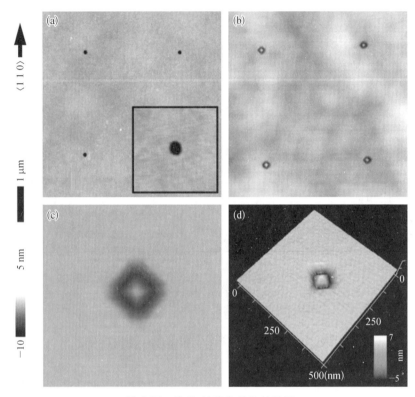

图 5.17　单 Ge 纳米岛的生长结果

(a) 稀疏 Si 纳米孔衬底形貌;(b) Ge 沉积完毕后的形貌;(c) 放大的单个 Ge 纳米岛的二维形貌;(d) 单个 Ge 纳米岛的三维形貌

5.2.2　双硅锗纳米岛耦合结构

双硅锗纳米岛耦合结构是指在空间上形成了近邻耦合的两个 Ge 纳米岛结构,且其作为一个单元,与生长平面内其他单元间距足够远。图 5.18 为在低密度 Si 有序排布的纳米坑衬底上外延获得的双 Ge 纳米岛结构的生长结果(Ma et al.,2014a)。有序纳米孔衬底是采用电子束光刻和反应离子刻蚀制备获得的,纳米孔深度约 25 nm,纳米孔为非对称形状,在沿〈1 1 0〉方向上长度大于沿〈1 -1 0〉方向上宽度。定义纳米坑长宽比为r,r=(沿$\langle110\rangle$方向上长度)/(沿$\langle1-10\rangle$方向上宽度)。图5.18(a)~(d)分别为在r=3的纳米坑内沉积了2.4 ML、3.0 ML、3.6 ML和4.0 ML的Ge后的纳米坑三维形貌图,纳米孔的宽度为40 nm,长度约120 nm,其余生长参数与图5.18中基本一致,即在H原子脱附完成后,首先在350 ℃生长了40 nm的Si缓冲层,然后在450~550 ℃均匀变温的过程中外延不同沉积量的Ge,Si和Ge的生长速率分别为0.3 Å/s和0.06 Å/s。可以直观看出,2.4 ML的Ge沉积完毕后,纳米坑形貌由长方形退化为典型的倒金字塔状,且纳米坑底部接近平坦。这种显著的形貌演化源于Ge沉积过程中的Si、Ge原子共同朝向低能量的$\{11n\}$面迁移。当Ge沉积量增至3.0 ML时,Ge量超过由2D层状到3D岛状的S-K自组织生长模式的临界厚度,形成了2个空间上近邻的沿Si$\langle110\rangle$晶向排列的金字塔状Ge纳米岛,侧壁晶面为$\{107\}$面。当Ge沉积量增至3.6 ML时,两个纳米岛尺寸增大,空间上交叠程度增加,同时晶面由$\{107\}$演化为$\{105\}$面。Ge量进一步增至4.0 ML时,两个Ge纳米岛完全重叠融合为一个沿着Si$\langle110\rangle$方向拉伸的大尺寸纳米岛。图5.18(e)为对应(a)~(d)中箭头连线的高度轮廓图,从图中可以看到两个纳米岛的成核位置与(a)图中2.4 ML的Ge沉积完毕后的平区域的边界精确对应。这与该处的局域表面势最低有关。此外,两个近邻的纳米岛尺寸呈现一大一小的不对称特征,这可能与纳米坑在制备过程中的几何形状不对称性有关。

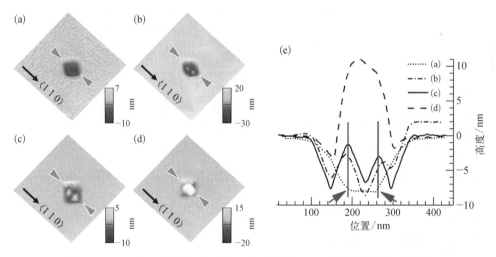

图5.18 r=3的Si纳米坑内不同Ge沉积量的双Ge纳米岛结构生长结果
(a) 2.4 ML;(b) 3.0 ML;(c) 3.6 ML;(d) 4.0 ML;(e) 为对应于(a)~(d)中箭头连线的高度轮廓图

进一步研究表明,通过调控纳米坑的拉伸比r,可以精确调控双纳米岛之间的间距。同时,通过基于俄歇能谱元素分析扫描成像技术对双Ge纳米岛的平均组分进行表征,观察到双纳米岛内的平均 Ge 组分在 30%~35%。与基于纳米层析成像技术等其他表征手段所报道的图形 Si 纳米坑衬底上的 Ge 纳米岛的平均组分基本一致(Zhang et al.,2010)。

5.2.3 多硅锗纳米岛耦合结构

除单双纳米岛结构外,通过在 Si 衬底上设计具有特定形貌的纳米尺度几何结构,结合 Si、Ge 外延参数控制,还可以实现空间上近邻耦合的多纳米岛复杂结构。图 5.19 是在二维有序 Si 纳米岛图形衬底上获得的四 Ge 纳米岛耦合结构的生长结果(Lei et al.,2014),采用直径为 220 nm 的自组织纳米球刻蚀技术生成图形掩膜,并进一步通过反应离子刻蚀减小纳米球直径,刻蚀 Si 衬底,将二维周期转移到 Si 衬底上。去除纳米球后,获得周期为 220 nm 的二维有序 Si 纳米岛图形衬底,Si 纳米岛的平均高度约 22 nm,如图 5.19(a)所示。在 H 原子脱附完成后,首先在 360 ℃以 0.3 Å/s 的速度生长了 50 nm 的 Si 缓冲层。缓冲层生长完毕后,纳米岛形状退化为接近被水平截断的金字塔形[图 5.19(b)],包含四个{1 1 n}晶面,同时纳米岛的高度也显著下降到 5 nm 左右。缓冲层生长完毕后,在 400~480 ℃均匀变温

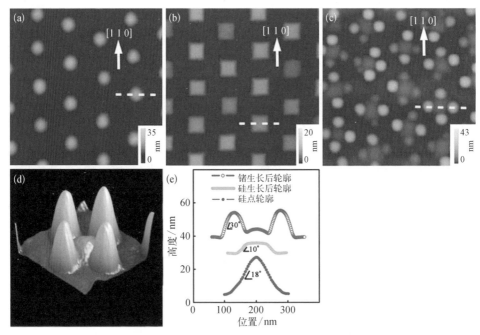

图 5.19　四 Ge 纳米岛耦合结构的生长结果

(a)制备完毕的二维有序 Si 纳米岛图形衬底,周期为 220 nm;(b)50 nm Si 缓冲层外延完毕后的表面形貌图;(c)5 ML 的 Ge 外延完毕后的形貌图;(d)单个四 Ge 纳米岛耦合结构三维形貌图;(e)为对应(a)~(c)中黄色虚线的高度轮廓图

的过程中以 0.05 Å/s 的沉积速率外延 5 ML 的 Ge，Ge 生长完毕后立即降温。从图 5.19(c)可以看出，Ge 沉积完毕后，在截断金字塔的顶部四个面的位置分别形成了 4 个 Ge 纳米岛，纳米岛尺寸整体一致，个别纳米岛尺寸较小。图 5.19(d)给出了单个四 Ge 纳米岛耦合结构三维形貌图，其对应的高度轮廓图进一步在图 5.19(e)中给出。可以看出，四个 Ge 纳米岛的成核位置与截断金字塔的四个面呈现精确的对应关系，这种对应关系表明，除采用纳米坑外，采用凸起的几何结构也可以精确实现 Ge 纳米岛的定位生长，并可实现对纳米岛的分布进行调控。

为进一步理解凸起纳米岛结构上的 Ge 纳米岛选择性优先成核行为，对单个 Si 纳米岛周围的二维表面化学势分布进行了相关计算，如图 5.20(a)所示。可以看出，在纳米岛的周围的四个 {1 1 n} 晶面中间位置处存在 4 个表面化学势的最小值。图 5.21(b)给出了一维化学势分布和高度分布的对应关系，从图中可以看出，表面化学势的最小值位置与纳米岛的成核位置精确对应，即采用凸起 Si 纳米结构也具有灵活调控 Ge 纳米岛生长的能力。且通过调控纳米岛的尺寸和周期，更易于实现空间上近邻耦合的多 Ge 纳米岛复杂结构。

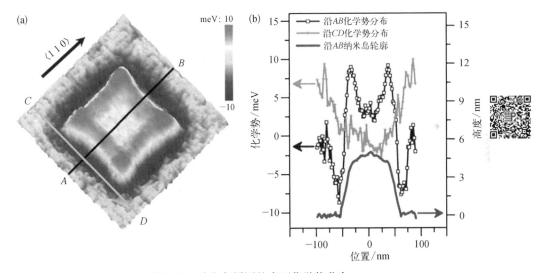

图 5.20　纳米岛周围的表面化学势分布

(a) 单个 Si 纳米岛周围的表面化学势分布(195 nm×195 nm)；(b) 沿图(a)中 AB 和 CD 线的表面化学势分布图及沿 AB 线的高度轮廓图

5.3　其他硅锗低维纳米结构生长控制

5.1 节和 5.2 节中充分讨论了 Si 衬底表面图形结构对 Ge 吸附原子的表面迁移和 Ge 纳米岛选区优先成核行为的关联规律，并从表面化学势的角度对其优先成核机制进行阐释。得益于这种良好的操控特性,可以实现具有各种空间排布特征的 Ge 纳米岛结构。实际上,进一步研究发现,除优先成核特性以外,在具有更复杂几何或材料结构的图形衬底上,Ge 吸附原子还表现出更奇异的迁移与形貌演化行为,可以获得环状、围栏状等复杂 Ge 纳米结构,为进一步研究其物理性质及器件应用开辟了新的材料基础。

5.3.1　有序排布硅锗纳米环

在平 Si 衬底上生长的随机排布 Ge 纳米岛阵列的生长研究中,观察到了 Ge 纳米岛生长完毕后,若立即原位在高温下进一步沉积薄的 Si 覆盖层,将触发 Ge 纳米岛发生显著的形貌演化,Ge 原子外扩并与 Si 原子进一步互混,形成环状的 GeSi 合金纳米结构(Cui et al., 2003)。这种纳米环仍然呈现随机无序排布、尺寸涨落大、形貌一致性差等特点。基于类似的生长过程,采用有序 Si 纳米坑图形衬底,在获得有序 Ge 纳米岛的基础上,将其作为种子层,进一步沉积薄层 Si 覆盖层,可以获得形貌一致性显著改善的有序排布 Ge 纳米环阵列(Ma et al., 2011),如图 5.21 所示。

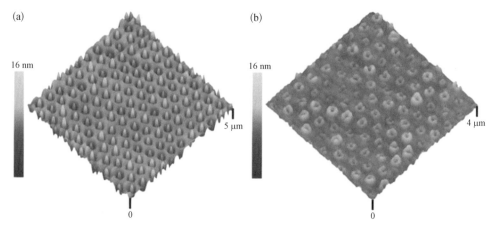

图 5.21　有序 Ge 纳米岛和有序 Ge 纳米环的三维形貌图

(a) 430 nm 周期双层堆叠的有序 Ge 纳米岛形貌图;(b) 进一步沉积 3 nm Si 覆盖层后获得的有序 Ge 纳米环形貌图

典型的生长过程与 5.1 节中有序 Si 纳米坑图形衬底上生长有序 Ge 纳米岛的过程基本类似。图 5.21 的生长采用了基于自组织纳米球刻蚀技术制备的周期为 430 nm 的有序纳米坑图形衬底。典型纳米坑宽度和高度分别为 90 nm 和 40 nm,且纳米坑呈现由四个{1 1 1}面组成的倒金字塔状。在经过 RCA 清洗、H 原子脱附等步骤后,首先以 0.5 Å/s 的速度在 400~500 ℃均匀变温的过程中生长 130 nm 的 Si 缓冲层。之后以 0.06 Å/s 的速度在 500~640 ℃均匀变温的过程中沉积 5 ML 的 Ge,并进一步在 640 ℃沉积 7 ML 的 Ge,获得第一层有序排布 Ge 纳米岛阵列。然后衬底温度降回 500 ℃,并在 500~640 ℃均匀变温的过程中再次沉积 8 ML 的 Ge,获得第二层有序排布 Ge 纳米岛阵列,其形貌如图 5.21(a)所示。在第二层 Ge 沉积完毕后,衬底温度保持不变,并立即原位沉积 3 nm 的 Si 覆盖层,覆盖层沉积完毕后样品立即降至室温。对样品的表面形貌测试发现,第二层 Ge 沉积完毕后获得的二维有序 Ge 纳米岛阵列演化为二维有序排布的纳米环结构,如图 5.21(b)所示。可以看出,相较于随机排布的 Ge 纳米环结构,有序性和形貌一致性显著改善。其形貌演化机制与平 Si 衬底上的 GeSi 合金纳米环结构基本一致(Cui et al., 2003)。

由于 Ge 纳米岛到纳米环的形貌演化过程产生于高温 Si 覆盖层的沉积过程中,因此,通过逐步增加 Si 覆盖层的沉积厚度,可以追踪研究其形貌演化过程,有助于理解其形貌演化行为。图 5.22(a)~(d)分别为在 610 ℃下沉积 1.5 nm、2 nm、3 nm、4 nm Si 覆盖层的 Ge 纳米环的形貌。在 Si 覆盖层厚度不超过 2 nm

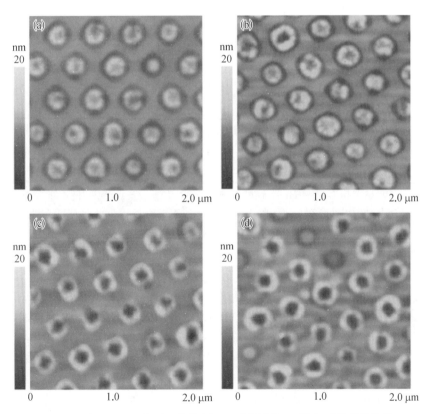

图 5.22 在 610 ℃下沉积不同厚度 Si 覆盖层的 Ge 纳米环的形貌演化

(a) 1.5 nm;(b) 2.0 nm;(c) 3.0 nm;(d) 4.0 nm

的情形下,Ge 纳米岛的顶部出现凹陷,表面发生了 Ge 原子的外迁和 Si－Ge 的互混,但仅有少量 Ge 纳米岛完成了形貌演化,转化为较为完整的纳米环。当 Si 覆盖层厚度为 3 nm 时,Ge 纳米岛完成了形貌演化,形成了较为均一的完整的纳米环阵列。而当 Si 覆盖层厚度增至 4 nm 时,有部分纳米岛已经进一步演化,重新退化为岛状,但高度显著降低,接近平坦。推测 Ge 原子的外迁和 Si－Ge 互混过度,使得部分纳米岛内的 Ge 原子外迁至周围平坦区域的 SiGe 合金浸润层中。这种十分奇特的 Ge－Si 原子迁移和互混过程,一方面可以被充分利用于调控 SiGe 纳米结构的形貌和组分,另一方面,也有助于进一步加深对原子在高温下的动力学行为的理解。

5.3.2　硅锗纳米岛围栏

　　研究发现,在具有数百纳米直径的有序排布 Si 圆柱表面外延 Ge,可以获得有序 Ge 纳米岛围栏、纳米环、大尺寸纳米岛等特定可控外延纳米结构,进一步拓展了 Si 基 Ge 纳米结构可控生长的应用范围。

　　图 5.23(a)和(b)分别为在周期为 600 nm 和 400 nm 的有序 Si 纳米柱图形衬底表面以 0.6 Å/s 的沉积速率和 430~480 ℃的均匀升温方式沉积 50 nm 厚的 Si 缓冲层后的图形形貌(Zhou et al., 2014)。有序纳米柱图形衬底采用电子束光刻和反应离子刻蚀在 Si(0 0 1)衬底表面制备获得,高度约 35 nm,其中,图 5.23(a)的 Si 纳米柱直径为 550 nm,而图 5.23(b)为 350 nm。从图 5.23(c)和(d)中缓冲层沉积前后的高度轮廓图对比可以看出,虽然缓冲层外延完毕后,纳米柱的侧壁均朝向 {1 1 n}晶面发生一定退化,但周期为 600 nm,温度为 550 ℃的纳米柱在缓冲层外延完毕后,纳米柱顶端外圈产生了一定的 Si 原子堆积,形成环状台阶。周期为 400 nm,温度为 350 ℃的样品则无此现象。图 5.24(a)~(c)为在类似缓冲层外延完毕的有序纳米柱图形衬底上,以 500~580 ℃均匀升温的方式外延 10 ML 的 Ge 的生长结果。Ge 沉积速率为 0.05 Å/s。其中图 5.24(a)和(b)的 Si 纳米柱周期为 600 nm,直径分别为 550 nm 和 450 nm。而 5.24(c)的 Si 纳米柱周期为 450 nm,直径为 350 nm。从这些表面三维形貌图可以清楚看到,(a)和(b)分别在纳米柱顶部的边缘形成 Ge 的合金纳米环和 4 个对称分布的 Ge 合金纳米岛结构。4 个对称分布的 Ge 纳米岛围成一个典型的围栏状结构。这些结果说明,纳米柱的顶端一圈的边沿是 Ge 纳米岛优先成核的位置。而(c)样品则是在纳米柱的顶端中心位置形成一个合金的 Ge 纳米岛,这说明 Ge 纳米岛的成核位置和成核行为与纳米柱的尺寸和周期有直接关系,这种对应关系通过表面化学势可以定量的进行解析。图 5.24(d)~(f)为对应(a)~(c)样品在 Si 缓冲层生长完毕后的表面化学势分布图,可以看到,对于样品(a),表面化学势的最小值分布在纳米柱顶端的一圈,而对于样品(b),最小值则出现在纳米柱顶端边沿对应[1 0 0]和[0 1 0]晶向的四个位置,这

些表面化学势分布与 Ge 纳米岛的成核位置精确对应。而对于样品(c),从(f)图可以看到,表面化学势最小值也出现在与(e)图类似的位置,但仔细观察可以看到,其化学势最小值呈现 4 重非连续的条状分布,与(e)图中连续分布的最小值区域存在明显区别。这种非连续的最小值分布与顶部形成{1 1 3}面有关,且纳米柱直径越小,{1 1 3}面越大。因此,对于 350 nm 直径的纳米柱,由于化学势最小值的区域十分小,因此在柱的顶端中心形成一个 Ge 纳米岛的成核。

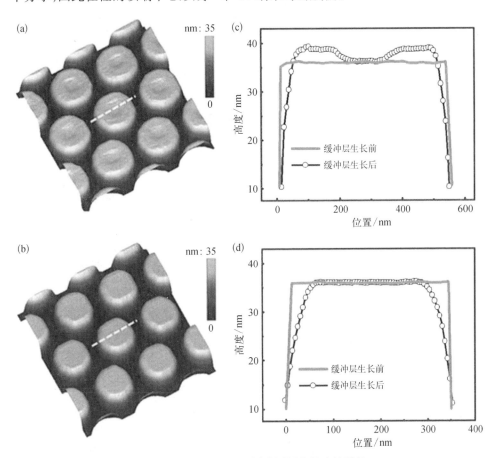

图 5.23 沉积 50 nm Si 缓冲层厚的纳米柱结构

(a)和(b)分别为 600 nm 及 400 nm 周期纳米柱的三维 AFM 形貌图;(c)和(d)分别为对应于(a)、(b)中白色虚线的高度轮廓,缓冲层生长前的高度轮廓也一并给出

除电子束光刻技术外,在采用纳米球刻蚀等其他更低成本、大面积的图形制备技术制备的纳米柱衬底上,也可以实现类似的 Ge 纳米岛围栏、纳米环等生长结果(Wang et al.,2016;Jiang et al.,2016b)。这些结果表明,采用 Si 纳米柱衬底也是实现多种复杂 Ge 纳米岛结构可控生长的一种可靠技术途径。

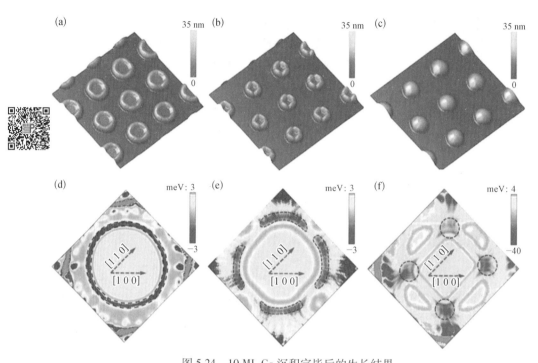

图 5.24　10 ML Ge 沉积完毕后的生长结果

（a）~（c）分别对应周期 600 nm 直径 550 nm、周期 600 nm 直径 450 nm 和周期 450 nm 直径 350 nm 的纳米柱图形衬底生长完毕后的表面三维形貌图；（d）~（f）为对应于（a）~（c）衬底 Si 缓冲层生长完毕后的表面化学势分布图

5.3.3　同轴硅锗量子阱

在 Si 纳米柱图形衬底上，通过调控纳米柱的直径、高度等结构参量，结合 Ge 外延工艺参数调控，还可实现同轴 SiGe 合金量子阱纳米柱结构（Wu et al., 2014；Jiang et al., 2016a），可以在光学特性改善等方面发挥一定作用。

图 5.25（a）和（b）分别为有序 Si 纳米柱及在其上外延获得的 SiGe 合金同轴量子阱的 SEM 照片。有序纳米柱采用金属辅助化学刻蚀方法制备（Wu et al., 2014），周期为 500 nm，平均直径约 125 nm，高度约 1.3 μm。其基本过程是在 Si（0 0 1）衬底表面采用聚苯乙烯纳米小球的自组装特性形成有序排布掩膜，通过沉积金属和化学腐蚀，将有序图形转移至 Si 衬底，形成有序纳米柱阵列。最后采用化学方法去除残余金属和纳米小球，获得洁净的有序排布 Si 纳米柱阵列。从图 5.26（a）可以看出，纳米柱阵列呈现六角排布，柱子本身呈现圆柱状，侧壁无明显晶面。经过标准 RCA 工艺清洗、H 原子脱附处理后，首先以 500 ℃ 在该图形衬底上外延一定厚度的 Si 缓冲层，其次沉积约 5 nm 厚的 $Si_{0.55}Ge_{0.45}$ 合金层，最后在 430 ~ 500 ℃ 变温的过程中一步沉积一定厚度的 Si 覆盖层。为了使 Si、Ge 原子更充分地

在纳米柱的侧壁表面上沉积,生长的过程中衬底采用 20° 倾斜的方式,并同时以约 5 r/min 的速率进行旋转,以保证外延的均匀性。

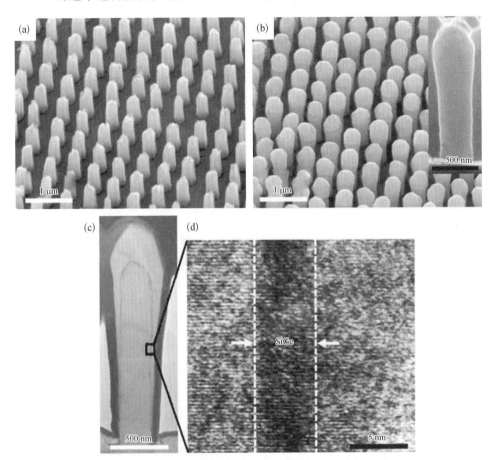

图 5.25 Si 纳米柱及 SiGe 合金同轴量子阱的 SEM 照片

(a)采用金属辅助化学刻蚀方法制备的有序 Si 纳米柱阵列;(b)Si 缓冲层和 SiGe 同轴量子阱层生长完毕后;(c)单根同轴量子阱纳米柱的截面 TEM 照片;(d)量子阱位置的放大 TEM 照片

　　从图 5.25(b)上可以看出,所获得的有序 SiGe 同轴量子阱纳米柱结构整体呈现顶端较粗的特征,这可能与生长过程中,Si、Ge 原子更容易在有序 Si 纳米柱阵列的顶端附近沉积并结晶有关。图 5.25(c)为单根同轴量子阱纳米柱的截面 TEM 照片,从该图可以更清晰地看到,生长后获得了顶端较粗的同轴 Si/SiGe/Si 量子阱结构,且受结构沿纳米柱方向的不对称性影响,量子阱的 SiGe 势阱层越靠近顶端越厚,越靠近底部越薄。图 5.25(d)给出了纳米柱半高度位置处量子阱位置的放大 TEM 照片。可以进一步清晰地看到该同轴量子阱的精细结构。

　　针对该 Si/SiGe/Si 有序排布同轴量子阱光荧光特性的测试研究表明,其荧光强度相较于平 Si 衬底上同样参数生长的量子阱样品有显著提升,且其荧光光谱呈现由多个子峰组成的多峰结构(Wu et al., 2014)。深入的分析表明,该荧光增强效应及多峰特性与有序排布的周期性纳米柱的光学米氏共振效应有关。

该研究工作表明,纳米柱等具有高深宽比的 Si 图形结构,是获得同轴合金结构、复杂量子阱等特定纳米结构的一种有效途径。结合纳米柱的有序排布特性,将为光学共振增强、高量子效率注入等物理性质研究开辟新的技术途径。

5.4　本 章 小 结

本章全面介绍了 Si 图形衬底上硅锗合金纳米结构的可控外延生长研究进展,包括一维、二维、三维有序硅锗纳米岛,对有序周期、生长温度等工艺参数的调控及其影响进行了分析,并对有序硅锗纳米岛的组分及应变分布进行了深入探讨。还详细介绍了单纳米岛、耦合双岛及多岛等特殊硅锗合金纳米结构的先进形貌控制结果。在此基础上,讨论在纳米坑、纳米柱等结构上的有序纳米环、纳米岛围栏、同轴量子阱等复杂合金纳米结构的可控生长结果。在接下来的第 6 章中将进一步详细介绍 Si 斜切衬底表面的硅锗可控外延生长的研究进展。

参 考 文 献

Bergamaschini R, Montalenti F, Miglio L. 2010. Optimal growth conditions for selective Ge islands positioning on pit-patterned Si (0 0 1)[J]. Nanoscale Research Letters, 5(12): 1873 – 1877.

Bollani M, Bonera E, Chrastina D, et al. 2010. Ordered arrays of SiGe islands from low-energy PECVD [J]. Nanoscale Research Letters, 5(12): 11671.

Capellini G, Seta M D, Spinella C, et al. 2003. Ordering self-assembled islands without substrate patterning[J]. Applied Physics Letters, 82(11): 1772 – 1774.

Chen Y R, Kuan C H, Suen Y W, et al. 2008. High-density one-dimensional well-aligned germanium quantum dots on a nanoridge array[J]. Applied Physics Letters, 93(8): 083101.

Cui J, He Q, Jiang X M, et al. 2003. Self-assembled SiGe quantum rings grown on Si (0 0 1) by molecular beam epitaxy[J]. Applied Physics Letters, 83(14): 2907 – 2909.

Dais C, Solak H H, Müller E, et al. 2008. Impact of template variations on shape and arrangement of Si/Ge quantum dot arrays[J]. Applied Physics Letters, 92(14): 143102.

Grutzmacher D, Fromherz T, Dais C, et al. 2007. Three-dimensional Si/Ge quantum dot crystals[J]. Nano Letters, 7(10): 3150 – 3156.

Grydlik M, Brehm M, Hackl F, et al. 2013. Unrolling the evolution kinetics of ordered SiGe islands via Ge surface diffusion[J]. Physical Review B, 88(11): 115311.

Jiang Y, Huang S, Zhu Z, et al. 2016. Fabrication and photoluminescence study of large-area ordered and size-controlled GeSi multi-quantum-well nanopillar arrays [J]. Nanoscale Research Letters,

11(1): 102.

Jiang Y, Mo D, Hu X, et al. 2016b. Investigation on Ge surface diffusion via growing Ge quantum dots on top of Si pillars[J]. AIP Advances, 6(8): 085120.

Jin G, Liu J L, Thomas S G, et al. 1999. Controlled arrangement of self-organized Ge islands on patterned Si (0 0 1) substrates[J]. Applied Physics Letters, 75(18): 2752 – 2754.

Jin G, Liu J L, Wang K L. 2003. Temperature effect on the formation of uniform self-assembled Ge dots [J]. Applied Physics Letters, 83(14): 2847 – 2849.

Kar G S, Kiravittaya S, Stoffel M, et al. 2004. Material distribution across the interface of random and ordered island arrays[J]. Physical Review Letters, 93(24): 246103.

Lei H, Zhou T, Wang S, et al. 2014. Large-area ordered Ge-Si compound quantum dot molecules on dot-patterned Si (0 0 1) substrates[J]. Nanotechnology, 25(34): 345301.

Ma Y, Cui J, Fan Y, et al. 2011. Ordered GeSi nanorings grown on patterned Si (0 0 1) substrates [J]. Nanoscale Research Letters, 6(1): 205.

Ma Y, Huang S, Zeng C, et al. 2014a. Towards controllable growth of self-assembled SiGe single and double quantum dot nanostructures[J]. Nanoscale, 6(8): 3941 – 3948.

Ma Y J, Zeng C, Zhou T, et al. 2014b. Ordering of low-density Ge quantum dot on patterned Si substrate[J]. Journal of Physics D: Applied Physics, 47(48): 485303.

Ma Y J, Zhong Z, Lv Q, et al. 2012. Formation of coupled three-dimensional GeSi quantum dot crystals [J]. Applied Physics Letters, 100(15): 153113.

Ma Y J, Zhong Z, Yang X J, et al. 2013. Factors influencing epitaxial growth of three-dimensional Ge quantum dot crystals on pit-patterned Si substrate[J]. Nanotechnology, 24(1): 015304.

Solomon G S, Trezza J A, Marshall A F, et al. 1996. Vertically aligned and electronically coupled growth induced InAs islands in GaAs[J]. Physical Review Letters, 76(6): 952.

Wang S, Zhou T, Li D, et al. 2016. Evolution and engineering of precisely controlled Ge nanostructures on scalable array of ordered Si nano-pillars[J]. Scientific Reports, 6: 28872.

Wu Z, Lei H, Zhou T, et al. 2014. Fabrication and characterization of SiGe coaxial quantum wells on ordered Si nanopillars[J]. Nanotechnology, 25(5): 055204.

Xiang Q, Li S, Wang D, et al. 1996. Interfacet mass transport and facet evolution in selective epitaxial growth of Si by gas source molecular beam epitaxy[J]. Journal of Vacuum Science & Technology B: Microelectronics and Nanometer Structures Processing, Measurement, and Phenomena, 14(3): 2381 – 2386.

Zhang J J, Hrauda N, Groiss H, et al. 2010a. Strain engineering in Si via closely stacked, site-controlled SiGe islands[J]. Applied Physics Letters, 96(19): 193101.

Zhang J J, Montalenti F, Rastelli A, et al. 2010b. Collective shape oscillations of SiGe islands on pit-patterned Si (0 0 1) substrates: A coherent-growth strategy enabled by self-regulated intermixing[J]. Physical Review Letters, 105(16): 166102.

Zhang J, Rastelli A, Schmidt O G, et al. 2010c. Compositional evolution of SiGe islands on patterned Si (0 0 1) substrates[J]. Applied Physics Letters, 97(20): 203103.

Zhong Z, Bauer G. 2004. Site-controlled and size-homogeneous Ge islands on prepatterned Si (0 0 1) substrates[J]. Applied Physics Letters, 84(11): 1922 – 1924.

Zhong Z, Halilovic A, Mühlberger M, et al. 2003a. Ge island formation on stripe-patterned Si (0 0 1) substrates[J]. Applied Physics Letters, 82(3): 445 – 447.

Zhong Z, Halilovic A, Mühlberger M, et al. 2003b. Positioning of self-assembled Ge islands on stripe-patterned Si (0 0 1) substrates[J]. Journal of Applied Physics, 93(10): 6258 – 6264.

Zhong Z, Schmidt O G, Bauer G. 2005. Increase of island density via formation of secondary ordered islands on pit-patterned Si (0 0 1) substrates[J]. Applied Physics Letters, 87(13): 133111.

Zhong Z, Schwinger W, Schäffler F, et al. 2007. Delayed plastic relaxation on patterned Si substrates: Coherent SiGe pyramids with dominant {1 1 1} facets [J]. Physical Review Letters, 98 (17): 176102.

Zhou T, Zeng C, Ma Q, et al. 2014. Controlled formation of GeSi nanostructures on periodic Si (0 0 1) sub-micro pillars[J]. Nanoscale, 6(8): 3925 – 3929.

第 6 章　斜切 Si 衬底上硅锗可控外延生长

斜切 Si 衬底上硅锗低维结构的可控外延生长是近几年来硅锗异质外延研究的一个热点。相对于常规平 Si（0 0 1）衬底，斜切 Si 衬底表面的周期性原子台阶微结构为硅锗纳米结构的可控外延生长提供了新的外延生长参数。斜切 Si 衬底上低维硅锗纳米结构的自组织外延生长与平衬底或图形 Si 衬底上的情况有所不同。从热力学的角度，不同斜切 Si 衬底表面的浸润层具有不同的表面能，其上成核的三维硅锗纳米结构具有不同的应变弛豫；从动力学的角度，斜切 Si 衬底表面的原子台阶密度和类型等对外延沉积 Si/Ge 原子的表面迁移具有重要的影响。因而，斜切 Si 衬底上硅锗纳米结构的生长更加复杂。

前一章已经对图形 Si 衬底上硅锗米结构的可控外延生长进行了详细介绍，本章将重点介绍斜切 Si 衬底上的硅锗量子点和纳米线的可控外延生长，具体将依次介绍〈1 1 0〉方向斜切 Si 衬底上硅锗量子点的可控生长、斜切 Si（1 1 10）衬底上纳米线的可控生长和〈1 0 0〉方向斜切 Si 衬底上硅锗纳米线的可控生长，并从热力学和动力学的角度解释斜切偏角对硅锗纳米结构外延生长的影响。

6.1　〈1 1 0〉方向斜切 Si 衬底上硅锗量子点的可控生长

相对于图形化衬底，平衬底上量子点的尺寸、密度、形状和位置等较难调控。例如，通过低温生长或在 Si 表面引入杂质原子可以改变 Ge 原子的迁移率，实现高密度量子点的生长，但该方法得到的量子点缺陷比较多，其光电特性不佳；通过对生长条件的严格控制，可以获得尺寸较为均匀的量子点，但该方法生长条件过于苛刻，难以广泛推广；通过调控 SiGe 合金组分可以改变应力场，进而调控量子点的成核，但是其空间分布周期性较差。生长温度、SiGe 沉积量和 SiGe 组分是目前实现平衬底上 SiGe 量子点可控生长的主要因素。斜切偏角的引入可以为平衬底上量子点的生长提供有效的可控途径。以下，将介绍沿〈1 1 0〉方向斜切 Si 衬底上，偏角大小对硅锗量子点的可控生长。

6.1.1　斜切偏角大小对硅锗量子点密度的影响

T. Zhou 等系统研究了沿〈1 1 0〉方向斜切 0.2°、2°、4° 和 6° 的 Si（0 0 1）衬底 [即 Si（0 0 1）/〈1 1 0〉θ，其中 θ 代表偏角大小] 上 SiGe 量子点的成核行为（Zhou et al., 2014)。斜切 Si 衬底经过化学清洗和高温预处理后,在 500 ℃ 下,以 0.6 Å/s 生长速率生长 100 nm 的 Si 缓冲层。在此生长条件下,台阶束的形成可以被很好地抑制,进而获得平整的表面。之后再将衬底温度加热到 560 ℃,将一层 Ge 含量为 70% 的 SiGe 合金层沉积在 Si 缓冲层上。图 6.1 为生长 1.8 nm $Si_{0.3}Ge_{0.7}$ 合金层后衬底表面的 AFM 形貌。从中可以看出,斜切衬底上的 SiGe 量子点的形状为不对称的金字塔形。这一点在前面章节中有所讨论。除此之外,不同偏角的斜切衬底上量子点的成核密度有很大的差异。对于 Si(0 0 1)/⟨1 1 0⟩0.2°衬底,1 μm×1 μm 的区域内只有几个稀疏的量子点;当斜切偏角增加到 2°时,量子点的密度提高了一个数量级,达到了 $10^2/μm^2$;当斜切偏角增加到 4°及以上时,量子点的密度得到了进一步的提高,并且覆盖了整个斜切衬底表面。

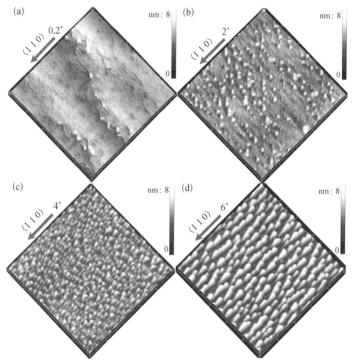

图 6.1　在 Si(0 0 1)/⟨1 1 0⟩ $θ$ 上沉积 1.8 nm
$Si_{0.3}Ge_{0.7}$ 合金层后的 AFM 图(Zhou et al., 2014)

(a) $θ$=0.2°;(b) $θ$=2°;(c) $θ$=4°;(d) $θ$=6°;箭头所指为斜切方向;AFM 形貌图尺寸为 1 μm×1 μm

图 6.2 分别为 Si(0 0 1)/⟨1 1 0⟩ 2°和 Si(0 0 1)/⟨1 1 0⟩ 6°上沉积 1 nm $Si_{0.3}Ge_{0.7}$ 合金层后的 AFM 形貌图。从中可以看出,在 Si(0 0 1)/⟨1 1 0⟩ 2°衬底上,没有量子点成核,而对于 Si(0 0 1)/⟨1 1 0⟩ 6°衬底,其上面的量子点密度则非常

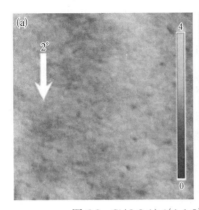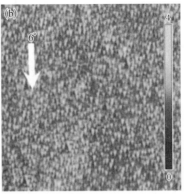

图 6.2　Si(0 0 1)/〈1 1 0〉θ 上沉积 1 nm $Si_{0.3}Ge_{0.7}$
合金层后的 AFM 图(Zhou et al., 2014)

(a) θ=2°;(b) θ=6°;白色箭头所指为斜切方向;AFM 形貌图尺寸为 1 μm×1 μm

高。图 6.3 系统地分析了斜切衬底上量子点密度随衬底偏角和沉积 $Si_{0.3}Ge_{0.7}$ 合金量的变化关系。从图中可以清楚地看出,随着斜切 Si 衬底偏角的增大,量子点密度呈现三个数量级的提高。通过在 Si(0 0 1)/〈1 1 0〉6° 衬底外延 1 nm $Si_{0.3}Ge_{0.7}$ 合金,甚至实现了约 $2×10^{11}/cm^2$ 的超高密度量子点。另外,当 $Si_{0.3}Ge_{0.7}$ 合金的沉积量由 1.6 nm 增加到 1.8 nm 时,Si(0 0 1)/〈1 1 0〉6° 衬底上量子点的密度会有所下降。这主要是因为随着 SiGe 合金外延量的增加,相邻的量子点将合并为大体积的量子点,从而导致其密度下降。量子点密度与衬底偏角和沉积量的关系表明,通过优化斜切偏角和生长条件,可以获得更高密度的量子点。

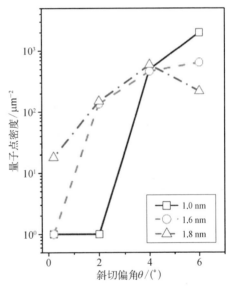

图 6.3　斜切 Si 衬底上量子点密度随衬底偏角和沉积 SiGe 量的变化关系(Zhou et al., 2014)

6.1.2　斜切偏角大小对硅锗量子点生长模式的影响

图 6.4 给出了在不同 SiGe 合金沉积厚度下,量子点总体积(V_{QDs})和 SiGe 合金总沉积量(V_{all})的比值($p_h^θ = V_{QDs}/V_{all}$)与斜切偏角的关系。从图中可以明显地看到,该比值随斜切偏角的增加而显著地变大,这预示着,在高偏角的斜切衬底上,有更多的 SiGe 合金参与了量子点的成核,这一结果与平衬底上的情况显著不同。当

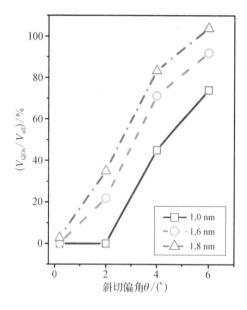

图 6.4　量子点总体积（V_{QDs}）和 SiGe 合金总沉积量（V_{all}）随衬底偏角和沉积 SiGe 量的变化关系（Zhou et al., 2014）

Si($0\,0\,1$)/$\langle 1\,1\,0 \rangle$ 6°上 SiGe 合金沉积量为 1 nm 和 1.6 nm 时，其对应的浸润层的厚度分别为 0.26 nm 和 0.13 nm。当 Si（$0\,0\,1$）/$\langle 1\,1\,0 \rangle$ 6°衬底沉积 1.8 nm 的 SiGe 合金时，p_h^θ 值接近 100%，这预示着在该偏角的斜切衬底上没有浸润层的存在。由此可见，随着 SiGe 合金沉积量的增多，浸润层的厚度将不断减小，直至消失。这一现象与 G. Chen 等（2012）在 Si（$1\,1\,10$）衬底上的研究结果相一致，其原因在于外延过程中的生长动力学的限制。当 SiGe 合金沉积量为 1.6 nm 时，通过比较不同偏角衬底上浸润层的厚度，发现 0.2°、2°、4° 和 6°偏角衬底上浸润层的厚度分别为 1.75 nm、1.17 nm、0.3 和 0 nm。这一结果说明，在 4°和 6°之间时存在一临界角度，使得 SiGe 外延的生长模式发生由 S－K 模式到 V－W 模式的转变。

6.1.3　斜切偏角大小对硅锗量子点空间分布的影响

T. Zhou 等报道了斜切偏角大小对 SiGe 量子点空间分布的影响（Zhou et al., 2016）。实验中采用衬底为沿$\langle 1\,1\,0 \rangle$方向斜切 2°、4°、8°和 16°偏角的衬底，记为 Si（$0\,0\,1$）/$\langle 1\,1\,0 \rangle$ θ，其具体生长条件为：Si 的沉积速率为 0.6 Å/s，Ge 的沉积速率为 0.05 Å/s；生长温度为 540 ℃；SiGe 层的沉积厚度为 13 ML，Ge 组分为 70%。图 6.5 展示了不同衬底上 SiGe 纳米结构的 AFM 形貌图。可以看出，随着斜切偏角由 2°增加到 16°，SiGe 纳米结构由非对称的类"金字塔"型量子点演化为"楔形"型纳米线，进而变为"穹顶"型量子点。斜切 8°以下衬底上 SiGe 纳米结构的生长，在之前的章节已有所讨论。

在 Si（$0\,0\,1$）/$\langle 1\,1\,0 \rangle$ 16°衬底上，由$\{1\,0\,5\}$面构成的"木屋"型或"金字塔"型量子点是不能形成的。因此，相对于小角度斜切衬底，Si（$0\,0\,1$）/$\langle 1\,1\,0 \rangle$ 16°衬底上的"穹顶"型量子点是直接形成的。更为重要的是，斜切衬底上 SiGe 纳米结构的空间分布与斜切偏角的大小有很大关联。为了更加直观地评估斜切偏角对量子点空间分布的影响，图 6.5 右上角展示了与形貌对应的二维快速傅里叶变换（FFT）。对于 2°衬底，由于量子点随机成核，因此其对应的 FFT 图是一个较宽的环；对于 4°衬底，高密度的量子点覆盖了整个衬底表面，其 FFT 图呈现出一

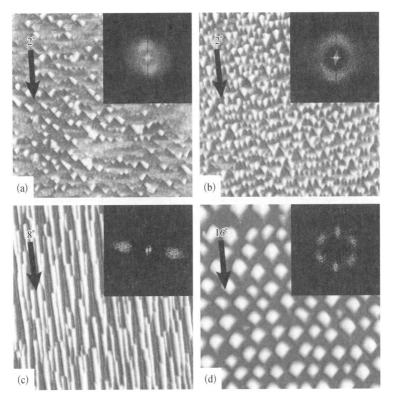

图 6.5　在 Si (0 0 1)/〈1 1 0〉 θ 上沉积 13 ML
Si$_{0.3}$Ge$_{0.7}$ 合金层后的 AFM 图(Zhou et al., 2016)

(a) $\theta=2°$;(b) $\theta=4°$;(c) $\theta=8°$;(d) $\theta=16°$。箭头所指为斜切方向;AFM 形貌
图尺寸为 1 μm×1 μm

个较窄的圆环,这说明量子点的空间分布比较均匀;对于 8° 衬底,横向并排的纳
米线沿着斜切方向延伸,其对应 FFT 图为两个对称的亮斑,这揭示出纳米线一维
周期分布的特点;Si(0 0 1)/〈1 1 0〉 16° 衬底上,量子点呈现出有序的六角密排
结构,其对应的 FFT 图展示出非常清晰的六角结构。综上,随着斜切偏角的增
加,SiGe 纳米结构的空间分布经历了从无序到一维有序再到二维有序的变化。
图 6.6 展示了沉积 5.5 ML SiGe 合金层前后的 AFM 图。从中可以看出,衬底表面
非常平坦,这说明 Si 缓冲层和 SiGe 合金层的外延并没有引起台阶束的形成,因
此,Si (0 0 1)/〈1 1 0〉 16° 衬底上有序量子点的形成并不是台阶束辅助的结果。
量子点之间的弹性能是决定量子点体系总能量的关键(Shchukin et al., 1995),
通过选择合适的斜切衬底偏角,可以使体系能量达到最小,从而实现量子点的有
序分布。

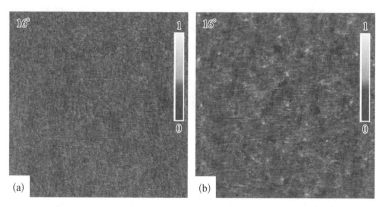

图 6.6　在 Si（0 0 1）/⟨1 1 0⟩ 16° 上 5.5 ML SiGe 合金层
沉积前后的 AFM 图（Zhou et al.，2016）

注：AFM 形貌图尺寸为 1 μm×1 μm

6.1.4　斜切 Si 衬底上硅锗量子点的外延机理

为了更加深入地理解斜切偏角对 SiGe 量子点外延过程的影响，T. Zhou 等基于 Tersoff 模型计算了斜切 Si 衬底上量子点的形成能（Tersoff et al.，1994）。斜切 Si 衬底上量子点的基本结构如图 6.7（a）所示。类似平衬底上的情况，可以将斜切衬底上量子点的成核能表示为（Lu et al.，2005）

$$E = [\gamma_{105} S_{dot}(\theta) - \gamma(\theta) S(\theta)] - 6cV(\tan \alpha_1 + \tan \alpha_2)/2 \tag{6.1}$$

公式中前一部分为表面能的增加，后一部分则为应变弛豫能。$S_{dot}(\theta)$ 为组成量子点四个 {1 0 5} 面的总面积；$S(\theta)$ 为量子点底部的面积；α_1 和 α_2 为 {1 0 5} 面与斜切面的夹角；V 为量子点的体积。$\gamma_0 = 6\,130\ \mathrm{meV/nm^2}$ 为（0 0 1）面的表面能；$\gamma_{105} = 6\,140\ \mathrm{meV/nm^2}$ 为 {1 0 5} 对应的表面能；考虑台阶的形成能和极性排斥能时，可以把斜切衬底的表面能表示为（Shenoy et al.，2002）

$$\gamma(\theta) = \gamma_0 \cos \theta + \beta_1 \varepsilon \sin \theta + \beta_3 \frac{\sin^3 \theta}{\cos^2 \theta} \tag{6.2}$$

图 6.7（b）给出了不同斜切偏角（$\theta = 0.2°、2°、4°、6°$）衬底上 SiGe 量子点成核能随量子点体积的变化。从图中可以看出，斜切 Si 衬底上量子点的成核能与其斜切偏角有密切关系。图 6.7（c）为成核临界体积 V_c 与斜切偏角 θ 的关系，临界体积 V_c 随斜切偏角的增大不断的减小，特别是当斜切角度 $\theta >$ 约 4.5° 时，临界体积 V_c 将趋向于 0，这一现象说明，斜切 Si 衬底上只需要少量的原子即可克服成核能而形成量

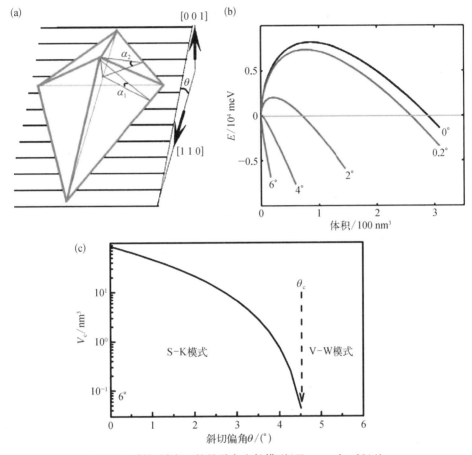

图 6.7　斜切衬底上的量子点生长模型(Zhou et al., 2014)

（a）斜切衬底上量子点的结构示意图；（b）不同偏角衬底上量子点形成能与其体积的依赖关系；
（c）不同偏角衬底上量子点的临界体积与斜切偏角的关系图

子点。在斜切偏角足够大时,SiGe 外延的生长模式将发生变化,即由 S－K 模式转变为 V－W 模式。

　　斜切衬底不仅对量子点生长的热力学过程有影响,而且对其动力学过程也有重要作用。从能量的角度,低密度的大量子点比等体积的高密度小量子点具有更低的能量。然而,在外延过程中量子点的成核还受原子表面迁移长度的影响,也就是说除热力学影响外,还要考虑动力学对自组织量子点的影响。基于高密度小量子点的优越光电特性,研究人员采用了多种方法来提高量子点的密度。低温生长和表面掺杂是常用的两种制备高密度量子点的方法(Bernardi et al.,2006)。低温生长和表面掺杂可以降低表面原子迁移长度,延缓量子点熟化过程,从而形成高密度量子点。但是,基于以上方法获得的量子点缺陷和杂质非常多,这极大地影响了其光电特性。斜切衬底表面原子台阶对 SiGe 外延动力学具有重要的影响,斜切 Si 衬底上,原子的迁移需要克服比平衬底上更大的能量障碍,其迁移长度将大大减小。通过对平衬底的斜切处理,衬底表面可以获得高密度的原子台阶。通过表面台阶对自组织的动力学影响,可以实现较高生长温度下高密度高质量的量子点生长。除对量子点密度的影响外,台阶所引起的动力学限制还将延缓量子点的成核,从而导致非热力学平衡状态下的浸润层,但浸润层将在生长过程中被形成的量子点消耗殆尽。通过优化生长条件,更高密度的无缺陷量子点是可以获得的。

6.2　斜切 Si(1 1 10)衬底上 硅锗纳米线的可控生长

半导体纳米线具有低维体系所特有的性质,诸如量子尺寸效应、表面积效应、量子隧穿效应、库仑阻塞效应和介电限域效应等。纳米线在量子输运、能量转化与存储及热电器件等方面有着重要的应用(Dasgupta et al., 2014)。为了实现纳米线在器件中的广泛应用,需要寻求一种行之有效的方法以实现对纳米线大小、形状、组分和排列的控制。最常见的纳米线制作方法为基于金属催化剂的气相-液相-固相(VLS)法(Wagner et al., 1964)。该方法虽然可以实现对纳米线的可控生长,但金属催化剂所引起的金属污染严重地影响了其应用。另外,该方法所得的纳米线垂直于衬底平面,不能与现有的器件整合技术相兼容,因此,在实际应用中还需要经过后续处理以将其放置于衬底平面内,但时至今日,还没有找到一种行之有效的适用于现有集成技术的方法。鉴于 VLS 方法所得纳米线的以上缺点,研究人员开始研究如何在无金属催化剂帮助下实现横向纳米线的生长。本书第 4 章中已经简要介绍,在 Si(0 0 1)朝向〈1 1 0〉偏 8°的衬底上,即斜切 Si(1 1 10)衬底上,沉积一定量的 Ge 原子可以得到沿〈1 1 0〉方向密排延伸的面内硅锗纳米线。本部分将全面介绍 Si(1 1 10)衬底上纳米线的可控外延实验进展.

6.2.1　硅锗纳米线初期形貌演化分析

P. D. Szkutnik 等系统研究了 Si(1 1 10)衬底上 Ge 的初期外延生长过程(Szkutnik et al., 2007)。图 6.8 为生长温度为 600 ℃时,不同 Ge 沉积量下 Si(1 1 10)衬底上 Ge 纳米结构的 STM 图。生长 Ge 前,Si(1 1 10)衬底表面主要是 Si 的 2×1再构;沉积 0.5 ML Ge 后,表面出现了 2×2 再构;沉积 1 ML Ge 后,2×2 再构覆盖了整个表面,并且在台阶的边缘有单原子聚集形成的链(chain);沉积 2 ML Ge 以后,D_B 台阶移动了两个晶格常数;沉积 3 ML 的 Ge 以后,出现了沿斜切方向延伸的域

(domain)。沉积4 ML 的 Ge 以后,部分域在垂直于 D_B 台阶的边缘形成{1 0 5}面。这些晶面沿斜切方向延伸,形成拉伸的波纹。

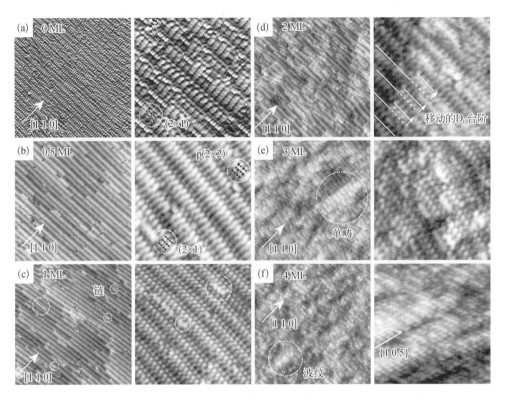

图 6.8　Si(1 1 10)衬底上的 Ge 初期生长过程(Szkutnik et al., 2007)

(a) 干净 Si(1 1 10)衬底表面的 STM 图;表面沉积(b) 0.5 ML,(c) 1 ML,(d) 2 ML,(e) 3 ML 和(f) 4 ML Ge 后的 STM 图;左图的扫描范围为 50×50 nm²,右图的扫描范围为 15×15 nm²,白色箭头指示的方向为斜切方向

Z. Zhong 等分析了 Si(1 1 10)衬底上 SiGe 纳米线的生长(Zhong et al., 2011)。图 6.9 为温度 560 ℃时,Si(1 1 10)衬底上沉积 0.8 nm Ge 后的 AFM 形貌图,从图中可以清晰地看到密排的 SiGe 纳米线,这些纳米线沿⟨110⟩方向延伸,如图中黑箭头所示,这与 P. D. Szkutnik 等的实验结果相符,右下角的高度图清晰地显示了纳米线的高度和宽度。SiGe 纳米线的高度和宽度统计结果分别为 0.84 ±0.28 nm 和 25.2±6.41 nm。这些纳米线的高宽比约为 0.03。结合 P. D. Szkutnik 等的结果,可以推测这些纳米线是由部分{1 0 5}晶面和 D_B 台阶构成的,低宽高比纳米线形成的主要原因是低温生长下的动力学限制。

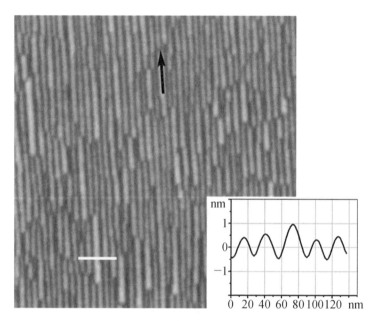

图 6.9　Si(1 1 10)衬底上的 SiGe 纳米线(Zhong et al., 2011)

温度 560 ℃时,Si (1 1 10) 衬底上淀积 0.8 nm Ge 后的 AFM 形貌图,扫描范
围为 1×1 μm²,黑色箭头指示的方向为斜切方向

6.2.2　沉积厚度和生长温度对硅锗纳米线生长的影响

图 6.10 所示为 Si(1 1 10)衬底上以不同生长条件沉积 Ge 以后的 AFM 形貌
图(Zhong et al., 2011)。由于 Ge 的沉积量充足,在图 6.10(a)~(c)中,除了形
成覆盖样品表面的密排纳米线之外,也形成了相对孤立的"谷仓"型岛。这些在
Si(1 1 10)斜切衬底上形成的"谷仓"型岛与在 Si(0 0 1)平衬底上形成的"谷仓"
型岛类似(Medeiros-Ribeiro et al., 1998)。在图 6.10(d)中显示,随着样品生长温
度的增长,纳米线的统计高度呈现减小的趋势,这种高度变化的趋势与温度决定的
Ge‐Si 互混程度有关。外延层和衬底之间的晶格失配导致的应力失配是通过三维
生长还是合金进行弛豫取决于 Ge‐Si 互混(Wagner et al., 2004)。在温度较低时,
Ge‐Si 互混可以忽略,因此失配应力主要通过三维岛状生长进行弛豫,从而导致形
成的纳米线高度较大;然而在较高的生长温度时,强烈的 Ge‐Si 互混可以有效释
放失配应力,因此,最终形成的纳米线高度较小。这个结果显示,纳米线的形成由
能量驱动,因而,要得到明显的纳米线,生长温度不能太高,生长温度以 500~600 ℃
为宜。

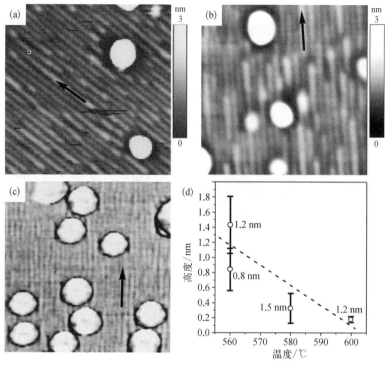

图 6.10　Si (1 1 10)衬底上淀积 Ge 以后的 AFM
形貌图(1×1 μm²)(Zhong et al., 2011)

(a) 560 ℃下沉积 1.2 nm 的 Ge;(b) 580 ℃下沉积 1.5 nm 的 Ge;(c) 600 ℃下沉积
1.2 nm 的 Ge;(d) 生长温度与纳米线高度关系图

6.2.3　组分对硅锗纳米线生长的影响

组分是影响 SiGe 纳米结构的重要因素之一。通过调控 SiGe 纳米结构的组分,可以实现对其应力的调控,进而影响纳米结构的自组织过程。G. Chen 等研究了在 Si(1 1 10)表面生长低 Ge 组分的 $Si_{0.8}Ge_{0.2}$ 纳米波纹(Chen et al., 2010),其具体生长条件为:生长温度 650 ℃下,以 0.012 nm/s 的速率生长一层 Ge 组分为 0.8 的合金层,合金层的厚度在 30 ML 到 1250 ML。图 6.11 为 Ge 的沉积量为 100 ML 时,$Si_{0.8}Ge_{0.2}$ 纳米线的 AFM 俯视图及三维图,从图中可以看出,波纹结构沿〈5 5 1〉方向,波纹周期大约为 200 nm,波纹的侧面由{1 0 5}面构成。

G. Chen 等还研究了不同沉积量下 $Si_{0.8}Ge_{0.2}$ 纳米线的形貌演化。图 6.12(a)~(d)展示了 $Si_{0.8}Ge_{0.2}$ 沉积量为 30 ML 到 1 250 ML 情况下,衬底表面的 AFM 形貌图,其中 $Si_{0.8}Ge_{0.2}$ 沉积量在图中已有标注。当沉积量为 30 ML 时,纳米线已经初步形成,但其剖面轮廓为半圆形而不是三角形。这说明,在低 $Si_{0.8}Ge_{0.2}$ 沉积量下,纳米线并没有形成完好的晶面,这一点与高 Ge 组分纳米线的情况一致,基于 FFT 分析

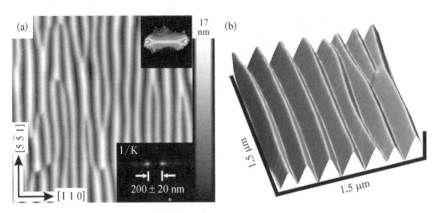

图 6.11　Ge 的淀积量为 100 ML 时,$Si_{0.8}Ge_{0.2}$纳米线的
AFM 俯视图及三维图(Chen et al., 2010)

得到的纳米线周期为 165±30 nm。当沉积量为 62 ML 时,纳米线的剖面轮廓变为三角形,说明此时纳米线具有较好的晶面,并且其周期增加到 180±20 nm。当沉积量增加到 320 ML 时,纳米线的基本特性将更加明显。当沉积量增加到 1 250 ML 时,合金薄膜中出现了明显的缺陷,并且这些缺陷的方向是垂直于纳米线延伸方向的。图 6.12(e)展示了纳米线平均宽度随 $Si_{0.8}Ge_{0.2}$沉积量变化的关系。从中可以明显地看出,纳米线的宽度随 $Si_{0.8}Ge_{0.2}$沉积量的增加单调的增加。图 6.12(f)展示了沉积量为 320 ML 时纳米线的 TEM 图,可以看出,纳米线的平均高度为 16±2 nm,纳米线底部浸润层的厚度为 40 nm。由于纳米线的截面为三角形,因此纳米线的总体积相当于 8.0 nm 厚的 $Si_{0.8}Ge_{0.2}$薄膜。

　　另外,G. Chen 等利用 X 射线衍射法研究了所得 $Si_{0.8}Ge_{0.2}$纳米线(沉积量为 320 ML)在垂直斜切方向和平行斜切方向的应变情况。XRD 测试结果表明,外延层已经完全应变,并且没有缺陷存在。图 6.13(a)和(b)中的黑色轮廓线是利用纳米线形貌,用有限元模拟方法(FEM)模拟得到的结果。通过拟合得到的纳米线 Ge 组分为 0.204,周期为 240 nm,这与实验结果非常吻合。图 6.13(c)和(d)显示了应力 ε_{xx} 和 ε_{yy} 的分布情况。可以看出,ε_{xx} 和 ε_{yy} 为负值,这说明 SiGe 合金层受到压应变。ε_{xx} 展示出周期性的分布,而 ε_{yy} 的分布则较为均匀。图 6.13(e)展示了 ε_{xx} 在垂直于纳米线方向上的分布情况。可以看出,ε_{xx} 的分布周期与纳米线的周期相同,这说明纳米线几何形貌是影响纳米线内应变弛豫的主要因素。并且,纳米线底部的压应力比较大,顶部的压应力得到部分释放。图 6.13(e)同时展示了 $Si_{0.8}Ge_{0.2}$纳米线表面能的分布情况。可以看出,表面能的分布也是呈周期性分布的,并且纳米线底部表面能最小,顶部表面能最大。

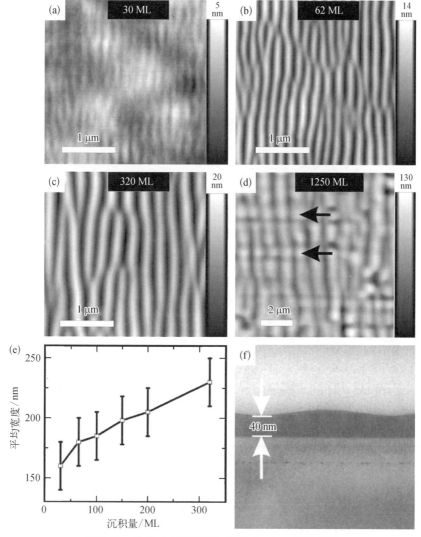

图 6.12 Si (1 1 10)衬底上不同 $Si_{0.8}Ge_{0.2}$ 沉积量下
纳米线的 AFM 形貌图(Chen et al., 2010)

(a) 30 ML;(b) 62 ML;(c) 320 ML;(d) 1 250 ML;(e) 为 $Si_{0.8}Ge_{0.2}$ 沉积量与纳米线宽度的
关系图;(f) 为沉积量为 320 ML 时,纳米线的剖面 TEM 图

6.2.4 其他 Si 斜切衬底上硅锗纳米线的生长

H. Omi 等研究了 Ge 在 Si(1 1 3)上的自组织生长过程(Omi et al., 1997)。图
6.14(a)和(b)为温度 400 ℃时,Si(1 1 3)上沉积 6.4 ML Ge 的 AFM 形貌图。从图
中可以看出,横向密排的 SiGe 纳米线同样可以在 Si(1 1 3)上形成。这些纳米线沿

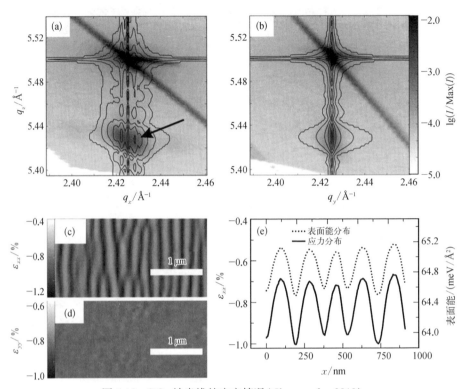

图 6.13 SiGe 纳米线的应变情况(Chen et al., 2010)

(a)和(b)图分别为 $Si_{0.8}Ge_{0.2}$ 纳米线(沉积量为 320 ML)在垂直斜切方向(x)和平行斜切方向(y)的 XRD 倒易空间图;(c)和(d)分别为应力 ε_{xx} 和 ε_{yy} 的分布情况;(e) 为 $Si_{0.8}Ge_{0.2}$ 纳米线表面能的分布情况

着[$3\,3\,\bar{2}$]的方向覆盖了整个斜切表面,其高度在 2 nm,宽度在 16~32 nm,长度在 10~600 nm。与 Si(1 1 10)衬底上相比,Si(1 1 3)衬底上纳米线的延伸方向是垂直于斜切方向,并且其晶面由{1 5 9}组成[图 6.14(c)]。纳米线的形成是外延生长过程中 Si(1 1 3)衬底上各向异性应变弛豫的结果。

另外,H. Omi 等(1997)还系统研究了沉积厚度和衬底温度对 Si(1 1 3)上 SiGe 纳米结构生长的影响,如图 6.15 所示。研究发现,当生长温度为 400 ℃到 500 ℃,沉积厚度在 5~8 ML 时,SiGe 纳米结构的形态将更加接近于岛状。由此可以看出,动力学过程对 Si(1 1 3)衬底上 SiGe 纳米结构的生长具有重要的影响。生长温度为 400 ℃时,通过将沉积厚度由 6.4 ML 增加到 6.9 ML,纳米线的宽度将由 20 nm 增加到 24 nm,长度由 137 nm 增加到 159 nm。沉积厚度为 6.4 ML 时,通过将生长温度由 400 ℃增加到 480 ℃,纳米线的宽度将由 20 nm 增加到 24 nm,长度由 137 nm 增加到 148 nm。因此,通过控制沉积厚度和衬底温度等动力学因素,可以实现对纳米线生长过程的有效调控。

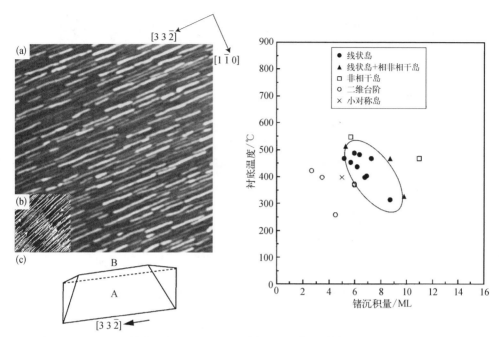

图 6.14 Si(1 1 3)衬底上的 Ge 生长

(a)和(b)为温度 400℃时,Si(1 1 3)上淀积 6.4 ML Ge的 AFM 形貌图;(c) 为 Si(1 1 3)上形成纳米线的模型图(Omi et al., 1997)

图 6.15 淀积厚度和生长温度对 Si(1 1 3)上 SiGe 纳米结构生长的影响(Omi et al., 1997)

　　K. Brunner 等研究了沿[$\bar{1}$ 1 0]偏 36°±2°方向斜切 0.37°±0.01°的 Si(1 1 3)衬底上多层 SiGe 纳米线的生长(Darhuber et al., 1998)。其具体生长条件为:衬底温度为 550℃,SiGe 合金沉积速率为 0.5 Å/s,Ge 组分为 0.45,SiGe 合金层厚度为 2.5 nm,Si 间隔层厚度为 10 nm,共生长 19 层。图 6.16(a)展示了样品顶层 SiGe 纳米结构的 AFM 形貌图。从中可以看出,表面由周期性的条纹组成,其周期大约为 400 nm,并且,这些纳米条纹的延伸方向垂直于斜切方向。从截面的 TEM 图可以看出[图 16(b)],这些条纹的顶部和底部面均为(1 1 3)面,这说明周期性的条纹来源于衬底斜切所导致的台阶束(Brunner et al., 2000)。另外,纳米条纹的叠层生长不同于平衬底的情况,从截面 TEM 图[图 16(c)]中可以清楚地看到,后续生长的纳米条纹并没有正垂直于底层的纳米条纹,SiGe 纳米条纹的位置相对于前一层位置沿垂直方向偏移了 64°。随着层数的增加,纳米条纹的偏移角度也将逐渐变小,特别是顶部几层的 SiGe 纳米条纹几乎没有偏移[图 16(d)]。图 6.17 为基于弹性格林函数方法计算的面内 Si 层中应力场 ε_{xx} 的分布。计算结果显示,叠层生长中相邻层纳米条纹的相对偏移角度为 60°,与 TEM 的观察一致。图中的计算所得各层应力场 ε_{xx} 分布的周期偏移结果与实验结果中 SiGe 纳米条纹的周期一致。假设 Si 台阶束形成于应力

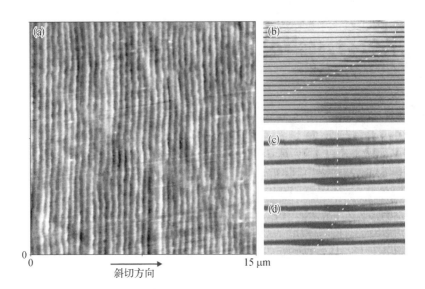

图 6.16　沿 $[\bar{1}\,1\,0]$ 偏 36°±2° 方向斜切 0.37°±0.01° 的 Si(1 1 3) 衬底上多层 SiGe 纳米线的 (a) AFM 形貌图; (b) ~ (d) TEM 图, 其中, (b) 19 层, (c) 中间 3 层, (d) 最顶部 3 层 (Szkutnik et al., 2007; Brunner et al., 2000)

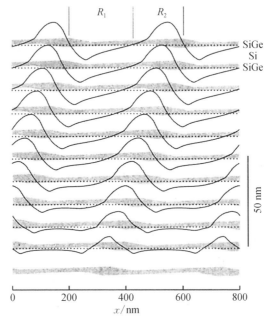

图 6.17　基于弹性格林函数方法计算的面内 Si 层中应力场 ε_{xx} 的分布 (Brunner et al., 2000)

场 ε_{xx} 分布最大的位置,并且 SiGe 合金在 Si 台阶束的边缘聚集,由此可以解释 SiGe 纳米条纹的横向偏移。另外,应力场 ε_{xx} 的大小随着层数的增加而逐渐变大,最终,在足够大的应力趋势下,SiGe 合金将由在台阶束边缘聚集转变为在应力场最大的位置聚集,因此最后几层 SiGe 纳米条纹的生长位置是绝对垂直的。

6.2.5　图形化斜切 Si 衬底上硅锗纳米结构的生长

L. Du 等研究了图形化 Si(1 1 10)衬底上 SiGe 纳米结构的生长(Du et al., 2014)。所采用的图形化 Si(1 1 10)衬底为利用电子束曝光技术和反应离子刻蚀技术在 200 μm×200 μm 区域内制备一维脊状阵列,脊状阵列沿着[5 5 $\bar{1}$]方向,周期为 400 nm,槽深为 50 nm,顶部平台宽度为 150 nm。图 6.18 为图形化 Si(1 1 10)衬底外延 Ge 后的 AFM 形貌图,其生长条件为:在衬底温度从 450 ℃升至 520 ℃的过程中,沉积 50 nm 厚的 Si 缓冲层;随后在 600 ℃下,沉积 4.5 ML 的 Ge。从图中可以看出,脊状阵列顶部平台被七条平行阵列方向的周期性纳米线占据,其中中间纳米线的宽度在 12 nm,边缘的两条纳米线宽度在 15 ~ 18 nm。相对于非图形化 Si(1 1 10)衬底,图形化 Si(1 1 10)衬底上获得纳米线的均匀性得到显著的提高,并且其长度达到了 3 μm。

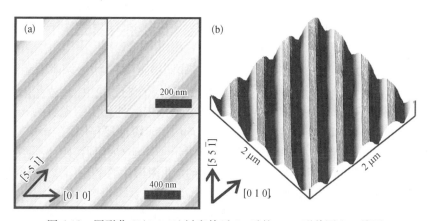

图 6.18　图形化 Si(1 1 10)衬底外延 Ge 后的 AFM 形貌图和三维图

为了阐明图形化 Si(1 1 10)衬底上纳米线的生长机理,L. Du 等利用有限元的方法计算了脊状图形上纳米线的总能量,有限元计算的三维模型如图 6.19(a)和(b)所示。结合实验结果,模型中 Si(1 1 10)面上放置了 7 条长度为 1 μm 的纳米线,其宽度设置为 12 nm。图 6.19(c)和(d)中给出了纳米线中 y 方向上的应力分布情况。从图中可以看出,纳米线的顶部区域应力得到了很好的释放。通过对体系能量密度的计算,图形斜切衬底上纳米线的生长同样遵循热力学能量最低原理,沿[5 5 $\bar{1}$]方向的脊状图形与纳米线的延伸方向一致可以有效地降低体系的能量。另外,平台边缘处纳米线宽度的增加是由于边缘处 Ge - Si 有效互混,这将有效地释放体系中的应力,进而降低总的能量密度。

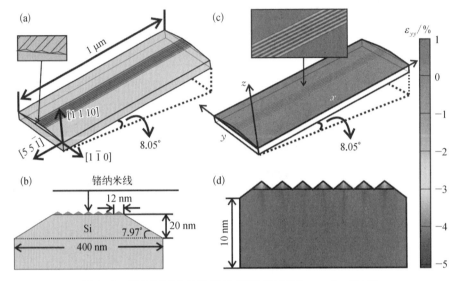

图 6.19　脊状图形上纳米线的有限元计算(Du et al., 2014)

(a)和(b)为图形化 Si(1 1 10)衬底上 SiGe 纳米线的三维模型图;(c)和(d)为纳米线中 y 方向上的应力分布情况

G. Chen 等还报道了图形化 Si(1 1 10)衬底凹槽宽度对 SiGe 纳米线组分的影响(Chen et al., 2011)。图形衬底上凹槽阵列仍然沿着[5 5 $\bar{1}$]方向,周期为500 nm,槽深为80 nm,槽底宽度在70~150 nm 范围内。外延生长条件为:在衬底温度从450 ℃升至520 ℃的过程中,沉积50 nm 的 Si 缓冲层;随后在650 ℃下,以0.003 nm/s 的速率沉积4 ML 的 Ge。图 6.20 展示了外延 Ge 层后,四种不同衬底表面的 AFM 形貌图,其中图6.20(a)中所用衬底为非图形化的平 Si(1 1 10)衬底,图6.20(b)~(d)所用衬底为图形化衬底,其对应的凹槽宽度分别为150 nm、115 nm和75 nm。在不同衬底上,尽管纳米线都有形成,但纳米线的宽度有很大的差异。在平斜切衬底上,纳米线的宽度为16±4 nm;三种图形化斜切衬底上,纳米线只生长于凹槽底部;对于凹槽宽度为150 nm 的衬底,纳米线的平均宽度增加到30 nm;当凹槽宽度下降到115 nm 时,衬底上出现了明显熟化的纳米线,其宽度为100 nm 左右;对于凹槽宽度为75 nm 的衬底,纳米线都已熟化,并且这些熟化纳米线沿沟槽的延伸方向紧密排布。纳米线的熟化及其宽度的变化可以归因于Si - Ge 不同程度的互混,对于宽沟槽的衬底,Si - Ge 的互混被抑制,因而纳米线的宽度较小。

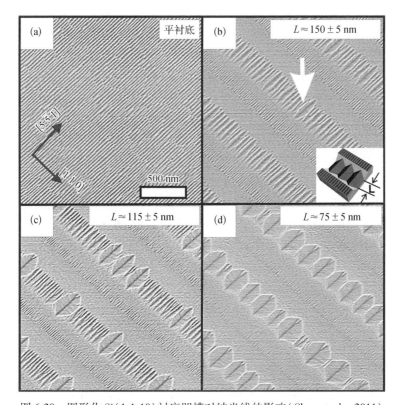

图 6.20　图形化 Si(1 1 10) 衬底凹槽对纳米线的影响(Chen et al., 2011)

(a) 平 Si(1 1 10) 衬底上 SiGe 纳米线的生长；图形化 Si(1 1 10) 衬底上 SiGe 纳米线
的生长，其对应的凹槽宽度分别为(b) 150 nm；(c) 115 nm；(d) 75 nm

6.3　〈100〉方向斜切衬底上
硅锗纳米线的可控生长

前面提到，G. Chen 等(2012)在 Si (1 1 10)衬底上实现了横向纳米线的生长；J. J. Zhang 等利用长时间的原位退火在平 Si(001)衬底上制备了横向纳米线(Zhang et al., 2012)。然而，对于前一种方法，其对于特定偏角的依赖太过苛刻；而后一种方法，长时间的原位退火也不适于大规模的工业生产。本章节将主要介绍沿〈100〉方向斜切的 Si(001)衬底对 SiGe 纳米线外延过程的影响(Zhou et al., 2015)。

6.3.1　〈100〉方向斜切衬底上硅锗纳米线的生长

对于沿〈100〉方向斜切的 Si(001)衬底来说，其表面的结构与〈110〉方向斜切的 Si(0 0 1)衬底有所不同。虽然⟨1 0 0⟩方向台阶表面原子仍然是(2×1)再构，但其并不像⟨1 1 0⟩方向台阶一样具有长程的周期性。由于能量的驱使，⟨1 0 0⟩斜切表面是由高密度的扭结状台阶组成的(Persichetti et al., 2012)。以下将沿[1 0 0]方向斜切 θ 的 Si(0 0 1)衬底表示为 Si(0 0 1)/[1 0 0]θ。图 6.21(a)和(b)为温度 540 ℃下，Si(0 0 1)/[1 0 0]0°和 Si(0 0 1)/[1 0 0] 7°上分别沉积 6 ML 和 5.4 ML Ge 之后的 AFM 形貌图。从图 6.21(a)中可以看出，较低的生长温度使得平衬底上量子点的选择性生长为具有{1 0 5}面的拉长"金字塔"结构。该结构与之前报道的"hut cluster"结构一致。对于 Si(0 0 1)/[1 0 0] 7°衬底，横向有序的纳米线紧密排列在斜切衬底表面。这些纳米线类似于平衬底上的"hut cluster"结构，但其均沿[0 1 0]方向拉长，如图 6.21(b)所示。Si (0 0 1)/[1 0 0] 7°衬底上外延得到的纳米线与之前其他方法获得的纳米线有很大不同，Si (0 0 1)/[1 1 0] 8°上纳米线是沿着斜切方向的，而 Si (0 0 1)/[1 0 0] 7°上的纳米线则是垂直于斜切方向[1 0 0]。图 6.21(c)为原位退火 2 h 后的纳米线 AFM 形貌图，比较退火前后，发现纳米线的形状没有太大变化，但经退火后纳米线的均匀性和长度得到了提高。图

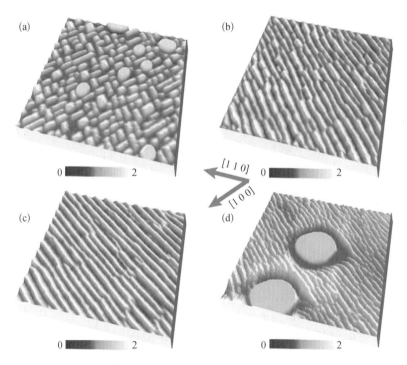

图 6.21　不同生长条件下的 Ge 纳米结构的 AFM 形貌图(Zhou et al., 2015)

　　(a) Si (0 0 1)/[1 0 0] 0°,540 ℃,6 ML Ge;(b) Si (0 0 1)/[1 0 0] 7°,540 ℃,5.4 ML Ge;(c) Si (0 0 1)/[1 0 0] 7°,540 ℃下原位退火 2 h,5.4 ML Ge;(d) Si (0 0 1)/[1 0 0] 7°,650 ℃,5.4 ML Ge;AFM 形貌图尺寸为 0.5 μm×0.5 μm

6.21(d)为生长温度 650℃下,Si(０ ０１)/[１０ ０] 7°上纳米线的 AFM 形貌图,从中可以看出,除密排的纳米线外,还有"穹顶"型的量子点存在,在"穹顶"型量子点周围,没有发现裸露的浸润层区域,这说明,即使在高温生长下,纳米线也是稳定存在的。由此可见,在斜切衬底上纳米线的 Ostwald 熟化过程得到了很好的抑制(Mckay et al., 2006)。

6.3.2 衬底斜切方向对硅锗纳米线的生长的影响

基于 Si(０ ０１)/[１０ ０] 7°和 Si(０ ０１)/[１１ ０] 8°上纳米线朝向的差异,可以发现斜切偏角的方向对纳米线的朝向具有重要的影响,即沿[１０ ０]方向斜切的衬底上的纳米线垂直于斜切方向,而沿[１１ ０]方向斜切 8°的衬底上纳米线是平行于斜切方向的。图 6.22 展示了以上两种纳米线的三维模型图。如前所述,沿[１１ ０]方向斜切的衬底只有 8°偏角衬底上才能形成纳米线,而其他偏角上只能形成量子点(Persichetti et al., 2010),其原因在于,由{１０ ５}面所组成的纳米结构的面与面之间棱线朝向是沿[５５ １]方向,该方向正好与衬底平行。因此,可以推断几何构型在纳米线形成中起了重要作用。前面说过,Si (０ ０１)/[１０ ０] 7°衬底上的纳米线可以认为是由类"木屋"型量子点沿某一特定方向拉伸形成的。相对于"金字塔"型量子点,"木屋"型量子点具有一条额外的〈１０ ０〉朝向的棱边。因此对于对称性遭到破坏的斜切衬底来说,只有当纳米线朝向与斜切方向垂直时,才有几何上的可能性形成纳米线的结构。

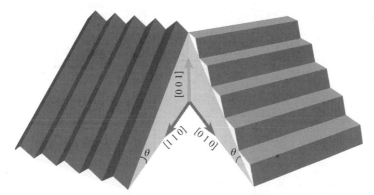

图 6.22 Si(０ ０１)/[１１ ０] 8°和 Si (０ ０１)/[１０ ０] 7°上形成纳米线的结构示意图,深色箭头所指为衬底的斜切方向(Zhou et al., 2016)

6.3.3 生长温度和沉积量对硅锗纳米线生长的影响

生长温度是影响 SiGe 外延的一个重要参量。图 6.23(a)~(c)为 Si(０ ０１)/[１０ ０] 7°上,以不同生长温度生长 5.4 ML Ge 后的 AFM 形貌图。从图中可以看出,随着生长温度的增加,Si(001)/[100] 7°上的纳米结构经历了由纳米线到不对称"金字塔"型量子点再到"穹顶"型量子点的转变。然而,生长温度的增加,没有使密排的纳米线消失。通过统计不同生长温度下纳米线的宽度,发现纳米线宽度随生长温度的增加不断下降,如图6.23(d)所示,这一结果与之前的研究很不相同(Watzinger et al.,2014)。从热力学的观点来看,当生长温度比较高时,Ge-Si互混会比较严重。Ge-Si互混将有效地释放异质外延过程中的应变,导致GeSi纳米线的宽度增大。由此可见,在纳米线的形成过程中,动力学因素起了重要作用。随着生长温度的增加,表面原子可获得足够的能量来克服生长过程中的动力学限制,这将导致因动力学限制而形成的纳米线的生长被抑制,从而使其宽度下降。需要特别指出的是,虽然在纳米线的形成过程中,动力学因素起了非常重要的作用,但该纳米线与之前报道的斜切衬底上的台阶束(step-bunching)有很大区别,斜切衬底上的台阶束宽度一般在100 nm到1 μm之间,明显比上述纳米线的宽度宽很多(Mühlberger et al.,2002)。

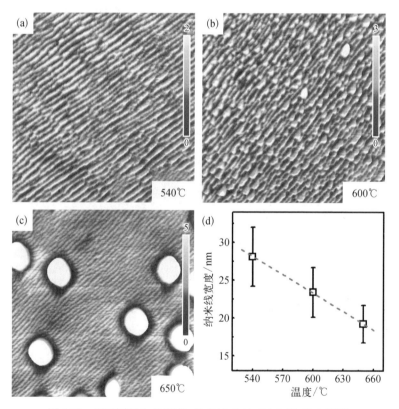

图6.23　以不同的生长温度,在Si(001)/[100] 7°上沉积
5.4 ML Ge后的AFM形貌图(Zhou et al.,2016)

(a) 540 ℃;(b) 600 ℃;(c) 650 ℃,AFM形貌图尺寸为1 μm×1 μm;(d) 纳米线宽度与生长温度的关系

图 6.24(a)~(c)分别为温度 540 ℃下,沉积 4.5 ML、5.5 ML 和 6.5 ML Ge 时,Si(0 0 1)/[1 0 0] 7°衬底上纳米结构的 AFM 形貌图。当外延 Ge 量比较少时(4.5 ML),斜切表面只有纳米线形成。当 Ge 的外延量为 5.5 ML 时,衬底上将有一些不对称的"金字塔"型量子点出现,这一点与 Si(1 1 10)上纳米线的演化不同。在 Si(1 1 10)上,没有类"金字塔"型的量子点出现。当 Ge 的外延量增至 6.5 ML 时,纳米线、类"金字塔"型量子点和"穹顶"型量子点将共存。通过分析纳米线形貌随外延 Ge 量的变化,发现 Si(0 0 1)/[1 0 0] 7°上纳米结构的生长也是由低接触角纳米结构到高接触角纳米结构转变的过程,但在这一过程中,纳米线始终覆盖着斜切表面。图 6.24(d)为不同 Ge 沉积量下,纳米线宽度的统计变化规律,从图中可以看出,纳米线宽度随 Ge 的沉积量变化不大。

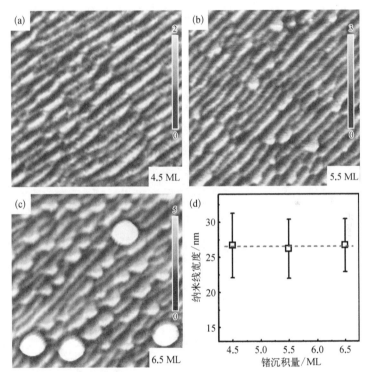

图 6.24 生长温度 540 ℃下,Si(0 0 1)/[1 0 0] 7°上沉积
不同厚度 Ge 后的 AFM 形貌图(Zhou et al., 2016)

(a) 4.5 ML;(b) 5.5 ML;(c) 6.5 ML,AFM 形貌图尺寸为 0.5 μm×0.5 μm;
(d) 纳米线宽度与 Ge 沉积量的关系

6.3.4 斜切衬底偏角大小对硅锗纳米线形貌和组分的影响

斜切衬底偏角大小是影响纳米结构的另一个重要因素。图 6.25 为温度 515 ℃

下,Si(0 0 1)/[1 0 0]θ(θ=0°、3°、5°、7°、9°和 11°)上外延 5.4 ML Ge 之后的 AFM
形貌图。显然,衬底上 SiGe 纳米结构的形貌与斜切偏角密切相关。在 Si(0 0 1)/
[1 0 0] 0°上形成的是"木屋"型的量子点,而在 Si(0 0 1)/[1 0 0] θ(θ=3°、5°、7°、
9°)上形成的是整齐排列的纳米线。对于偏角为 11°的衬底,其表面非常平整,没有
"木屋"型的量子点或纳米线的形成。对于 Si(0 0 1)/[1 0 0] 11°,其表面与
{1 0 5}面接近,因此抑制了{1 0 5}晶面的形成(Persichetti et al., 2013)。更加重
要的是,不同偏角衬底上纳米线的朝向与斜切角度无关,皆沿着[0 1 0]方向延伸,
但纳米线的形状受到了斜切偏角的极大影响。通过改变斜切偏角可以实现对纳米
线形状的有效控制。为了进一步分析纳米线形状与斜切偏角的关系,图6.26(a)展
示了 Si(0 0 1)/[1 0 0] 7°上纳米线的高度剖面图,可以看到纳米线的宽度和高度
分别为 25 nm 和 1 nm 左右。基于纳米线的高度剖面图,可以进一步得出其两个晶
面相对于斜切面的角度分别为 4°和 7°。平衬底上由{1 0 5}面组成的纳米结构是
能量最小的,假设,在 Si(0 0 1)/[1 0 0] 7°上纳米线的两个晶面也是由{1 0 5}面
组成,则这两个晶面与斜切面的角度应该分别为 4°和 18°。很显然,纳米线其中的
一个面是{1 0 5}面,而与斜切面夹角为 7°的面应该是(0 0 1)面。图6.26(b)展示

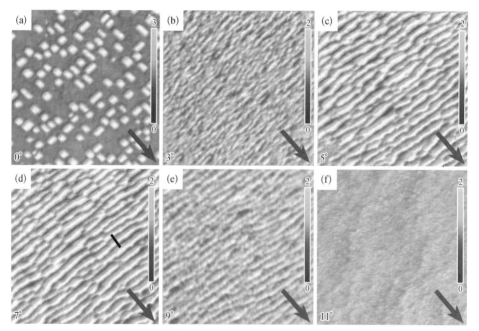

图 6.25　生长温度 515 ℃下,Si(0 0 1)/[1 0 0] θ 上沉积
5.4 ML Ge 后的 AFM 形貌图(Zhou et al., 2015)

(a) 0°;(b) 3°;(c) 5°;(d) 7°;(e) 9°;(f) 11°,AFM 形貌图尺寸为 0.5 μm×0.5 μm,箭头所指为
衬底斜切的方向

了不同偏角衬底上纳米线的高宽比,假设纳米线的两个面都是{１０５}面,则可计算出如图 6.27(b)中黑色虚线所示的宽高比。图 6.26(b)中实线为理论计算的(００１)面和(１０５)面构成纳米线的宽高比。从三组数据对比中可以看出,除了平衬底上的量子点是由{１０５}面组成外,斜切衬底上的纳米线均是由(００１)面和(１０５)面组成,如图 6.26(c)的结构示意图所示。

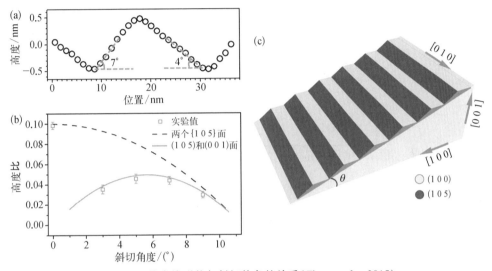

图 6.26 纳米线形状与斜切偏角的关系(Zhou et al., 2015)

(a) 纳米线的高度剖面图;(b) 不同偏角衬底上纳米线的高宽比,黑色虚线所示为由两个{１０５}组成纳米线的宽高比,实线所示为由(００１)面和{１０５}组成纳米线的宽高比;(c) Si (００１)/[１００] θ 衬底上纳米线的结构示意图

图 6.27 所示为异质外延了 10 层纳米线样品的拉曼光谱。10 层样品的具体生长参数为:在 515 ℃下生长 5.4 ML 的 Ge,然后在 400 ℃下生长 25 nm 的 Si 间隔层,由此周期性地生长 10 层,最后一层生长完 Ge 后不覆盖 Si 盖帽层。从拉曼光谱中可以清楚地观察到纳米线中 Ge - Ge 模和 Ge - Si 模,其峰位在 302 cm^{-1} 和 416 cm^{-1} 左右。并且,不同斜切衬底上纳米线的振动模的峰位大体一致,这意味着不同偏角衬底上自组织纳米线的组分是基本相同的。另外基于以上拉曼光谱,可拟合得到纳米线中 Ge 的组分为 66%。

6.3.5 硅锗纳米线的外延机理

通过分析生长温度、Ge 的沉积量和斜切偏角对纳米线成核的影响,可以看到斜切衬底上由(００１)和(１０５)面组成的纳米线比只由{１０５}面组成的纳米线更加稳定。下面将以 Si(００１)/[１００] 7°为例,从热力学的角度讨论前一种结构的优势。类似之前 Si(００１)/[１１０] θ 衬底上量子点的情况,根据 Tersoff 模型,可以

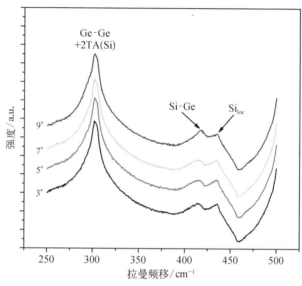

图 6.27　Si（0 0 1）/［1 0 0］θ（θ=3°、5°、7°和 9°）上
10 层纳米线的拉曼光谱（Zhou et al.，2015）

将这两种构型纳米线的自由能表示为以下形式：

$$E = \left[\left(\gamma_{105}S_1 + \gamma_{001/105}S_2 - \gamma_0 S_0\right) - 6cV\left(\tan \alpha_1 + \tan \alpha_2\right)/2\right] \times k \quad (6.3)$$

其中，γ_{105} 和 γ_{100} 分别为｛1 0 5｝面和（0 0 1）面的表面能密度，其取值分别为
6 140 meV/nm^2 和 6 130 meV/nm^2；γ_0 为斜切衬底的表面能密度，其取值由公式
（6.2）给出；S_1 和 S_2 分别为组成纳米线两个晶面所对应的面积；S_0 为纳米线底部面
积；V 为纳米线的体积；α_1 和 α_2 分别为纳米线两个晶面与斜切衬底之间的夹角；c
为弹性常数；k 为等体积下不同构型纳米线的数量比值。图 6.28 给出了两种不同
构型下 SiGe 纳米线成核能随体积的变化关系。从图中可以明显看出，在外延的初
期，由｛1 0 5｝面和（0 0 1）面所组成纳米结构的临界成核能基本为 0，而后一种构型
的成核能却非常的高。由此可见在外延的初期，｛1 0 5｝面和（0 0 1）面组成的构型
具有能量上的稳定性。

　　图 6.29 展示了不同偏角衬底上浸润层的厚度。实验结果揭示，随着斜切偏角
的增加，浸润层的厚度呈现非线性的变化，并且 6°偏角上浸润层厚度值最小。这些
发现说明，斜切衬底偏角在纳米材料从二维到三维的转变中发挥了重要的作用。
Zhou 等基于 Asaro‐Tiller‐Grinfelg 模型（Asaro et al.，1972）对这一行为进行了理
论上的分析。为了计算浸润层的厚度，需要将浸润层的表面能随外延厚度的变化
考虑在内，因此表面能采用以下形式：

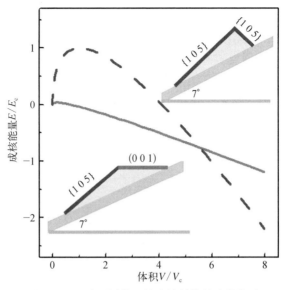

图 6.28　两种不同构型纳米线结构的成核能随
体积的变化关系(Zhou et al., 2016)

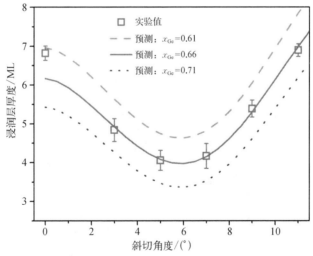

图 6.29　斜切衬底上浸润层厚度与斜切偏角的依赖关系(Zhou et al., 2015)

方框为不同偏角衬底上浸润层厚度的实验结果;划线为不同组分下,
计算所得浸润层厚度

$$\gamma(\theta, h) = \gamma_0(h) + a(h)\tan^2\theta + b(h)\tan^3\theta + c(h)\tan^4\theta \qquad (6.4)$$

其中,$\gamma_0(h)$ 为平衬底上厚度为 h 的薄膜的表面能,其具体值可以在之前的报道
中找到(Ramasubramaniam et al., 2004)。之所以采用该表面能的表示形式,是因
为公式中线性项的缺失可以保证 Ge(0 0 1)上早期外延时的稳定。通过第一性

原理的计算,可以获得斜切表面在 0 ML Ge 下(0 0 1)面和(1 0 5)面的表面能。基于获得的这两个表面能值,可以得到公式中 $a(h)$、$b(h)$、$c(h)$ 的具体值,如表 6.1 所示。图 6.30 为由公式(6.4)得到的表面能随斜切角度和 Ge 的外延厚度的变化图。

表 6.1 $a(h)$、$b(h)$、$c(h)$ 的具体参数

膜厚 [(0 0 1) ML]	$a(h)$	$b(h)$	$c(h)$
0.0	104.182 06	− 1 077.233 83	2 528.390 45
0.5	152.384 47	− 1 575.614 44	3 698.108 83
1.0	303.753 7	− 3 140.762 76	7 371.694 24
1.5	474.722 04	− 4 908.483 82	11 520.633 88
2.0	629.709 92	− 6511.017 47	15 281.925 32
2.5	756.992 07	− 7 827.083 45	18 370.854 31
3.0	855.811 56	− 8 848.800 67	20 768.850 34
3.5	929.769 29	− 9 613.490 54	22 563.628 85
4.0	983.739 64	− 10 171.524 94	23 873.379 76

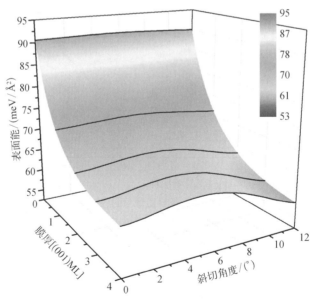

图 6.30 斜切衬底表面 Ge 薄膜表面能与膜厚及
斜切角度的关系(Zhou et al., 2015)

从热力学的观点来看,平整薄膜在外延过程中的起伏是由于弹性能的弛豫逐渐克服了表面起伏所带来的表面能消耗所引起的。然而,在SiGe纳米结构由二维生长到三维成核转变的过程中,表面能是占据主要地位的。纳米线下浸润层的厚度可表示为

$$h = -\omega_2 \delta \ln \frac{\omega_1 \delta^2}{4\kappa} \tag{6.5}$$

其中,$\omega_1 = \dfrac{2E_f(1-\nu_s^2)}{E_s(1-\nu_f)}$,$\omega_2 = \dfrac{1+\nu_f}{1-\nu_f} + \dfrac{E_f(1-2\nu_s)(1+\nu_s)}{E_s(1-\nu_f)}$,$\omega_1$ 和 ω_2 中所涉及的 E_f、E_s、ν_f、ν_s 分别为薄膜和衬底的杨氏模量和泊松比(Mysliveček et al., 2002);κ 和 δ 是与表面能相关的参数。除公式(6.4)外,表面能与斜切偏角和外延层厚度的关系,还可以表示为以下形式:

$$\gamma(\theta, h) = \gamma_\infty(\theta)(1 + \kappa(\theta)e^{-\frac{h}{\delta(\theta)}}) \tag{6.6}$$

其中,γ_∞ 为 Ge 膜无限厚时其表面能的大小。因此,对于 $\kappa(\theta)$、$\delta(\theta)$ 和 $\gamma_\infty(\theta)$ 的具体值可以由公式(6.4)通过数值计算提取出来。基于以上过程,可得出浸润层厚度与斜切偏角的关系,如图 6.30 所示。其中,红色实线为纳米线中 Ge 的组分为 66%时浸润层厚度与斜切偏角的变化情况,绿色和蓝色虚线分别对应 Ge 组分为 61%和 71%时的情况。从图中可以看到,基于 Ge 含量 66%的计算结果与实验数据吻合的很好。

从理论计算的结果可以看出,偏角为 6°的斜切衬底上,纳米线下浸润层的厚度最小,这与最小表面能所对应的斜切偏角正好吻合,这一行为主要是表面能和应变能随斜切角度的变化行为共同决定的。从图 6.31 中可以看出,当斜切偏角为 6°时,其表面能最大。由于(0 0 1)面和{1 0 5}面的表面能为常数,因此当薄膜产生表面起伏时,较大的表面能可导致较小的表面能消耗。另外,基于之前的讨论,6°的斜切衬底上薄膜的应变能是最大的,由此可见,表面起伏所引起的应变能弛豫将超过表面能的消耗,这将推动纳米线的提前成核。

6.4 本 章 小 结

本章全面介绍了⟨1 1 0⟩方向斜切衬底、斜切 Si(1 1 10)衬底和⟨1 1 0⟩方向斜切衬底上硅锗纳米结构的实验进展。在⟨1 1 0⟩方向斜切衬底上,讨论了斜切偏角对硅锗量子点密度、成核模式和空间分布的影响。在斜切 Si(1 1 10)衬底上,讨论了硅锗沉积厚度、生长温度和组分对纳米线的影响。在⟨1 1 0⟩方向斜切衬底上,讨论了生长温度、沉积量和偏角大小对纳米线的影响。另外,借助 Tersoff 模型和

Asaro – Tiller – Grinfelg 模型阐述了斜切衬底偏角对量子点和纳米线外延生长的影响。

参 考 文 献

Aqua J N, Frisch T, Verga A. 2007. Nonlinear evolution of a morphological instability in a strained epitaxial film[J]. Physical Review B, 76(16): 165319.

Asaro R J, Tiller W A. 1972. Interface morphology development during stress corrosion cracking: Part I. Via surface diffusion[J]. Metallurgical and Materials Transactions B, 3(7): 1789 – 1796.

Bernardi A, Alonso M I, Goñi A R, et al. 2006. Density control on self-assembling of Ge islands using carbon-alloyed strained SiGe layers[J]. Applied Physics Letters, 89(10): 101921.

Brunner K, Zhu J, Abstreiter G, et al. 2000. Step bunching and correlated SiGe nanostructures on Si (1 1 3)[J]. Thin Solid Films, 369(1 – 2): 39 – 42.

Chen G, Sanduijav B, Matei D, et al. 2012. Formation of Ge nanoripples on vicinal Si (1110): From Stranski-Krastanow seeds to a perfectly faceted wetting layer [J]. Physical Review Letters, 108(5): 055503.

Chen G, Vastola G, Zhang J J, et al. 2011. Enhanced intermixing in Ge nanoprisms on groove-patterned Si (1 1 10) substrates[J]. Applied Physics Letters, 98(2): 023104.

Chen G, Wintersberger E, Vastola G, et al. 2010. Self-assembled $Si_{0.80}$ $Ge_{0.20}$ nanoripples on Si (1 1 10) substrates[J]. Applied Physics Letters, 96(10): 103107.

Darhuber A A, Zhu J, Holý V, et al. 1998. Highly regular self-organization of step bunches during growth of SiGe on Si (1 1 3)[J]. Applied Physics Letters, 73(11): 1535 – 1537.

Dasgupta N P, Sun J, Liu C, et al. 2014. 25th anniversary article: Semiconductor nanowires-synthesis, characterization, and applications[J]. Advanced Materials, 26(14): 2137 – 2184.

Du L, Scopece D, Springholz G, et al. 2014. Self-assembled in-plane Ge nanowires on rib-patterned Si (1 1 10) templates[J]. Physical Review B, 90(7): 075308.

Lu G H, Liu F. 2005. Towards quantitative understanding of formation and stability of Ge hut islands on Si (0 0 1)[J]. Physical Review Letters, 94(17): 176103.

Mckay M R, Shumway J, Drucker J. 2006. Real-time coarsening dynamics of Ge/ Si (1 0 0) nanostructures[J]. Journal of Applied Physics, 99(9): 094305.

Medeiros-Ribeiro G, Bratkovski A M, Kamins T I, et al. 1998. Shape transition of germanium nanocrystals on a silicon (0 0 1) surface from pyramids to domes[J]. Science, 279(5349): 353 – 355.

Mühlberger M, Schelling C, Springholz G, et al. 2002. Step-bunching and strain effects in $Si_{1-x}Ge_x$ layers and superlattices on vicinal Si (0 0 1) [J]. Physica E: Low-dimensional Systems and Nanostructures, 13(2 – 4): 990 – 994.

Myslivecek J, Schelling C, Schäffler F, et al. 2002. On the microscopic origin of the kinetic step bunching instability on vicinal Si (0 0 1)[J]. Surface Science, 520(3): 193 – 206.

Omi H, Ogino T. 1997. Self-assembled Ge nanowires grown on Si (1 1 3)[J]. Applied Physics

Letters, 71(15): 2163 – 2165.

Persichetti L, Sgarlata A, Fanfoni M, et al. 2010. Shaping Ge islands on Si (0 0 1) surfaces with misorientation angle[J]. Physical Review Letters, 104(3): 036104.

Persichetti L, Sgarlata A, Fanfoni M, et al. 2013. Effects of substrate vicinality on 3D islanding in Ge/Si epitaxy[J]. Thin Solid Films, 543: 88 – 93.

Persichetti L, Sgarlata A, Mattoni G, et al. 2012. Orientational phase diagram of the epitaxially strained Si (0 0 1): Evidence of a singular (1 0 5) face[J]. Physical Review B, 85(19): 195314.

Ramasubramaniam A, Shenoy V B. 2004. Three-dimensional simulations of self-assembly of hut-shaped Si-Ge quantum dots[J]. Journal of Applied Physics, 95(12): 7813 – 7824.

Shchukin V A, Ledentsov N N, Kop'eV P S, et al. 1995. Spontaneous ordering of arrays of coherent strained islands[J]. Physical Review Letters, 75(16): 2968.

Shenoy V B, Ciobanu C V, Freund L B. 2002. Strain induced stabilization of stepped Si and Ge surfaces near (0 0 1)[J]. Applied Physics Letters, 81(2): 364 – 366.

Szkutnik P D, Sgarlata A, Balzarotti A, et al. 2007. Early stage of ge growth on Si (0 0 1) vicinal surfaces with an 8 miscut along [1 1 0][J]. Physical Review B, 75(3): 033305.

Tersoff J, LeGoues F K. 1994. Competing relaxation mechanisms in strained layers[J]. Physical Review Letters, 72(22): 3570.

Wagner R J, Gulari E. 2004. Simulation of Ge/Si intermixing during heteroepitaxy[J]. Physical Review B, 69(19): 195312.

Wagner R S, Ellis W C. 1964. Vapor-liquid-solid mechanism of single crystal growth[J]. Applied Physics Letters, 4(5): 89 – 90.

Watzinger H, Glaser M, Zhang J J, et al. 2014. Influence of composition and substrate miscut on the evolution of {1 0 5}-terminated in-plane $Si_{1-x}Ge_x$ quantum wires on Si (0 0 1)[J]. APL Materials, 2(7): 076102.

Zhang J J, Katsaros G, Montalenti F, et al. 2012. Monolithic growth of ultrathin Ge nanowires on Si (0 0 1)[J]. Physical review letters, 109(8): 085502.

Zhong Z, Gong H, Ma Y, et al. 2011. A promising routine to fabricate GeSi nanowires via self-assembly on miscut Si (0 0 1) substrates[J]. Nanoscale Research Letters, 6(1): 322.

Zhou T, Vastola G, Zhang Y W, et al. 2015. Unique features of laterally aligned GeSi nanowires self-assembled on the vicinal Si (0 0 1) surface misoriented toward the [1 0 0] direction[J]. Nanoscale, 7(13): 5835 – 5842.

Zhou T, Zhong Z. 2014. Dramatically enhanced self-assembly of GeSi quantum dots with superior photoluminescence induced by the substrate misorientation[J]. APL Materials, 2(2): 022108.

Zhou T, Zhong Z. 2016. Towards promising modification of GeSi nanostructures via self-assembly on miscut Si (0 0 1) substrates[J]. Nanotechnology, 27(11): 115601.

第7章　可控硅锗低维结构的光电特性

通过图形化衬底技术、斜切衬底技术和分子束外延生长技术,可以实现对硅锗低维纳米结构从零维岛状、一维线状、二维排布到三维排布的全面生长调控,获得了对硅锗纳米岛、纳米线、纳米环等低维结构的形貌、组分和空间排布的良好控制。硅锗低维结构在空间维度上对电子和空穴的运动可以产生的明显的物理限制效应,硅锗低维结构的可控生长产生的特殊形貌、组分及排布结构有可能实现对电子和空穴的波函数的精确调控,并且有望改善Ⅳ族间接带隙材料的光电性质,在光学、光电转换、电学输运方面产生特殊或新奇的物理现象。因此,有必要对可控硅锗低维结构的光电特性作详细深入的研究,探究揭示由生长调控带来的新的物理现象和光电特性改变,这是推进其在固态光电器件及电子学器件方面进行应用的重要基础。

在前两章中已经对硅锗低维纳米结构可控生长技术的实验进展进行了详细介绍,对各种一维、二维、三维硅锗纳米结构的可控外延生长及其影响和限制因素分别进行了分析。本章将重点围绕可控硅锗低维结构的光电特性展开讨论,分别介绍可控硅锗低维结构的发光和电学输运特性,详细阐述可控硅锗纳米结构的光电特性增强与新奇电学输运特性,探讨其可能的物理机理,并对其相关器件应用进行讨论。

7.1　可控硅锗量子点的发光特性

采用可控外延制备技术获得的硅锗低维纳米岛等结构,其空间构型相较于平Si 衬底表面上的外延结构发生了显著改变,形貌和组分一致性获得了极大提升。同时,由于可以实现空间上有序或灵活排布,因此,可以制备出仅包含单个或少数几个硅锗纳米岛的研究样品,研究单个或少数几个低维纳米岛的光电行为。亦可制备出具有更高密度的一维有序、二维有序或三维有序的纳米岛系综,通过调控其尺寸和空间距离,相邻纳米岛间的电子、声子相互作用将产生显著改变,从而调控或优化其相应的光电行为。研究可控硅锗低维纳米结构的光电特性及其机理,将为进一步探索其器件应用提供实验基础。

7.1.1　有序硅锗量子点的光致发光增强

采用本书第 4 章中已经详细介绍过的纳米球刻蚀技术(Chen et al., 2009),可在 Si(0 0 1)衬底表面,制备出具有不同周期的六角密排纳米孔图形阵列。以此图形衬底为基础,进一步开展 SiGe 外延生长,可以获得具有不同周期和尺寸的有序排布均匀 SiGe 量子点阵列。

图 7.1(a)是采用基于纳米球刻蚀技术和可控外延工艺,生长获得的有序排布 SiGe 量子点的形貌图(Chen et al., 2010),量子点周期为 200 nm。外延生长过程为:图形在 MBE 生长腔体内高温除气后,首先以 0.5 Å/s 的速率沉积 120 nm 的 Si 缓冲层,生长过程中,衬底温度同步从 450 ℃均匀升高至 550 ℃,随后,以 0.06 Å/s 的速率生长十层 Ge 量子点,相邻两层量子点间生长 20 nm 厚的 Si 间隔层。由于高温下 Si – Ge 原子的互混和迁移作用,获得多层堆叠 Ge 量子点实际为 SiGe 合金量子点结构,其 Ge 组分呈现量子点底部低顶端高的分布(Zhang et al., 2010)。图 7.1(a)为其最顶层的 SiGe 量子点形貌,可以看出,在十层堆叠生长完毕后,量子点仍然保持均匀的六角密排分布,周期仍然为 200 nm,整体呈现穹顶状形貌,仅有少数量子点为金字塔形貌。作为对比,图 7.1(b)为同样生长参数下,在平 Si 衬底表面获得的量子点形貌,可以看到,量子点呈现杂乱无序的随机排布状态,且尺寸涨

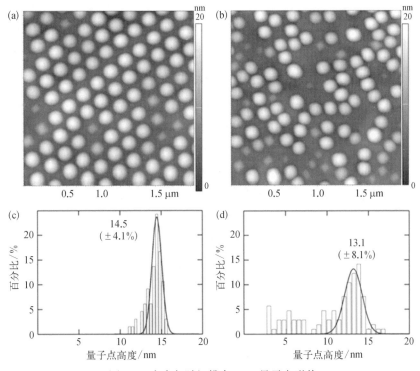

图 7.1　有序与随机排布 SiGe 量子点形貌

(a)与(b)分别为图形化与平 Si(0 0 1)衬底上外延生长的 SiGe 量子点的形貌图;(c)和(d)为对应的量子点高度统计分布

落较大。图 7.2 为图 7.1(a)样品的截面 TEM 照片,可以看到多层量子点在沿生长方向上严格对齐,这是由于掩埋的 SiGe 量子点在其表面的 Si 覆盖层内产生了局域应力场分布(Schmidt et al., 2000),进而驱动后续量子点层的生长过程中 Ge 原子向下层量子点所对应的横向位置迁移并局域优先成核。

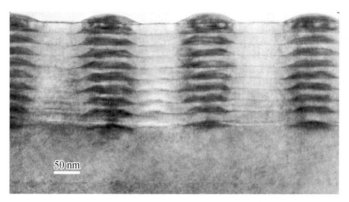

图 7.2　图形衬底上生长的十层 SiGe 量子点截面 TEM 照片

图 7.3(a)为在 17 K 温度和 300mW 激发光功率下测试得到的该十层有序量子点及参考样品的光致发光(PL)谱。两个样品中均未观察到来自 Si 或 SiGe 浸润层的发光信号(Sunamura et al., 1995),这表明光生载流子可以充分被 SiGe 量子点收集。在 0.87 eV 附近的宽的发光包络为来自 SiGe 量子点的发光信号,其物理本质为无声子参与的(non-phonon, NP)跃迁复合发光机制。由于 Si 间隔层为低温生长,SiGe 量子点与 Si 间隔层间界面陡峭,因此,激光激发产生的光生激子局域在陡峭的界面处,进而不经过声子参与而直接复合发光(Dashiell et al., 2001)。同时,对比有序量子点与参考样品的光谱可以看出,有序量子点的发光峰存在蓝移现象,

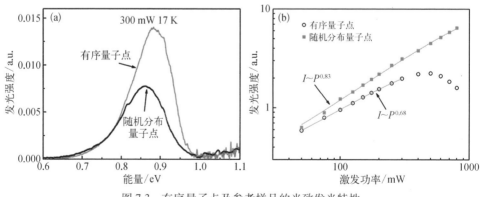

图 7.3　有序量子点及参考样品的光致发光特性

(a) 17 K 温度和 300 mW 激发光功率下的光致发光谱对比;(b) 两个样品光致发光强度与激发功率的关系

峰值能量更高。这是由于有序量子点内的平均 Ge 组分比同样参数下生长的无序量子点低。有序量子点尺寸更大,局域应力场更强,因此多层堆叠生长过程中,Si - Ge 原子互混及迁移更加显著,进而导致平均 Ge 组分更低。图 7.3(b)给出了 17 K 温度下两个样品的 PL 光谱积分强度与激光激发功率的关系。在双对数坐标系下可以看到,一方面有序量子点样品的发光强度在整个激发功率区间内都强于参考样品;另一方面,光谱积分强度(I)与激发功率(P)之间呈现幂指数的函数关系(Wan et al., 2001),即 $I \propto P^m$。对于有序和参考样品,拟合获得的幂指数分别为 0.83和0.68。对于 II -型间接带隙的半导体材料,受限于有限的激子态密度和高激子密度下显著增加的非辐射复合效应,其幂指数通常小于1,表现为亚线性指数关系,与实验测量的数据吻合。同时,II -型间接带隙的半导体材料中在高激子密度下还存在明显的库伦屏蔽效应(Dashiell et al., 2001),进一步抑制了强激发下的发光强度。无序量子点样品由于尺寸涨落大,在强激发下存在局域高激子密度区域,因此,非辐射俄歇复合效应和库伦屏蔽效应显著,导致发光强度趋于饱和甚至下降。相比有序量子点样品,由于尺寸均一,高激发功率下载流子分布相对均匀,非辐射俄歇复合效应和库伦屏蔽效应并不明显,非平衡激子仍主要通过辐射复合发光,因此发光强度在高激发功率下并无明显衰减。

　　进一步分析表明,两个样品发光峰的半高宽(FWHM)和峰值波长随激发功率的变化关系均有显著区别[图 7.4(a)和(b)]。对比不同功率下的 FWHM 可以看到有序量子点样品的半峰宽随着激发功率增加而单调递减,而无序量子点的半宽则呈现先少量减小再随后增加的趋势。通常而言,随着激发功率增加,由于光生载流子数目的增加,能级填充效应使得复合发光的光子能量展宽,发光峰相应地呈现展宽效应(Dashiell et al., 2001)。在 100 mW 以上,有序量子点的发光峰较无序量子点更窄,可以被归因于量子点一致性的改善,带来的整体复合发光光子能量分布的收窄。而随着激发功率进一步增大,有序量子点半宽持续减小,则并非再可以简单地归因于均匀性的改善。实际上,这种六角密排的有序量子点结构天然地形成了一个横向分布式反馈结构(Chen et al., 2010),光波在分布式反馈结构中存在谐振腔模,其对应的谐振腔模波长 λ 可通过下式计算:

$$\lambda = 2nd \tag{7.1}$$

其中,n 为平均折射率;d 为有序结构的周期。考虑图 7.2 中所示的结构,可以估算得到对应的分布式反馈结构的谐振腔模约在 1 360 nm 附近(取 $n = 3.4$, $d = 200$ nm)。随着激发功率增加,发光峰位蓝移[如图 7.4(b)所示],从而更加接近谐振波长 1 360 nm,因此量子点自发辐射的发光峰与有序结构对应的腔模的耦合作用会更加明显,这可能是导致发光峰半宽在高激发功率持续减小的一个原因。

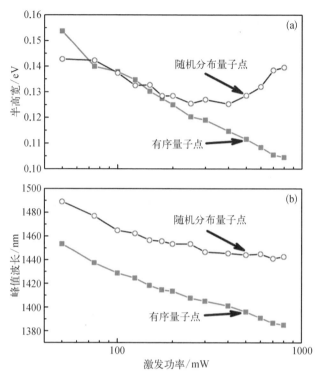

图 7.4　有序量子点及参考样品的光致发光特性

（a）和（b）分别为不同激光功率下发光峰的半高宽（FWHM）和峰值
波长

7.1.2　低密度稀疏硅锗量子点的发光性质

基于电子束光刻的图形化技术，极大地提升了衬底图形结构的灵活性，结合刻蚀工艺，可以方便地在 Si 衬底表面制备出具有不同密度、不同尺寸、不同形状和不同排布结构的纳米孔图形结构，进而实现各种复杂 SiGe 纳米结构的可控外延生长。制备稀疏 SiGe 量子点阵列，可以为研究无近邻耦合作用下的低维 SiGe 量子点物性提供可能性。

图 7.5 为在图形 Si(0 0 1)衬底表面通过可控外延生长技术获得的低密度稀疏 SiGe 量子点的 AFM 形貌图（Ma et al.，2014）。（a）~（f）周期分别为 600 nm、1 μm、3 μm、5 μm、10 μm 和 15 μm。通过电子束光刻和反应离子刻蚀工艺，首先在 Si(0 0 1)衬底表面制备出具有约 25 nm 深和约 90 nm 直径的圆孔图形。纳米孔采用正方形排布，周期分别为 600 nm、1 μm、3 μm、5 μm、10 μm 和 15 μm，之后经过化学清洗进入 MBE 外延生长腔体中。经过高温除气等步骤后，首先在 450 ℃ 以 0.3 Å/s 的沉积速率生长 Si 缓冲层，然后以 0.06 Å/s 的速率生长 SiGe 量子点。Ge 生长的过程

中,衬底温度同步由低温升至高温。由于纳米孔图形的占空比有数量级以上的变化,因此,为了实现单个纳米孔中有且仅有一个量子点的稀疏可控生长,不同周期对应的最佳生长 Si 缓冲层生长厚度、Ge 沉积量和生长温度需分别进行优化。表 7.1 列出了不同周期样品对应的最佳生长工艺参数和对应的量子点的平均宽度和高度。

表 7.1 不同周期样品的生长参数和量子点尺寸

周期/μm	缓冲层厚度/nm	缓冲层生长温度/℃	Ge 沉积量/ML	Ge 生长温度/℃	量子点(宽度/高度)/nm
0.6	130	400	8.5	450→550	144/23.4
1	40	400→550	3	450→550	140/18.7
3	40	400→550	3	450→550	138/20.2
5	40	400→550	3	450→550	106/15.3
10	40	400→550	3	450→550	108/16.7
15	40	400→550	3	450→550	108/17.1

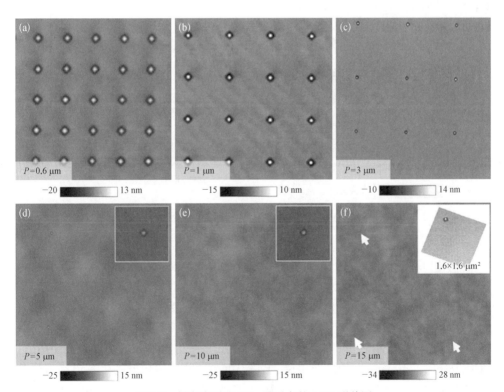

图 7.5 低密度稀疏 SiGe 量子点的 AFM 形貌图

(a)~(f) 周期分别为 600 nm、1 μm、3 μm、5 μm、10 μm 和 15 μm;(d)~(f) 的插图分别为放大的单个量子点形貌

由图 7.5 中的生长结果可以看到,经过参数最优化后,可以实现不同周期下每个纳米孔中均有一个 SiGe 量子点的精确可控生长,纳米孔之间的平区域无额外的量子点生长,量子点呈现穿顶状或金字塔状形貌结构。在 15 μm 周期下,量子点面密度已经低至 $4.4×10^5$ cm^{-2},其稀疏程度可近似为单个足球场的面积上有且只有一个足球,实现真正意义上的无近邻耦合效应的孤立单 SiGe 量子点结构。

采用扫描俄歇成像(scanning Auger mapping, SAM)技术可以以较高的横向分辨率对纳米结构的元素组分分布进行成像表征。图 7.6 是采用 SAM 对 3 μm 间距的单个 SiGe 量子点进行的元素组分成像数据,可以看到纳米孔内的 SiGe 量子点呈现高 Ge 组分。而纳米孔之间的平坦 Si 表面的 Ge 组分远远低于纳米孔内的 Ge 组分,说明 Ge 原子在可控生长过程中充分迁移,进入到纳米孔中进行成核。进一步对纳米孔内的单个 SiGe 量子点上进行俄歇元素成分谱图测量和分析[图7.6(b)],可以得到单个 SiGe 量子点内的平均 Ge 组分为 43.1%。

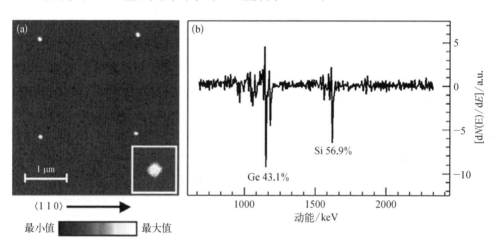

图 7.6　单个 SiGe 量子点样品的 SAM 元素组分成像

(a) 间距为 3 μm 的 Ge 组分的 SAM 图;(b) 在单个 SiGe 量子点上测量得到的俄歇元素成分谱图

采用 PL 技术可以对稀疏 SiGe 量子点样品的光电转换和载流子复合发光行为进行表征,图 7.7 是对间距为 1 μm 的稀疏 SiGe 量子点样品的宏观 PL 测量结果。测试采用 488 nm 波长的激光进行激发,激光功率密度为 1 200 mW/cm^2,测试温度为 15 K,激光光斑覆盖的量子点数目约为 500 个。为了消除表面缺陷复合对 SiGe 低维量子点内部光电过程的影响,样品在生长过程中,在 SiGe 量子点生长完毕后,进一步沉积了 100 nm 厚的硅覆盖层,生长温度为 400 ℃。较低的生长温度可以降低覆盖层生长过程中的 Si - Ge 元素互混,降低对量子点的 Ge 组分分布的影响。样品在生长完毕后,进一步进行了快速热退火(rapid thermal annealing, RTA)处理,以降低低温生长材料内的位错缺陷密度,退火温度为 680 ℃,持续时间为 120 s,退火保护气氛为95% N_2与5% H_2的混合气。图7.7(a)是样品退火前后的PL曲线对比,可以看到,RTA处理前,量子点仅有来自平坦区域SiGe浸润层的非声子峰(NP_{WL})和来自硅的声子伴线信号(TO_{Si})。而RTA处理后,在0.9 eV能量附近,出现了两个明显的发光峰,能量分别为878 meV和921 meV,它们分别对应SiGe量子点的横光学声子伴线峰(TO_{dot})和非声子峰(NP_{dot})(Wane et al., 2001; Brehm et al., 2010)。同时,来自浸润层的发光峰也在RTA后出现4 meV的红移。高温退火处理通常会引起Si-Ge互混增加,进而产生PL峰的蓝移效应(Brehm et al., 2011),而互混同时也会导致来自浸润层的发光峰的展宽,其本质为浸润层作为一个Si/SiGe/Si量子阱层,阱层的Ge元素在高温下的迁移和偏析,导致发光峰出现红移。对于稀疏的单个SiGe量子点而言,RTA高温处理过程引起更为显著的Si-Ge原子互混,因此导致量子点内的平均Ge组分下降,发光峰蓝移110 meV。而且,RTA高温处理后,来自的NP_{WL}峰和TO_{Si}峰的强度均显著下降,进一步表明了高温处理后,量子点内的结晶缺陷减少,对光生载流子的俘获能量增强,更多的载流子在SiGe量子点内复合发光。

图7.7(b)进一步给出了RTA处理后的样品随着激光激发功率的增加的PL光谱,可以看到来自量子点的发光峰随着激发功率呈现蓝移,而来自浸润层的发光峰并不随着激发功率移动。这也证实在0.9 eV能量附近的发光峰来自Ⅱ-型能带结构的SiGe量子点的TO_{dot}和NP_{dot}峰。而浸润层是Ⅰ-型能带结构,因此发光峰不随激发功率移动。图7.7(a)给出了RTA前后样品的积分PL强度随着激发功率的变化关系,其拟合得到的幂指数分别为0.5和0.81。亚线性的关系也表明SiGe量子点的发光峰来自Ⅱ-型能带结构(Dashiell et al., 2001)。

对于稀疏SiGe量子点样品,采用微区PL测量技术,可以对

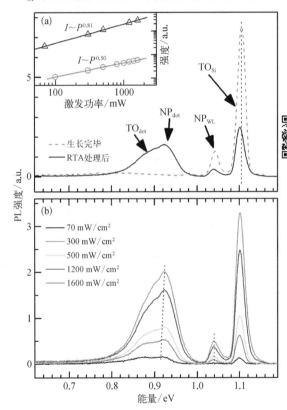

图7.7 稀疏可控SiGe量子点的宏观PL光谱特性

(a) RTA前后的PL光谱对比,插图为RTA前后积分PL强度随激发功率的变化关系;(b) RTA后的不同激发功率下的PL光谱

单个量子点的发光特性进行测量,进一步获得单个量子点内的光电转换和复合发光特性。由于 SiGe 量子点为 Ⅱ-型能带结构,材料本身均为间接带隙材料,辐射复合跃迁概率比直接带隙材料低数个量级,因此,为探测到单个 SiGe 量子点的 PL 光谱,通常需要降温至极低温状态,以最大化抑制俄歇等非辐射复合过程。图 7.8 为低温下测量的单个可控生长 SiGe 量子点的不同激发功率下的微区 PL 光谱,量子点间距为 3.4 μm,测量温度为 10 K,激光光斑的直径约 4 μm。1.1 eV 左右的尖峰为来自硅的 TO 信号;而 0.95 eV、1.05 eV 两个尖峰则是来自浸润层的发光信号;其中 1.025 和 0.97 eV 附近的两个峰分别对应浸润层的非声子峰(NP)和声子伴线峰(TO)。而单个 SiGe 量子点的发光,则仍然体现为一个较宽的包络,且信号较弱。发光峰能量范围覆盖 0.8~0.95 eV,但由于信号太弱,无法分辨 NP 和 TO 峰。进一步的拟合可以给出,量子点的发光峰半高宽约 16 meV,这是在 Ⅱ-型能带结构材料中观察到的最小半宽值。这些结果也进一步为稀疏的可控 SiGe 量子点的应用提供了实验基础。

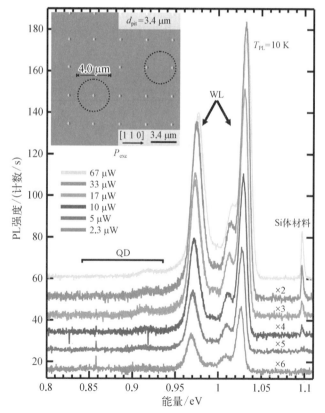

图 7.8　单个可控生长 SiGe 量子点的不同激发功率下的微区 PL 光谱,测试温度 10 K

7.1.3 三维硅锗量子点晶体内的微带发光机制

有序 SiGe 量子点在多层堆叠生长过程中存在应变自对准特性,因此可以生长获得在沿生长面内 x、y 方向和沿生长 z 方向的三维有序 SiGe 量子点阵列(Chen et al.,2010)。在多层堆叠的应变 InAs/GaAs 半导体量子点中,当在垂直堆叠方向上量子点的间距足够近时,可以观察到邻近两层量子点内的局域波函数间的耦合效应(Solomon et al.,1996)。理论计算表明,对于三维有序排布的半导体量子点系统,当满足三个前置条件时,可以产生类似于原子能级共有化的局域电子波函数扩展,产生态密度显著展宽的载流子微带,且微带间的载流子跃迁振子强度显著增加,产生强的微带间光吸收(Nika et al.,2007)。这三个条件分别是:① 量子点三维有序排布;② 量子点尺寸均匀且足够小,量子点内存在因三维量子效应而产生的相同的分立能级;③ 相邻量子点间的间距足够近,使得相邻量子点间的载流子波函数能产生强耦合。满足这些条件的三维量子点系统,可类比原子排列成晶体的概念,被称为三维量子点晶体。基于可控外延技术产生的多层堆叠三维有序 SiGe 量子点系统,在进一步对结构进行严格的调控后,有望产生近似满足上述三个条件的量子点系统,进而显著改善其作为 Ⅱ-型间接带隙材料的光学特性。

图 7.9 是采用纳米球刻蚀技术(Chen et al.,2009)和分子束外延技术制备的具备量子点晶体特征的三维有序 SiGe 量子点阵列,量子点横向周期为100 nm,呈现六角密排结构。图 7.9(a)是十层量子点生长完毕后的顶层 SiGe 量子点的表面 AFM 形貌图,可以看到量子点的周期和有序性得到了近乎完美地保持。基本生长过程是首先在 400 ℃沉积 64 nm 的硅缓冲,然后再 450~550 ℃变温过程中,沉积第一层 10 ML 的 Ge,产生第一层有序 SiGe 量子点,之后开始多层堆叠 SiGe 量子点的

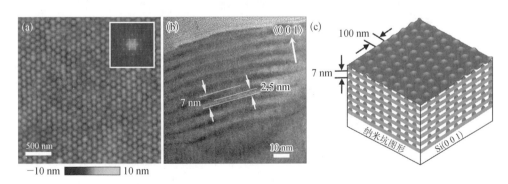

图 7.9　三维有序 SiGe 量子点晶体结构

(a) 10 层堆叠的 SiGe 量子点晶体表面 AFM 形貌图;(b) 样品的高分辨 TEM 图;(c) 样品的三维结构及尺寸示意图

生长,由于应变的积累,堆叠量子点生长过程中,相同 Ge 沉积量下 SiGe 量子点尺寸会产生逐层放大现象。因此,为了抵消该现象,每层 SiGe 量子点的 Ge 沉积量递减 0.5 ML,相邻量子点层间,插入 5.5 nm 厚的 Si 间隔层。图 7.9(b)是十层量子点样品的高分辨截面 TEM 图,可以看到生长完毕后,由于层间 SiGe 原子互混和迁移,最终产生的堆叠量子点的垂直高度约 4.5 nm,Si 间隔层厚度 2.5 nm。即三维量子点系统的横向周期为 100 nm,垂直方向周期为 7 nm。满足小尺寸、高均匀、近邻耦合的量子点系统特点。

　　为了验证该系统是否具有三维量子点晶体的光学特性,对其 PL 特性进行了详细的测试研究。图 7.10(a)~(d)分别是 1 层、5 层、10 层和 15 层量子点晶体样品的变激发功率 PL 光谱。为了减小表面复合对发光特性的影响,进行 PL 光谱测试的样品在最上层 SiGe 量子点生长完毕后,在 400 ℃的低温下沉积了 100 nm 的 Si 帽层,起到表面钝化的效果。可以看到两个显著的特征,即在同样的激发功率下,随着堆叠层数的增加,PL 光谱的半峰宽逐渐减小。而由激发功率增加产生的能级填充效应相关的 PL 峰蓝移效应,则随着堆叠层数的增加越发地不明显。

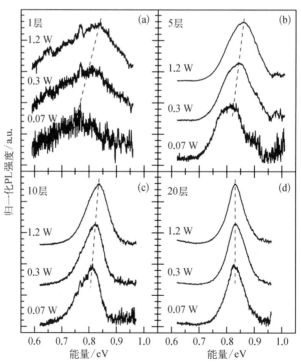

图 7.10　不同堆叠层数的三维 SiGe 量子点
晶体的变功率 PL 光谱

(a) 1 层;(b) 5 层;(c) 10 层;(d) 20 层

图 7.11 是进一步提取 PL 发光峰的半高宽和 0.07~1.2 W 发功率下的峰值能量蓝移量与堆叠层数的关系。半宽和峰值能量蓝移量随层数增加均呈现指数衰减的特征,均可以使用一个基于紧束缚近似的指数函数关系进行拟合(Solomon et al., 1996)。该特征与多层堆叠 InAs/GaAs 量子点的发光变化行为有相似性,对于 SiGe 量子点而言,其Ⅱ-型能带的带阶主要出现在价带,因此,在多层有序 SiGe 量子点晶体中,微带的形成主要为空穴微带。由于样品的量子点横向、纵向间距均已经足够小,因此,量子点间的确可能存在强电子态耦合。而随着堆叠周期数目的增加,垂直方向的量子点间耦合作用更加明显,空穴能级的耦合和共有化(或称为去局域化)特征也将更加明显,因此微带跃迁的光学特性也更加明显,这与实际测量的不同层数样品的 PL 光谱特征吻合。理论计算表明,由于微带存在一定能量展宽,在基带微带的最小能量处存在态密度的尖峰(Lazarenkova et al., 2002)。由于实验中采用的激光激发功率密度仍然较小,因此,随着堆叠层数的增加和微带效应的显著,更多的光生载流子可能倾向于填充在基态微带的最低能量处,因此,多层量子点晶体的 PL 峰宽更窄,峰值能量移动更少。在 15 层样品中,观察到的峰值能量几乎不随激发功率增加而移动 [图 7.11(d)],也与理论解释吻合。这与平 Si 衬底上生长的多层无序 SiGe 量子点(Dashiell et al., 2001)或与低密度的稀疏无耦合多层量子点(Chen et al., 2010)的 PL 发光特性有显著区别。进一步证明,三维量子点晶体的电子态耦合产生了微带相关的光学特性。

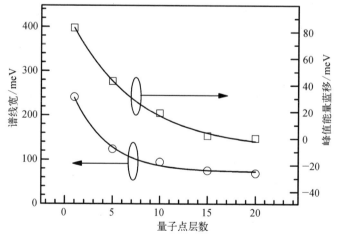

图 7.11 PL 发光峰的半高宽和峰值能量蓝移量与
堆叠层数的关系(功率范围 0.07~1.2 W)

进一步研究表明,多层 SiGe 量子点晶体的 PL 发光强度相对于平 Si 衬底上同样参数生长的同样堆叠层数的无序 SiGe 量子点显著增强。图 7.12 是一组 15

层堆叠样品的对比结果,可以看到量子点晶体的 PL 强度显著增加。这种增强一方面与大周期有序多层量子点发光增强机制类似(7.1.1 小节),即有序量子点样品由于尺寸均一,高激发功率下载流子分布相对均匀,非辐射俄歇复合效应和库仑屏蔽效应不明显,非平衡激子主要通过辐射复合发光,因此发光强度增强。另一方面,微带的形成所产生的带间跃迁振子强度增加,导致带间复合发光增强,也是一个贡献因素。而随着激发功率的增强,量子点晶体的积分 PL 强度仍然服从亚线性的变化关系[图 7.12(b)],拟合幂指数为 0.61,说明微带的形成并未改变其根本的 II-型能带特征。

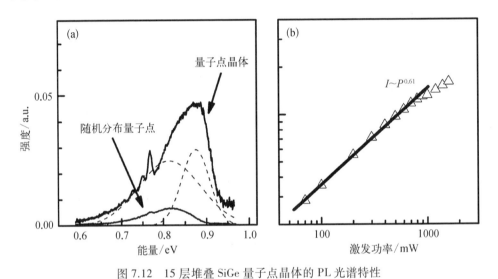

图 7.12　15 层堆叠 SiGe 量子点晶体的 PL 光谱特性

(a) 与在平 Si 衬底上同样参数生长的 15 层无序量子点 PL 光谱对比;(b) PL 强度随激发功率变化关系

　　图 7.13(a)和(b)分别给出了该 15 层 SiGe 量子点晶体 PL 光谱的 NP、TO 峰能量随激发功率的变化和 NP、TO 峰半高宽随激发功率的变化关系。随激发功率的增加,NP 峰、TO 峰均基本保持不变,这与图 7.10(d)的光谱数据一致,其机理即为基带空穴微带的形成和微带的态密度峰值填充效应。而 TO 和 NP 的峰宽随激发功率的变化表现出相反的变化特征,有别于在通常多层 SiGe 量子点样品观察到的 TO、NP 峰均随着激发功率增加而蓝移的现象(Dais et al.,2008)。根据 Lazarenkova 等的理论计算(Lazarenkova et al.,2002),在量子点晶体中由于存在量子点界面等周期性的散射结构,将会产生许多准光学声子的分支,进而导致载流子的能量弛豫过程显著变化。因此,TO 伴线的 FWHM 随着激发功率变化可以推测与准光学声子分支的产生有关,但是进一步的定量理解还需要做更深入详细的理论计算。

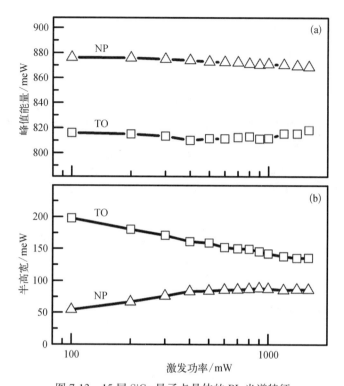

图 7.13 15 层 SiGe 量子点晶体的 PL 光谱特征

(a) NP、TO 峰能量随激发功率的变化;(b) NP、TO 峰半高宽随激发
功率的变化

7.1.4 斜切衬底高密度硅锗量子点的发光增强

量子点间的强耦合会导致载流子倍增效应(Govoni et al., 2012)、局域态到去局域态的 Anderson 转变(Talgorn et al., 2011)以及中间能带的形成(Sugaya et al., 2010),因而量子点在光电子器件中有广泛的潜在应用可能。实现量子点间强耦合的前提是量子点间距足够小,以使相邻量子点之间的波函数有效重叠。获得耦合量子点系统的最常见方法是通过减小间隔层厚度来实现量子点波函数在垂直方向的耦合。然而,横向耦合的量子点可能更具前景,因为这种耦合可以在多个方向发生,进而产生更独特的效应。由于自组织量子点间一般具有较大的间距,因此横向耦合量子点难以实现,与量子点间横向耦合有关的独特效应鲜有实验研究,平面内高密度量子点可能是研究横向耦合量子点耦合行为的理想体系。

通过调节斜切偏角和优化生长参数可以实现对 SiGe 量子点体系结构特征的有效调控。图 7.14 为相同生长条件下,Si(0 0 1)衬底和斜切 5°的 Si(0 0 1)衬底上所获得的 SiGe 量子点的 AFM 形貌图。在 Si(0 0 1)衬底上量子点(isolated QDs,

I - QDs)密度较低(1.3×10^{10} cm^{-2}),且间距较大,因此该量子点之间不会存在相互耦合作用[图 7.14(a)];在斜切 5°的 Si(0 0 1)衬底上量子点(coupled QDs, C - QDs)的密度达到 1.0×10^{11} cm^{-2}[图 7.14(b)],这些量子点横向尺寸极小(约 25 nm),并且彼此相邻。另外,两种量子点的高度也存在较大差异,I - QDs 的平均高度在 2.5 nm 左右,而 C - QDs 的平均高度为 1.2 nm 左右[图 7.14(c)和(d)]。

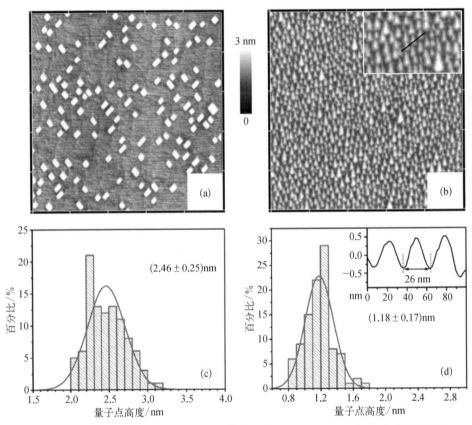

图 7.14 不同衬底上量子点的原子力显微镜图像(1 μm×1 μm)和量子点高度统计图

(a) Si(0 0 1)衬底上量子点的 AFM 图;(b) 斜切 5°的 Si(0 0 1)衬底上量子点的 AFM 图;(c) Si(0 0 1)衬底上量子点的高度统计图;(d) 斜切 5°的 Si(0 0 1)衬底上量子点的高度统计图

图 7.15 为温度 16 K 时,I - QDs 和 C - QDs 的 PL 光谱随激发功率(100~1 400 mW)变化的行为。对于 I - QDs 和 C - QDs,其 PL 谱主要由单一发光峰组成。这一发光峰来源于 SiGe 量子点中激子的非声子复合过程,这是由于量子点的小尺寸所导致的强量子限制效应。一般 Si 基材料,由于其非直接带隙特性,自发辐射过程中的能量守恒和动量守恒总会导致声子参与的复合过程,即声子伴峰。对量子点,根据海森堡不确定原理,载流子在实空间限制越小,其波函数在动量空间就越分散。考

虑图 7.14 所示的硅锗量子点,由于其尺寸都相当小,限制在量子点附近的载流子对应的波函数在动量空间的扩展大大促进了激子的非声子复合,使得硅锗小量子点的光致发光峰主要表现为非声子复合过程(Dashiell et al., 2001)。与 I - QDs 相比,在所有激发功率下,C - QDs 的 PL 比 I - QDs 都要强得多。

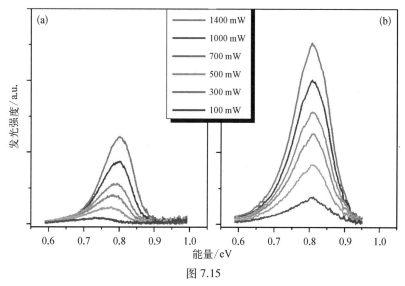

图 7.15

(a) I - QDs 和(b) C - QDs 在 16 K 温度下,激发功率为 100~1 400 mW 时的 PL 谱

图 7.16 展示了两个量子点体系发光峰特性随激发光功率的变化行为。可以看出,随着激发功率从 100 mW 增加到 1 000 mW,I - QDs 的 PL 峰显著蓝移,其蓝移量约为 59 meV/dec。这一明显蓝移可以归因于 SiGe 量子点典型的 II -型能带排列结构(即空穴局限在量子点内,电子位于邻近的 Si 中)所导致的明显能带弯曲效

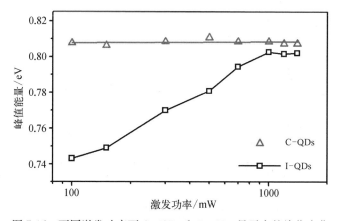

图 7.16 不同激发功率下 C - QDs 和 I - QDs 量子点的峰位变化

应(Chen et al., 2007)。一般来说,对于非均匀量子点系统,低能量能级由尺寸较大的量子点基态组成,这些大量子点的基态密度很小,且相对离散,进而导致能带之间的能隙较大。随着能量的增加,相邻态之间的能量间距趋于减小,而相应的态密度增大。因此,随着激发功率的增加,量子点体系的发光峰位先是明显蓝移,当相应态的态密度明显变大时,发光峰的蓝移就会减小,即高激发功率下的 PL 峰蓝移量可以减小到 0。

对于 C - QDs,随着激发功率的增大,C - QDs 的 PL 峰位置几乎不变。在整个激发功率范围内,C - QDs 的 PL 峰能量几乎固定在 0.81 eV 左右。基于对于 I - QDs 的讨论,较小的量子点通常会由于更强的量子限制效应和更高的 Hartree 势而产生更明显的能带弯曲和填充效应。相应地,随着激发功率的增加,较小量子点的发光峰位一般有较大的蓝移。令人惊讶的是,尽管 C - QDs 的高度远小于 I - QDs,但随着激发功率的增加,C - QDs 的 PL 峰能量是恒定的,这些事实表明,高密度的 C - QDs 之间存在强耦合。对于 Ge - QDs/Si 系统,量子点中激子的局域化主要由空穴决定。考虑到 C - QDs 尺寸较小且排列紧凑,C - QDs 中空穴的波函数将扩展到邻近量子点中,因此,高密度 C - QDs 间的耦合很容易发生,使得单个量子点的离散能级可以演化为几乎连续的扩展状态,即 C - QDs 之间的强耦合可以导致态密度的显著增加和能级集中,形成微带。随着激发功率增加,虽然载流子增加,但能量填充效应和能带弯曲效应在目前的功率范围内几乎可以忽略不计,所以 C - QDs 的峰位随激发功率几乎不变,如图 7.16 所示。

此外,随着激发功率的增加,两种类型量子点 PL 发光峰的半高宽(FWHM)也表现出明显的差异行为,如图 7.17 所示。对于 I - QDs,随着激发功率从 100 mW增加到 1 000 mW,PL 峰的 FWHM 逐渐减小,当激发功率从 1 000 mW 增加到

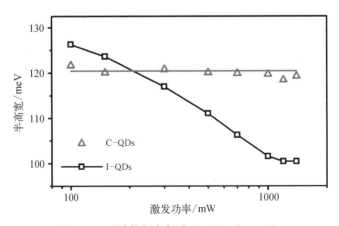

图 7.17　不同激发功率下,C - QDs 和 I - QDs
量子点的半高宽(FWHM)变化

1 400 mW时，PL 峰的 FWHM 几乎保持不变。对于 C－QDs，在所有激发功率下，PL 峰的 FWHM 几乎保持不变。基于前面讨论的 C－QDs 间耦合特性，我们可以将 C－QDs 体系量子点 FWHM 几乎保持不变的现象归因于量子点间耦合所形成的微带。由于 C－QDs 中微带的态密度较大，C－QDs 的 PL 峰半高宽随激发功率的变化很小，因而难以观察。

图 7.18 为 I－QDs 和 C－QDs 在 1 400 mW 激发功率下 PL 峰移随温度的变化。结果表明，随着温度的升高，I－QDs 和 C－QDs 的发光峰都发生了红移，此外，与 I－QDs 相比，C－QDs 的 PL 峰红移更为明显。Ge 量子阱材料能隙与温度的依赖性可用瓦里什尼定律来描述（Varshni，1967），即

$$E_g(T) = E_g(0) - \frac{\alpha T^2}{T + \beta} \tag{7.2}$$

其中，T 是样品温度；$E_g(0)$ 是 0 K 时 Ge 的带隙；系数 α 是 7.2×10^{-4} eV/K；β 是与德拜温度有关的值，取值为 420 K。

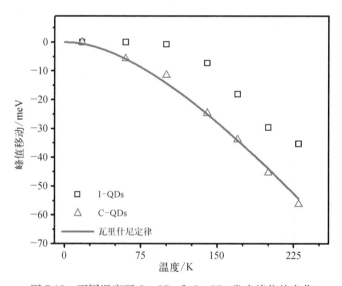

图 7.18　不同温度下 C－QDs 和 I－QDs 发光峰位的变化

从实验数据中可以看出，C－QDs 的 PL 峰随温度的红移与 Ge 量子阱材料的红移一致，而 I－QDs 的红移则明显偏离 Ge 量子阱材料的情况。晶格常数的变化和激子–声子相互作用导致了带隙的温度依赖性（Santos et al.，2015），对于 I－QDs 和 C－QDs，晶格常数的贡献应该几乎相同，而对于激子–声子相互作用的贡献，受激子波函数的影响较大。对于 I－QDs，量子点中激子的局域化有效地抑制了激子–声子相互作用。因此对于 I－QDs，其红移与预期的瓦里什尼定律出现了偏差。

对于较小的量子点,由于更强的载流子局域化,这种偏差应该更明显。然而,尽管 C - QDs 比 I - QDs 小得多,但 C - QDs 的 PL 峰红移与 Ge 量子阱材料的红移惊人的一致。以上结果可归因于 C - QDs 中激子的去局域化,它类似于 Ge 量子阱材料中的激子,因此,C - QDs 中的激子-声子相互作用接近于 Ge 量子阱材料,这一实验结果进一步证实了 C - QDs 之间的强耦合作用及其激子的去局域化行为。

　　图 7.19 给出了 I - QDs 和 C - QDs 归一化积分 PL 强度随温度的变化行为。显然,这两种量子点的发光强度都随着温度的升高而降低。这种 PL 猝灭行为可以用下面的方程来分析:

$$I(T) = \cfrac{1}{1 + c_1 e^{\frac{-E_1}{\kappa T}} + c_2 e^{\frac{-E_2}{\kappa T}}} \tag{7.3}$$

其中,T 是温度;k 是玻尔兹曼常数;c_1 和 c_2 是拟合参数;E_1 和 E_2 是与非辐射复合过程相关的激活能。

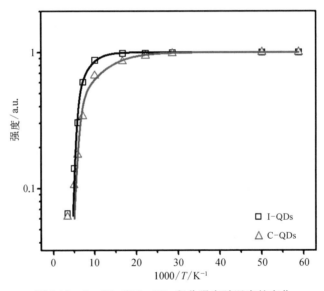

图 7.19　C - QDs 和 I - QDs 积分强度随温度的变化

　　一般认为,E_1 是载流子逃逸量子点限制的热激活能,E_2 是与激子离解为电子-空穴对有关的结合能。通过对实验数据的拟合,得到的 I - QDs 和 C - QDs 热激活能分别为 194 meV 和 140 meV。由于 C - QDs 的小尺寸特性,其具有较小的激活能是合理的,这一结果也与 C - QDs 的 PL 峰能量大于 I - QDs 的 PL 峰能量的事实相一致。较小的热激活能意味着随着温度的升高,激子可以更容易地从 C - QDs 逃逸,最终扩散到非辐射中心,发生非辐射复合。I - QDs 和 C - QDs 中激子的结合能分别为 38 meV 和 18 meV,这表明随着温度的升高,C - QDs 中激子的离解更容易发生。然而,现有研究表明随着量子点尺寸的减小,激子的结合能应该增加,虽然 C - QDs 比 I - QDs 小,但耦合作用下 C - QDs 空穴的去局域化特性可以降低横向量子限制效应,进而促进激子向自由载流子的解离,这导致了 C - QDs 具有小的结合能。

　　综上所述,与 Si(0 0 1)衬底上低密度的 Ge 量子点(I - QDs)相比,随着激发光功率的增加,斜切 Si(0 0 1)衬底上高密度量子点(C - QDs)表现出较强的发光强度、几乎恒定的峰能量和半高宽度。此外,随着温度的升高,C - QDs 的发光峰发生了更明显的红移和快速的 PL 猝灭。这些结果表明面内高密度 Ge 量子点间有较强的横向耦合,这一特性将有利于具有面内电极的光电探测器的发展。

7.2　石墨烯-有序硅锗量子点复合结构的发光行为

　　石墨烯是近些年出现的一种有潜力的新型二维电子学材料。大量研究表明,石墨烯薄膜作为一种可替代的二维等离子材料在多个领域展示出优良的特性(Wang et al., 2012; Grigorenko et al., 2012)。利用石墨烯的二维薄层特性,可以很容易地实现石墨烯-半导体纳米结构的混合结构,进而研究二维材料与低维材料的电子学相互作用,及其可能产生的新奇物理现象。在石墨烯/CdS 量子点(Chen et al., 2012b)和石墨烯/ZnO 薄膜(Kasry et al., 2012)两种混合结构中,分别观察到了 PL 光谱的淬灭和增强效果。石墨烯/CdS 量子点的 PL 淬灭机理是 CdS 半导体量子点在特定波长激光激发下产生的热载流子向石墨烯转移,进而导致 PL 减弱。而石墨烯/ZnO 薄膜的 PL 增强机理则是 ZnO 薄膜中存在的周期性结构与石墨烯之间耦合产生的表面等离子激元,等离子体激元与激光的共振激发产生了 ZnO 薄膜的 PL 增强。可控 SiGe 低维量子结构具有有序性、均一性等良好特性,因此,亦可利用可控 SiGe 低维量子结构的优良特性与石墨烯材料集成,制备出混合结构,可以探索石墨烯与 SiGe 量自点之间的表面等离子体相互作用及其对 SiGe 量子点结构光学性质的影响。

　　图 7.20(a)的插图是制备获得的石墨烯/SiGe 有序量子点的混合集成结构。SiGe 量子点结构为利用图形衬底上的可控分子束外延技术生长的 10 层堆叠的有序 SiGe 量子点阵列,量子点横向周期为 100 nm,图 7.20(a)为该 10 层堆叠 SiGe 有序量子点的表面 AFM 形貌图。单层石墨烯是通过化学气相沉积生长工艺在 Cu 衬底上生长获得的(Li et al., 2011)。图 7.19(b)是覆盖单层石墨烯区域样品的拉曼光谱。通过 2D 峰和 G 峰的位置及其相对强度可以明确地判断,在量子点表面所制备的石墨烯为高质量单层石墨烯结构(Li et al., 2011)。

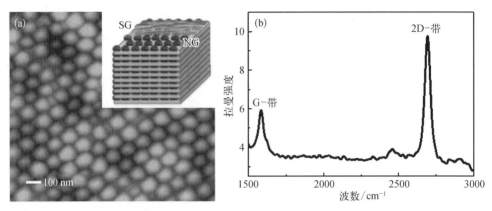

图 7.20　石墨烯/SiGe 有序量子点的混合集成结构

（a）10 层堆叠 SiGe 有序量子点的表面 AFM 形貌图,插图为石墨烯-量子点混合结构示意图;（b）覆盖
单层石墨烯区域样品的拉曼光谱

　　图 7.21（a）~（c）分别给出了不同激光激发波长下的石墨烯区域和无石墨烯区域 PL 光谱。可以看出,325 nm 激发波长下,石墨烯区域的发光强度约为无石墨烯区域的 1.7 倍,而在 488 nm 波长下,石墨烯区域的发光强度则衰减为无石墨烯区域的约 60%,在 405 nm 波长下,两个区域的 PL 波长几乎相同。这些结果表明,存在两种不同的作用机制,使得在不同激发激光波长下,石墨烯与 SiGe 量子点之间的电子态相互作用不同,进而产生 PL 强度的增加或衰减。

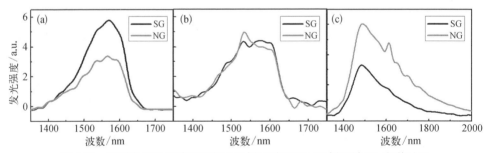

图 7.21　不同激光激发波长下的石墨烯区域和无石墨烯区域 PL 光谱对比

（a）325 nm;（b）405 nm;（c）488 nm

　　图 7.22（a）进一步给出了样品在 488 nm 激发波长下有无石墨烯区域 PL 的积分强度随温度的变化关系对比。可以看出,在测量的 15~55 K 温度范围内,两个区域的发光强度均随温度升高而衰减,这是由于高温下非辐射复合过程增加所致。而值得注意的是,有石墨烯的区域发光强度在整个温度区间均弱于无石墨烯区域。图 7.22（b）给出了石墨烯/SiGe 量子点/Si 衬底样品结构的能级及电子转移机制示意图。石墨烯的功函数是 4.5 eV,而石墨烯的费米能级低于 SiGe 量子点的费米能级（即导带底）,因此激光激发产生的光生载流子存在概率向石墨烯层渡越,进而

导致 SiGe 量子点内可用于辐射复合发光的载流子数目减少,因此量子点内的发光强度衰减。而对于 325 nm 的激发波长下的 PL 增强,则可能是来自等离子激元的共振激发效应。图 7.23(a)~(c)给出了这种共振激发效应的物理机制示意图。由于激光在半导体材料内的穿透深度与波长成反比,因此,在较短激发波长下,更多的光生载流子在靠近 SiGe 量子点表面产生。在 325 nm 激光波长的激发下,石墨烯层内可能产生了等离子体激元,激元场垂直于石墨烯/量子点的界面,且沿激光入射方向指数衰减。激光的穿透深度通常仅有数个纳米,与顶层 SiGe 量子点的尺度相同。激元场与顶层量子点层的耦合产生共振激发,增强了量子点中的光吸收和载流子产生效率,进而引起 PL 发光强度增强。

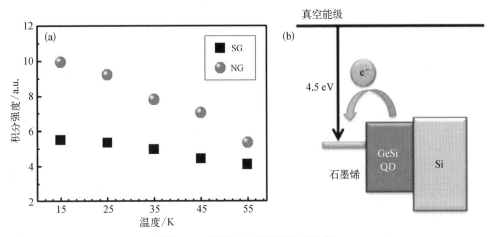

图 7.22　样品 PL 特性及机理分析

（a）488 nm 激发波长下的有无石墨烯区域 PL 的积分强度随温度的变化关系;（b）能级及电子转移机制示意图

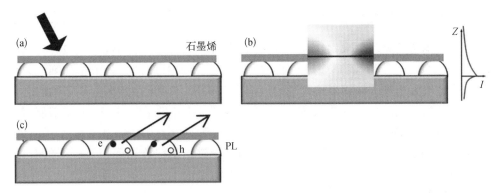

图 7.23　石墨烯/SiGe 量子点混合结构的表面等离子体激元 PL 增强机理分析

（a）激光入射示意图;（b）表面等离子体在石墨烯中产生;（c）通过表面等离子体激元激发在量子点内产生电子空穴对和辐射复合发光

7.3　锗硅纳米结构与光学微腔共振模的耦合效应

　　半导体纳米颗粒、纳米柱和纳米线可以作为光学微腔使得光在纳米结构内产生很强的反射并被限制在纳米结构内(Schuller, 2009)形成光学共振,一般称为 Mie 氏共振。由于此类光学共振可以有效增强纳米结构内的光与物质相互作用,半导体纳米结构在很多方面都有着极高的潜在利用价值,譬如太阳能电池和光探测器。为减小微腔的散射使其具有较高品质因子,可采用的光学微腔包括法布里-珀罗微腔(F－P 腔)、回音壁微腔(WGM 腔)和光子晶体微腔(PC 腔)(Zhang et al., 2018)等。由于其较高的品质因子和显著的发光增强效果,这些光学微腔在光与物质相互作用、硅基光源等方面有重要应用。在诸多半导体材料中,Si 基材料(如 Si、Ge 等)因其与工业界成熟的 Si 工艺兼容而得到了研究人员的重视。尽管锗硅材料的间接带隙性质使得它们本身并不是一种理想的光电材料,但 Si 基光学微腔内部形成的光学共振效应可以有效提升其自发辐射效率(Xia et al., 2007),这使得 Si 基发光材料,如 Ge 量子点、量子阱等,与微腔结构的结合在光电器件方面有很大的应用前景。

　　本节中,我们主要介绍微纳加工制备得到的 Si 基光学微腔对 Si 基发光材料(如 Ge 量子点、量子阱等)光致发光特性的调控。涉及的微腔包括纳米柱阵列和微盘阵列,对应的微腔模式包括 Mie 共振、回音壁模式和微腔阵列的波导共振模式(guided resonance)。对比其与平衬底上硅锗结构的光致发光特性之间的差异,探讨微腔模式对量子点发光的调控,并对微腔模式的来源做简要分析。

7.3.1　有序锗硅同轴量子阱纳米柱阵列的光致发光特性

　　通过纳米球光刻技术,我们制备出了有序 Si 纳米柱阵列(Wu et al., 2014),如图 7.24(a)所示。可以看到处理后的 Si 纳米柱保持着有序的六角密排阵列,形貌均匀度也较为理想。Si 纳米柱阵列的周期为 500 nm,直径约为 250 nm。Si 纳米柱的高度约为 1.3 μm。通过生长 Si 缓冲层,硅锗合金层(量子阱层)和 Si 覆盖层,包裹着 Si 纳米柱的同轴锗硅量子阱得以形成。图 7.24(b)为 MBE 生长量子阱后的纳米柱子 SEM 形貌图。可以看到硅锗同轴量子阱纳米柱阵列保持着较好的有序性和均匀性。MBE 生长前后的主要不同在于同轴量子阱纳米柱顶端有一个火柴头状的结构,如图 7.24(b)中插图所示。

　　为更进一步分析 MBE 生长后的锗硅同轴量子阱纳米柱的结构特征,对其进行了 TEM 表征。图 7.25(a)中所示为单根锗硅同轴量子阱纳米柱的剖面 TEM 图。

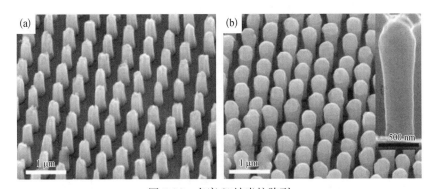

图 7.24 有序 Si 纳米柱阵列

(a) MBE 生长前;(b) 生长后的同轴量子阱纳米柱阵列 SEM 图

图 7.25(a)中硅锗同轴量子阱纳米柱内的"黑线"是外延生长在 Si 过渡层上的硅锗合金层。图 7.25(b)为高分辨 TEM 图,对应图 7.25(a)中黑色方框的位置。由高分辨 TEM 图可以估算到量子阱中的硅锗合金层大致为 5 nm 厚,且基本没有缺陷。此外,如图 7.25(a)所示,锗硅合金层覆盖整个 Si 纳米柱核心。这表明硅锗合金层较为均匀地沉积在纳米柱的侧面上。

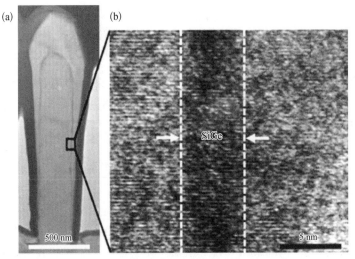

图 7.25 硅锗同轴量子阱纳米柱 TEM 图

(a) 剖面 TEM 图;(b) 剖面高分辨 TEM 图

对有序硅锗同轴量子阱纳米柱阵列和平 Si(0 0 1)衬底上生长的二维硅锗量子阱在 16 K 下的光致发光分别进行测量,以表征其光学特性(Wu et al., 2014)。图 7.26 中的空心曲线和实心曲线为相应的测量结果。可以看到这两条谱线有着十分明显的区别。与二维硅锗量子阱相比,硅锗同轴量子阱的 PL 强度明显增强了一倍左右。与此同时,纳米柱阵列对同轴量子阱的发光增强波长范围很宽(1 200~1 900 nm)。

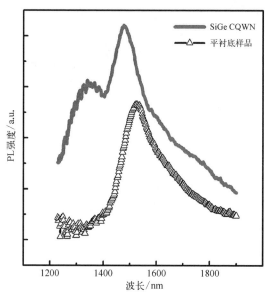

图 7.26　同等测量条件下有序硅锗同轴量子
阱纳米柱阵列及 Si(0 0 1)衬底上平
面锗硅量子阱的光致发光谱

　　一般而言,平衬底上的硅锗量子阱的 PL 谱主要由两个峰组成。这两个峰在能带填充效应和能带弯曲效应的影响下会随着激发功率的增强出现蓝移现象。而图 7.26 中硅锗同轴量子阱的 PL 谱可以被分解为 4 个高斯峰,如图 7.27 中的虚线所示。这 4 个高斯峰的峰位随着激发功率的变化基本上维持恒定,分别如图 7.27 所示。

　　上述的硅锗同轴量子阱纳米柱的 PL 特性与平衬底上二维硅锗量子阱的 PL 谱有十分显著的区别。纳米柱上的硅锗同轴量子阱作为发光源形成光致发光,而正是这些光在纳米柱内的几何散射导致了奇特的 PL 特性。对于光在球状和柱状介电材料中的散射行为已经有了大量的研究(Yao et al., 2012),现在已可以利用数值计算的方法十分精确地将其模拟出来。为了更深入地了解在硅锗同轴量子阱纳米柱内的光散射行为,我们采用了 FDTD 的方法对其进行模拟。图 7.27 中绿色曲线为用 FDTD 拟合得到的光在纳米柱内散射后出射的光谱线。可以很明显地看到,此光谱线也由 4 个峰组成,并且这 4 个峰的峰位与 PL 谱分解得到的 4 个高斯峰的峰位匹配得很好。这 4 个峰对应的是硅锗同轴量子阱纳米柱的 Mie 氏共振模(Zhang et al., 2018),这些 Mie 氏共振模是由于光在纳米柱内散射而导致的电磁波能量在空间上重新分配而引起的。与 Mie 氏共振模波长一致的出射光强度会得到

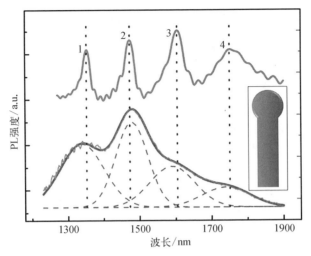

图 7.27 同轴量子阱纳米柱的 PL 谱

红色曲线 16 K 下的 PL 谱;蓝色的虚线为谱线分解所得的 4 个高
斯峰,分别用 1、2、3、4 标示;绿色曲线为用 FDTD 拟合得到的光在纳米
柱内散射后出射的光谱线;内嵌图为用于 FDTD 拟合的模型示意图

显著的提升,此外,Mie 氏共振模所对应的峰位不会随着激发强度而变化,这与图 7.28 的结果十分相似。所以,Mie 氏共振模与硅锗同轴量子阱自发辐射的耦合导致了硅锗同轴量子阱的优异 PL 结果。

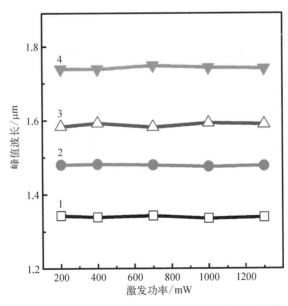

图 7.28 分解得到的高斯峰的峰位随激发功率的变化关系

7.3.2　硅锗微盘阵列对量子点光致发光特性的影响

如前所述,由于 Mie 氏共振的存在,量子阱的发光强度能被纳米柱阵列明显增强。和纳米柱阵列支持的 Mie 氏共振相比,以法布里–珀罗微腔(F – P 腔)、回音壁微腔(WGM 腔)和光子晶体微腔(PC 腔)为代表的微腔结构在提高发光物质在特定波长的发光强度方面具有更广泛的应用(Elbaz et al., 2018)。其中回音壁腔(如微盘),由于其相对简易的制作过程、较高的品质因子和较低的模式体积而受到广泛关注,如 Si 基的微盘器件,包括光致发光和电致发光器件等。近年来,研究人员将 Ge 离子轰击的 Ge 量子点嵌入到 Si 微盘中,基于此实现了光致激射器件(Grydlik et al., 2016)。因此,回音壁腔和 Si 基发光材料(如量子点、纳米线、量子阱等)复合器件在制备 Si 基光源方面具有较大优势。

图 7.29 显示了经过纳米球光刻和 KOH 溶液刻蚀后在锥形 Si 基底上嵌入 Ge 量子点的 SiGe 纳米盘阵列的 SEM 图。鉴于 KOH 溶液对 Si 的蚀刻速率比 SiGe 合金(或 Ge)的蚀刻速率大得多,因此在锥状 Si 基座上可以获得 SiGe 纳米盘(Zhang et al., 2019),如图 7.29 插图所示。SiGe 纳米盘的周期,直径和厚度分别约为 1.1 μm、0.87 μm 和 0.14 μm。微盘间较窄的间隙(约 0.23 μm)有利于纳米盘之间电磁场的耦合。

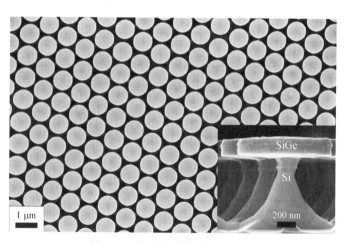

图 7.29　微盘阵列的结构示意图

图 7.30 显示了在相同激发条件下,嵌入 Ge 量子点的 SiGe 纳米盘阵列和参考样品(嵌入量子点的 SiGe 合金薄膜)的 PL 光谱。这两种类型的样品的 PL 光谱存在显著不同,与参考样品相比,SiGe 纳米盘阵列的 PL 光谱的积分强度显著提高了 2.2 倍。此外,与参考样品的宽谱 PL 峰相比,SiGe 纳米盘阵列的 PL 光谱显示为独立的 PL 峰[见图 7.30(b)插图],可将其分解为带有标记 Pi(i = 1、2、3、4)的四个洛

伦兹峰]。P3峰的波长接近参考样品 PL 峰的波长。因此,P3 峰被认为是由纳米盘内的 Ge 量子点发光引起的。而 P1(约 1 435 nm)峰、P2(约 1 520 nm)峰和 P4(约 1 712 nm)峰的波长基本上与激发功率无关。经 FDTD 模拟可知,P1、P2 和 P4 均来源于纳米盘阵列形成的微腔模式。其中 P1 来源于纳米盘的回音壁模式;P2 来自纳米盘阵列的波导共振模式(guided resonance);P4 来源于波导共振模式与 Mie 氏共振模式耦合的复合模式。

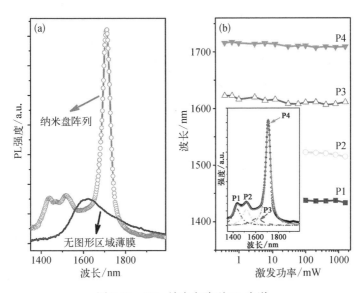

图 7.30 SiGe 纳米盘阵列 PL 光谱

(a) 嵌入 Ge 量子点的 SiGe 纳米盘阵列和参考样品(嵌入量子点的 SiGe 合金薄膜)的 PL 光谱;(b) 组成纳米盘阵列的 4 个高斯峰波长随激发功率的变化

为了进一步分析腔模的特征,随波长变化的增强因子(EF)可以通过公式 $EF(\lambda) = I_{disk}(\lambda)/I_{film}(\lambda)$ 计算,其中 I_{disk} 和 $I_{film}(\lambda)$ 分别表示 SiGe 纳米盘阵列和参考样品的 PL 光谱的强度;λ 表示波长。图 7.31(a)显示了在激发功率变化时增强因子(EF)随波长的变化。EF 在大约 1 435 nm 和 1 712 nm 处有两个明显的峰,在约 1 520 nm 处观察到一个弱峰。这三个峰与上述峰 P1、P4 和 P2 非常吻合。P1 峰和 P4 峰处的 EF 值分别高达约 16 和 9。这表明微盘阵列能显著增强 Ge 量子点在特定波长处的发光强度。与此同时,随着激发功率的增加,峰值 P1 处的 EF 值急剧上升,而在峰值 P4 处的 EF 值略有下降,如图 7.31(b)所示。这一现象可以用珀塞尔(Purcell)效应来理解。

当光源(例如量子点)在弱耦合状态下与微腔相互作用时,自发辐射(SE)速率的增强因子 F 可以由下式给出(Englund et al.,2005):

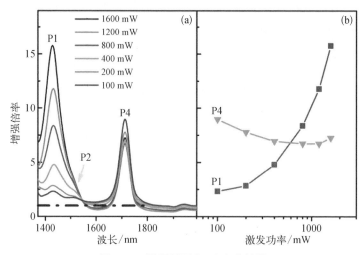

图 7.31 增强因子(EF)变化特性

（a）不同激发功率下 EF 随波长的变化曲线；（b）P1、P4 峰对应的 EF 随激发功率的变化曲线

$$F = \frac{\Gamma}{\Gamma_0} = F_p \cdot \frac{|\vec{u}(\vec{r}_{em}) \cdot \vec{d}|^2}{|\vec{d}|^2} \cdot \frac{1}{1 + \left(\dfrac{2Q}{\hbar \omega_c}\right)^2 \cdot (\hbar \omega_0 - \hbar \omega_c)^2} \tag{7.4}$$

$$F_p = \left(\frac{6\pi c^2}{n^2 \omega^2}\right) \cdot \left(\frac{Q}{V_{\mathrm{mode}}}\right) \tag{7.5}$$

其中，Γ 和 Γ_0 分别是光源在微腔中和自由空间中的自发辐射速率；ω_0 是光源的辐射波长；ω_c 是腔膜波长；Q 是腔膜的品质因子；$\vec{u}(\vec{r}_{em})$ 是腔膜在光源处的归一化电场强度；$\vec{d}$ 代表光源辐射的偶极矩；F_p 代表最大的增强因子。微腔中量子点自发辐射（SE）效率的增加导致耦合系统的量子效率提高，从而使得体系发光增强。由上式可知，为了最大限度提高微腔对量子点的发光增强，可以通过两个方式：① 提升微腔本身的品质因子（Q 值）；② 提高微腔和量子点的位置匹配和光谱匹配。其中，位置匹配是指微腔腔膜光场的极大值与量子点的位置重合，而光谱匹配是指微腔腔膜的波长位置与量子点发光峰的位置重合。由于量子点的应变弛豫和尺寸变化，其发射波长显示出从 1 500 nm 到 1 850 nm 的宽带，而在纳米盘阵列中，如图 7.30（a）所示，发光峰 P1 和 P4 分别位于 1 435 nm 和 1 712 nm。量子点发射带和发光峰 P4 之间的光谱匹配导致量子点发光和相应的腔模之间的共振耦合。另外，这一共振耦合条件在当前激发功率的范围内均成立。因此，P4 附近的 SE 速率的增强因子 F 随着激发功率的变化几乎恒定。图 7.31（b）中 P4 峰处 EF 的轻微降

低主要归因于自由载流子吸收(free carrier absorption, FCA),其随激发功率的增加而增加。另一方面,量子点发光带的波长范围和 P1 峰的波长不重合,存在失配。所以 P1 峰来源于量子点发光和微腔腔模之间的非共振耦合。与此同时,根据公式(7.4),P1 附近的增强因子 F 变化取决于光谱失配程度($\Delta\omega = |\omega_0 - \omega_c|$)。随着激发功率的增加,量子点发光带波长会发生蓝移,这种光谱蓝移会导致 $\Delta\omega$ 减小,这引起了 P1 峰附近的自发辐射速率显著提高。因此,如图 7.31(b)所示,P1 处的 EF 值随着激发功率的增加而显著增加。这些结果清楚地证明了量子点发光与纳米盘腔模之间共振和非共振耦合的不同特征。因此纳米盘阵列由于存在微腔共振模式能对特定波长下 Ge 量子点的发光产生显著的调控作用。

7.4 可控硅锗低维量子结构的电学输运特性

除了光学和光电性质的改善外,在利用可控外延制备技术获得的 SiGe 低维量子结构中,也观察到了新的电学输运行为。一方面,来自有序 SiGe 纳米结构内规律变化的元素组分对载流子的散射和极化特性产生了明显影响,改变了材料的电阻或磁阻行为;另一方面,有序低维 SiGe 纳米结构内的载流子波函数局域效应所产生的低维量子限制效应和量子化分离能级,能产生类似弹道效应的新奇输运特性。研究可控 SiGe 低维量子结构的电学输运特性,有助于发现新的载流子输运现象,揭示材料的能带结构变化和物理机制,为进一步探索其电子学器件的相关应用提供实验依据。

7.4.1 一维硅锗有序纳米线的反常磁阻特性

图 7.32(a)是采用可控分子束外延技术在斜切 Si(0 0 1)衬底上生长获得的高密度一维有序 SiGe 纳米线阵列,衬底采用沿⟨1 -1 0⟩方向斜切 8°倾角。在生长前采用离子束注入技术在高阻衬底表面产生面密度为 10^{14} cm^{-2} 的硼(B)离子,形成 P 型掺杂。纳米线生长过程包括衬底 RCA 清洗、H 高温脱附、50 nm 厚 Si 缓冲层外延、1.8 nm 厚 Ge$_{0.7}$Si$_{0.3}$ 合金层外延、50 nm Si 覆盖层外延(Zhong et al., 2011)。图 7.32(a)是对无 Si 覆盖层的纳米线样品进行测量得到的形貌结构。纳米线的平均高度、宽度和长度分别为 2.5 nm(±20%)、35 nm(±15%)、300 nm(±10%)。纳米线均沿⟨1 1 0⟩方向生长,表面主要由 {1 0 5} 晶面构成(Chen et al., 2012a)。

在含 Si 覆盖层的纳米线样品表面采用光刻和热蒸发镀膜工艺制备霍尔(Hall)电极结构,以进行磁场下的输运特性测试。图 7.32(b)给出了用于测试的 Hall 样品结构示意图,电极金属为铝。为形成良好的欧姆接触,对制备完毕的 Hall 结构进

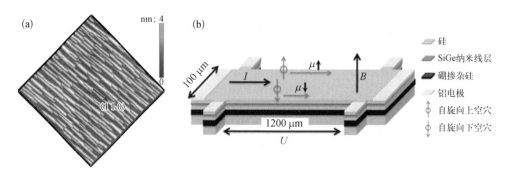

图 7.32 有序 SiGe 纳米线的 Hall 测试

(a) 有序 SiGe 纳米线的三维 AFM 形貌;(b) 纳米线 Hall 测试的样品结构示意图

行快速热退火处理。低温电学输运特性测试采用基于四探针法的物性测量系统,可以对样品施加磁场,开展 Hall 输运特性测试。

图 7.33 为纳米线样品在低温下的伏安特性曲线(Pan et al., 2013)。可以看到,在 75 K 到 255 K 温度范围内,样品呈现良好的欧姆接触特性,电阻随温度的下降而增加,与预期相符。

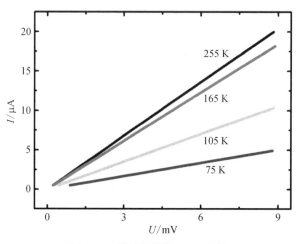

图 7.33 样品的低温 I-U 曲线

图 7.34 是样品的磁阻特性。测量过程中,垂直于样品的表面施加−4T~4T 的变化磁场,测量样品的 Hall 电阻变化,施加电流方向垂直于纳米线生长方向。为避免电流的热效应,测量采用小电流 10 μA。其磁阻 ΔR_B 定义为 $\Delta R_B = (R_B - R_0)/R_0$。其中 R_B 和 R_0 分别为磁场为 B 和无磁场情况下的样品电阻。为区分来自 Si 衬底及 Si 覆盖层的输运特性与来自 $Ge_{0.7}Si_{0.3}$ 有序合金纳米线的输运特性,设计了无 $Ge_{0.7}Si_{0.3}$ 合金层的对比样品进行测试对比。

图 7.34(a)是无 $Ge_{0.7}Si_{0.3}$ 合金层的纯 Si 对比样品在 80 K、160 K 和 300 K 温度下的低温磁阻曲线。可以看到,ΔR_B 呈现对称曲线,且随着温度降低而迅速减小。而图 7.34(b)是有序 $Ge_{0.7}Si_{0.3}$ 纳米线样品在同样温度下的低温磁阻曲线。对比可以看出,ΔR_B 呈现非对称分布,正向磁场下的磁阻比同样磁场强度反向磁场下的磁阻要小。ΔR_B 的最小值出现在正向磁场一侧。磁阻整体上仍然保持随着温度降低而减小的趋势,但磁阻的非对称性随温度降低而更加明显[图 7.35(a)]。若将电流方向改为平行于纳米线生长方向,磁阻变化趋势相似[图 7.35(a)]。

Si 的磁阻可由下式给出(Smith,1959):

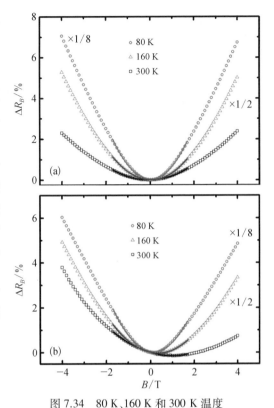

图 7.34　80 K、160 K 和 300 K 温度下的样品低温磁阻曲线

(a) 无 $Ge_{0.7}Si_{0.3}$ 合金层的对比样品;(b) $Ge_{0.7}Si_{0.3}$ 有序纳米线样品,电流垂直于纳米线

$$\begin{aligned} \rho(B) &= \rho_0(1 + \zeta\mu_H^2 B^2) \\ &= \frac{1}{q(n_\uparrow\mu_\downarrow + n_\downarrow\mu_\uparrow)} \end{aligned} \quad (7.6)$$

其中,ζ 是横磁阻系数;μ_H 是 Hall 迁移率;ρ_0 为 $B=0$ 的电阻率;q 是空穴电荷量;$n_\uparrow$、$\mu_\downarrow$($n_\downarrow$、$\mu_\uparrow$)分别是自旋朝上(朝下)空穴的密度和迁移率。由于存在 Zeeman 效应,$n_\uparrow$、$\mu_\downarrow$($n_\downarrow$、$\mu_\uparrow$)均密切依赖于磁场 B 的大小(Gurvitz et al.,2005)。这种电阻对磁场的依赖关系要是源于因 Hall 效应导致的参与输运的有效载流子数目的减少(Smith,1959)。基于此,ΔR_B 与 B 的关系呈现对称曲线,即图7.34(a)。因此,图 7.34(b)的非对称性可以直接归因于 $Ge_{0.7}Si_{0.3}$ 有序合金纳米线。由于 $Ge_{0.7}Si_{0.3}$ 与 Si 之间存在较大的价带带阶,空穴优先在 $Ge_{0.7}Si_{0.3}$ 纳米线层中输运。此外,在 $Ge_{0.7}Si_{0.3}$ 与 Si 界面处存在局域电场,该电场相关的自旋轨道耦合效应(spin-orbit coupling, SOC)导致 $Ge_{0.7}Si_{0.3}$ 纳米线中的空穴自旋产生分裂(Rashba,1960),进而导致不同自旋的空穴产生不同的迁移率。而且,在输运过程中,空穴在纳米线间还存在穿越不同纳米线界面的漂移输运行为,在穿越边界的过程中,不同自旋的空穴迁移率差别会进一步增加(Khodas et al.,2004)。所有这些空穴输运效应都会导致

纳米线层中自旋向上(向下)空穴的迁移率 $\mu_{NW\uparrow}$($\mu_{NW\downarrow}$)的增加(减小)。

假定迁移率的变化相对百分比为 x,由于 Zeeman 效应,纳米线中自旋朝上和自旋朝下空穴的有效迁移率可以写为 $\mu_{NW\uparrow}(1+x)$ 和 $\mu_{NW\downarrow}(1-x)$。x 的值取决于纳米线的特性,包括其能带结构、形貌和 SOC 系数。纳米线中的自旋朝上和朝下空穴的密度可以由下式给出:

$$n_{NW\uparrow,\downarrow} = n_{NW} \frac{e^{\pm\frac{g\mu_B B}{kT}}}{e^{\frac{g\mu_B B}{kT}} + e^{-\frac{g\mu_B B}{kT}}} \tag{7.7}$$

其中,n_{NW} 是纳米线中的总载流子密度,g 是朗道因子。考虑 Si 中嵌入 SiGe 纳米线结构的 g 因子尺寸效应(Nenashev et al., 2003),采用的 g 因子值为 15。磁场 B 下的纳米线电阻率由下式给出:

$$\rho_{NW}(B) = \frac{1}{qn_{NW\uparrow}\mu_\uparrow(1+x) + qn_{NW\downarrow}\mu_\downarrow(1+x)} \tag{7.8}$$

基于上述方程,同时考虑到在小磁场强度下 $g\mu_B B/(kT)$ 远小于 1,因此,上式中的电阻可以近似为

$$\rho_{NW}(B) = \rho_{NW,0}(1 + \zeta\mu_H^2 B^2)\left(1 - \frac{xg\mu_B}{kT}B\right) \tag{7.9}$$

考虑 B 的高阶项值远小于一阶和二阶项值,NW 的电阻率可以近似为

$$\rho_{NW}(B) = \rho_{NW,0}\left(1 - \frac{xg\mu_B}{kT}B + \zeta\mu_H^2 B^2\right) \tag{7.10}$$

纳米线的磁阻可以进一步由下式给出(Pan et al., 2013):

$$\Delta R_{NW}(B) \approx \zeta\mu_H^2\left(B - \frac{xg\mu_B}{2kT\zeta\mu_H^2}\right)^2 - \left(\frac{xg\mu_B}{2kT}\right)^2 \frac{1}{\zeta\mu_H^2} \tag{7.11}$$

从上式可以看出,磁阻的最小值将出现在非零磁场处。通过拟合最小磁阻附近的数据[图 7.34(b)],可以得到 x 的值。

图 7.35(b)给出了拟合获得的不同电流方向下的 x 随着温度变化关系。可以看到,对于电流垂直或平行于纳米线方向,x 的变化趋势整体一致。首先随着温度升高而增加,而当温度进一步增加,x 转为递减,这种变化证明了纳米线层中的空穴 SOC 随温度变化关系。随温度的升高,一个主要的效应是纳米线中由于热激发而增加的空穴密度。SOC 系数与载流子波函数的位置密切相关(Koga et al.,

2002),而纳米线中的空穴波函数则与空穴密度、能带结构和纳米线形貌相关。在低温下,由于空穴密度低,空穴波函数较好地局域在纳米线中;在高温下,空穴密度增加,空穴波函数将扩展进入纳米线周围的 Si 中。在这两种情形下,SiGe 纳米线和 Si 界面处的空穴波函数对称性破缺都较小,因此 SOC 系数也较小(Koga et al., 2002)。相应地,高、低温下的空穴 SOC 也较弱,最强的 SOC 出现在一个中等温度范围,约 80 K。此外,电流垂直于纳米线方向的 x 值大于平行于纳米线方向的 x 值。这主要与不同方向载流子输运下载流子遇到的界面数量不同。

此外,$2x$ 代表自旋朝上、自旋朝下的空穴迁移率相对于无磁场下的平均空穴迁移率差的比值,其最大值可达约 26%。这种明显的自旋相关的迁移率差,在合适的条件下,即使

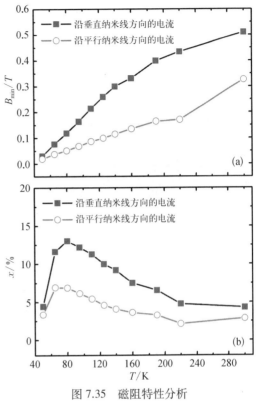

图 7.35 磁阻特性分析

(a) B_{min};(b) 百分比 x 随温度的变化关系

在无外加磁场的情形下,也可能会在有序 SiGe 纳米线中产生一个自旋极化电流。这表明,SiGe 纳米线阵列可以起到自旋过滤器的作用,在自旋效应相关的晶体管器件中存在潜在应用价值。进一步地,由于纳米线中载流子的 SOC 与界面、能带结构和形貌有关,因此,可以合理地推测,在其他类似的 SiGe 纳米结构阵列可能也存在类似效应,如 SiGe 纳米柱阵列、纳米针尖阵列等。

7.4.2 一维有序硅锗量子点的低温输运特性

基于一维沟槽状 Si 图形衬底,可实现一维有序 SiGe 量子点的可控外延生长。图 7.36(a)是一维有序 SiGe 量子点生长结构的示意图。采用制备有一维沟槽的 Si(0 0 1)图形衬底,通过 RCA 清洗、高温 H 脱附形成洁净 Si 表面,进入结构外延生长。外延结构包括 85 nm 厚非掺杂 Si 缓冲层、5 nm 硼掺杂 Si 缓冲层(掺杂浓度 $2×10^{18}$ cm^{-3})、10 nm 非掺杂 Si 间隔层、8 ML 的 Ge 层、50 nm Si 帽层。衬底导电类型为 p 型,电阻率约 10 Ω·cm。图 7.36(b)给出了不含 Si 帽层的 SiGe 量子点样品形貌图。从图中可以清楚看到,在一维沟槽内,形成了有序排列

的一维 SiGe 量子点链。量子点面密度约为 2×10^9 cm^{-2}。平均量子点直径、高度分别为 100 nm 和 20 nm。

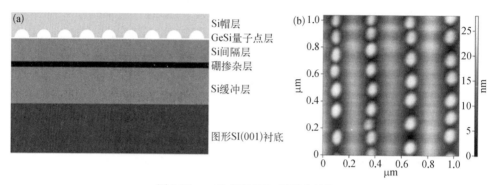

图 7.36　一维有序 SiGe 量子点结构

(a) 结构示意图；(b) 无覆盖层结构的裸露 SiGe 量子点 AFM 形貌图

　　类似于 7.4.1 节的一维有序 SiGe 纳米线阵列，该一维有序 SiGe 量子点阵列也具有周期性的 SiGe 界面，同时具有量子点在一维方向上近邻耦合的结构特点，因此，预期该特定结构内的载流子的输运也将具有异于体材料的特性。

　　输运特性的测量是在低温物性测量系统中通过四电极法实现的。在方形样品的四角蒸镀铝电极，并通过快速热退火形成欧姆接触。图 7.37 为实际测量的该样品沿量子点链方向和垂直量子点链方向电阻随温度的变化关系，测量温度范围为 3~30 K。可以看到，在该温度范围内，可以大致分为 3 个温度区间，每个区间内的变化关系显著不同。在 25 K 以上的温区Ⅰ，两个方向的电阻基本一致。该温区内，B 原子杂质热激发电离到 Si 的价带，形成自由空穴，从而形成导电。p 型中阻 Si 衬底主导整个样品的导电行为。而在 20 K 以下的温区Ⅲ，两个方向的电阻率有显著区别。在 20 K 以下，约 10^{15} cm^{-3} 的 Si 衬底已经进入低温弱电离区，表面为绝缘体的特性，而在掺杂浓度为 2×10^{18} cm^{-3} 的 5 nm B 掺杂 Si 缓冲层内则可能通过漂移机制（hopping）产生导电（Vishwakarma et al.，2006）。同时，一维量子点也可能对导电产生贡献。由于 SiGe 量子点与 Si 衬底和 Si 帽层间将形成Ⅱ-型能带结构，由于存在较高的价带带阶（300~400 meV），空穴被束缚在 SiGe 量子点内。在低温下，空穴在量子点间的漂移可能发生，进而形成导电。温区Ⅱ是介于温区Ⅰ和温区Ⅲ之间的过渡状态。

　　对于温区Ⅲ，来自 Si 掺杂层和来自量子点层内的漂移都对导电产生贡献。而实际上，由于量子点间距较近，因此，沿量子点链之间的纵向漂移导电有可能发生。而由于横向两个量子点链间间距较远，难以存在横向漂移，因此，最终表现为低温下横向电阻大于纵向电阻。基于上述假设，可以将每个温度下来自量子点的电阻（R_{QD}）和来自 Si 掺杂层的电阻（R_δ）分别提取。图 7.38 给出了

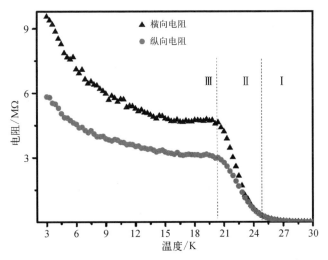

图 7.37　沿量子点链方向和垂直量子点链方向的电阻
随温度的变化关系(3~30 K 温度范围)

$\ln(R/T)$ 与 $T^{-1/3}$ 的关系,可以看到,对于 R_{QD} 和 R_δ,分别存在 3~14 K 和 3~18 K
的线性温度变化关系区间。这种电阻与温度的依赖关系,表明来自两个层的导
电机制均为二维 Mott 变程漂移导电(2D Mott variable range hopping,VRH)
(Tsigankov et al.,2002)。

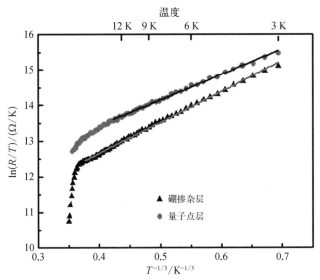

图 7.38　$\ln(R/T)$ 与 $T^{-1/3}$ 的关系,实线为
对实验数据点的线性拟合

在 Mott 变程漂移导电模型中,电导率可以表示为

$$\sigma(T) \propto (1/T)\exp[-(T^* T)^{1/3}] \tag{7.12}$$

其中,$T^* = \beta_M [g(E_F)a^2]^{-1}$;$a$ 为载流子局域化长度;β_M 为数值系数,$g(E_F)$ 是 Fermi 能级的态密度。由图 7.38 的拟合可以得到,量子点和 Si 掺杂层的 T^* 分别为 560 K 和 630 K。如果漂移能发生,则要求温度相关的最优化漂移距离 L_{opt} 必须大于局域化长度 a 和量子点间的距离(Yakimov et al., 2000)。L_{opt} 可以由下式估算:

$$L_{opt} = (a_B^*/2)(T^*/T)^{1/3} \tag{7.13}$$

其中,a_B^* 是波尔半径,E_H 为量子点中的空穴离化能量。a_B^* 由下式给出:

$$a_B^* = \hbar / [(2m_h E_H)]^{1/2} \tag{7.14}$$

将量子点 $T^* = 560$ K、$E_H = 20$ meV、$T = 14$ K 代入计算,可以得到 L_{opt} 为 28.6 nm,与量子点链中的相邻量子点间距接近,而且 L_{opt} 随温度的递减而增加。因此,可以得到结论,量子点间确实产生了载流子的漂移导电。

图 7.39(a)进一步给出了在施加垂直方向磁场下的沿量子点链方向不同温度下的电阻随磁场变化关系。垂直于量子点链方向的电阻随磁场的增加迅速增加,在 7 K 下在 0.4 T 和在 10 K 下在 0.9 T 即超出测量系统的上限(10 MΩ)。在 14 K 温度以下,沿量子点链方向的电阻随磁场增加首先增加,随磁场强度进一步增加,电阻则呈现下降趋势。在 7 K 温度下,磁场强度由 0 增大到 4 T 过程,沿量子点链

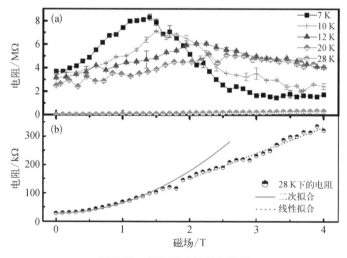

图 7.39　电阻随磁场变化关系

(a) 不同温度下的纵向电阻随磁场变化关系;(b) 28 K 下纵向电阻随磁场的变化关系及其拟合曲线

方向的电阻减小超过 60%。随温度下降,最大电阻呈现递增,同时,对应于最大电阻的磁场强度则向更小方向移动。当温度高于 28 K 时,电阻在低磁场下随磁场强度增加,呈现二次方的增加;而在高磁场下,电阻则随磁场增加线性增加[图 7.39(b)]。这种变化趋势与金属中常观察到的磁阻特性一致(Pippard, 1989)。

针对 Mott VRH 导电模型,存在一系列不同的磁阻变化机制。量子干涉和非相干机制通常会引起负磁阻现象(Raikh et al., 1992),而波函数收缩(Shklovskii et al., 2013)和带内相互作用(Kamimura, 1982)则会引起正磁阻现象。对于 B 掺杂 Si 层内的载流子漂移输运的正磁阻现象,可以与载流子波函数的收缩效应关联,由下式给出(Shklovskii et al., 2013):

$$\ln\left(\frac{R_\delta(B, T)}{R_\delta(0, T)}\right) = t\frac{e^2 B^2 \xi^4}{\hbar^2}\left(\frac{T^*}{T}\right)^y \tag{7.15}$$

其中,t 是常数系数;ξ 是载流子局域化长度;y 是常数,对于 Mott VRH 导电机制 $y=3/4$。在量子点的漂移导电机制中,也有报道观察到了负磁阻现象(Kochman et al., 2002),并被归因于量子干涉效应(Dorn et al., 2004),而该效应通常不会引起超过 50% 的电阻下降。在过渡金属硫化物 1T – TaS$_2$ 中观察到超过 80% 电阻减小的负磁阻效应(Fukuyama et al., 1979)。在漂移导电模型中,只有 Fermi 能级附近的载流子才对漂移导电有贡献。外磁场的施加所产生的 Zeeman 能级分裂效应将导致载流子的能量与 Fermi 能级的相对位置发生变化,进而导致参与漂移导电的载流子能级变化。在磁场下,由于 Zeeman 能级分裂的作用,局域化长度更长的一些能态将会参与漂移导电,导致出现负磁阻现象。从载流子局域化长度的能量相关性出发,Zeenman 能级分裂引起的负磁阻现象可以进一步由下式进行描述(Fukuyama et al., 1979):

$$\frac{1}{R_{QD}(B, T)} = \frac{1}{R_{QD}(0, T)}\cosh\left[\frac{\beta d}{(d+1)}\frac{0.5g\mu_B B}{E_C - E_F}\left(\frac{T^*}{T}\right)^{1/d+1}\right] \tag{7.16}$$

其中,β 是常数;约等于 1;g 和 μ_B 分别是有效 g 因子和波尔磁子;d 是系统的维度;E_C 导带带边能量;E_F 是 Fermi 能级。实验中观察到的不同温度下的磁阻行为可以通过 B 掺杂层中的波函数收缩相关的正磁阻效应和量子点中能级移动效应相关的负磁阻效应进行合理的解释。

上述两个方程中,第一个方程的 ξ 是载流子局域化长度,取值为平均 B 掺杂原子间距的 3 倍,T_δ^* 为 630 K,t 是一个拟合参数,由拟合可以得到 t 约为 0.004,与相关报道基本吻合(Shklovskii et al., 2013)。第二个方程的 T_{QD}^* 为 560 K,朗道因子 g 为 2,$|E_C-E_F|$ 为可变的拟合参数。$R_\delta(0, T)$ 和 $R_{QD}(0, T)$ 由实验获得,在 7 K 和 10 K 下拟合得到的 $|E_C-E_F|$ 分别为 0.23 meV 和 0.28 meV(图 7.37)。B 掺杂层的电

阻随磁场增加显著升高,而量子点层的电阻在低磁场下基本不变,在高磁场下降低。在低磁场下,R_δ 远低于 R_{QD},等效电阻主要取决于 R_δ,因此,表现出为正的磁阻效应。在高磁场下,变化趋势相反。图 7.40 中的拟合分析还可以看到,随着温度由 10 K 降到 7 K,峰值电阻对应的磁场强度向低场移动,这也与图 7.39 中的实验数据吻合。

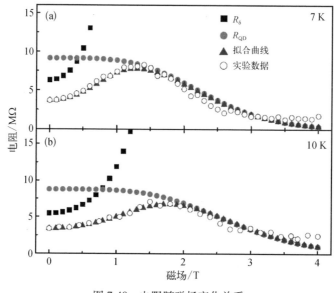

图 7.40　电阻随磁场变化关系

(a) 7 K 下的实测及拟合数据;(b) 10 K 下的实测及拟合数据;拟合的 R_δ 和 R_{QD} 均在图上给出

7.5　本　章　小　结

本章围绕可控硅锗低维结构材料的光电特性展开,详细讨论了光学、光电和电学输运特性。在光学和发光特性方面,对有序硅锗量子点、低密度稀疏硅锗量子点、三维硅锗量子点晶体、高密度硅锗量子点的光致发光增强及微带相关的发光特性进行了详细阐述,同时,对石墨烯-有序硅锗量子点复合结构、锗硅同轴量子阱纳米柱及微盘阵列等新型可控结构中的电荷转移行为、腔模发光行为等光电和光学特性进行了介绍和讨论。在电学输运特性方面,对一维硅锗有序纳米线的反常磁阻特性、一维有序硅锗量子点的低温输运特性分别进行了深入探讨,对其载流子输运行为和物理机理进行了详细的分析和阐释。本章所阐述的可控硅锗纳米结构的光电特性增强、新奇电学输运特性及其背后的物理机理,为后续的光电和电子学器件应用奠定了良好的实验和理论基础。

参 考 文 献

Brehm M, Grydlik M, Groiss H, et al. 2011. The influence of a Si cap on self-organized SiGe islands and the underlying wetting layer[J]. Journal of Applied Physics, 109(12): 123505.

Brehm M, Grydlik M, Hackl F, et al. 2010. Excitation intensity driven PL shifts of SiGe islands on patterned and planar Si (0 0 1) substrates: Evidence for Ge-rich dots in islands[J]. Nanoscale Research Letters, 5(12): 1868 - 1872.

Chen G, Sanduijav B, Matei D, et al. 2012a. Formation of Ge nanoripples on vicinal Si (1 1 10): from Stranski-Krastanow seeds to a perfectly faceted wetting layer [J]. Physical Review Letters, 108(5): 055503.

Chen J, Xu F, Wu J, et al. 2012b. Flexible photovoltaic cells based on a graphene-CdSe quantum dot nanocomposite[J]. Nanoscale, 4(2): 441 - 443.

Chen P, Fan Y, Zhong Z. 2009. The fabrication and application of patterned Si (0 0 1) substrates with ordered pits via nanosphere lithography[J]. Nanotechnology, 20(9): 095303.

Chen T T, Cheng C L, Chen Y F, et al. 2007. Unusual optical properties of type-II in As/GaAs$_{0.7}$Sb$_{0.3}$ quantum dots by photoluminescence studies[J]. Physical Review B, 75(3): 033310.

Chen Y L, Ma Y J, Chen D D, et al. 2014. Effect of graphene on photoluminescence properties of graphene/GeSi quantum dot hybrid structures[J]. Applied Physics Letters, 105(2): 021104.

Chen Y, Pan B, Nie T, et al. 2010. Enhanced photoluminescence due to lateral ordering of GeSi quantum dots on patterned Si (0 0 1) substrates[J]. Nanotechnology, 21(17): 175701.

Chen Y, Wu Q, Ma Y, et al. 2015. Plasmon-gating photoluminescence in graphene/GeSi quantum dots hybrid structures[J]. Scientific Reports, 5(1): 1 - 7.

Cubeddu R, Comelli D, D'Andrea C, et al. 2002. Time-resolved fluorescence imaging in biology and medicine[J]. Journal of Physics D: Applied Physics, 35(9): R61.

Dais C, Mussler G, Sigg H, et al. 2008. Photoluminescence studies of SiGe quantum dot arrays prepared by templated self-assembly[J]. EPL (Europhysics Letters), 84(6): 67017.

Dashiell M W, Denker U, Schmidt O G. 2001. Photoluminescence investigation of phononless radiative recombination and thermal-stability of germanium hut clusters on silicon (0 0 1) [J]. Applied Physics Letters, 79(14): 2261 - 2263.

Dorn A, Ihn T, Ensslin K, et al. 2004. Electronic transport through a quantum dot network [J]. Physical Review B, 70(20): 205306.

Elbaz A, El Kurdi M, Aassime A, et al. 2018. Germanium microlasers on metallic pedestals[J]. APL Photonics, 3(10): 106102.

Englund D, Fattal D, Waks E, et al. 2005. Controlling the spontaneous emission rate of single quantum dots in a two-dimensional photonic crystal[J]. Physical Review Letters, 95(1): 013904.

Fukuyama H, Yosida K. 1979. Negative magnetoresistance in the Anderson localized states[J]. Journal of the Physical Society of Japan, 46(1): 102 - 105.

Govoni M, Marri I, Ossicini S. 2012. Carrier multiplication between interacting nanocrystals for fostering silicon-based photovoltaics[J]. Nature Photonics, 6(10): 672 - 679.

Grigorenko A N, Polini M, Novoselov K S. 2012. Graphene plasmonics[J]. Nature Photonics, 6(11): 749 - 758.

Grydlik M, Brehm M, Tayagaki T, et al. 2015. Optical properties of individual site-controlled Ge quantum dots[J]. Applied Physics Letters, 106(25): 251904.

Grydlik M, Hackl F, Groiss H, et al. 2016. Lasing from glassy Ge quantum dots in crystalline Si[J]. ACS Photonics, 3(2): 298 - 303.

Gurvitz S A, Mozyrsky D, Berman G P. 2005. Publisher's Note: Coherent effects in magnetotransport through Zeeman-split levels [J]. Physical Review B, 72(24): 249902.

Kamimura H. 1982. Theoretical model on the interplay of disorder and electron correlations [J]. Progress of Theoretical Physics Supplement, 72: 206 - 231.

Kasry A, Ardakani A A, Tulevski G S, et al. 2012. Highly efficient fluorescence quenching with graphene[J]. The Journal of Physical Chemistry C, 116(4): 2858 - 2862.

Khodas M, Shekhter A, Finkel'Stein A M. 2004. Spin polarization of electrons by nonmagnetic heterostructures: The basics of spin optics[J]. Physical Review Letters, 92(8): 086602.

Kochman B, Ghosh S, Singh J et al. 2002. Lateral hopping conductivity and large negative magnetoresistance in InAs/AlGaAs self-organized quantum dots[J]. Journal of Physics D: Applied Physics, 35(15): L65.

Koga T, Nitta J, Akazaki T, et al. 2002. Rashba spin-orbit coupling probed by the weak antilocalization analysis in InAlAs/InGaAs/InAlAs quantum wells as a function of quantum well asymmetry[J]. Physical Review Letters, 89(4): 046801.

Lazarenkova O L, Balandin A A. 2002. Electron and phonon energy spectra in a three-dimensional regimented quantum dot superlattice[J]. Physical Review B, 66(24): 245319.

Li X, Magnuson C W, Venugopal A, et al. 2011. Large-area graphene single crystals grown by low-pressure chemical vapor deposition of methane on copper[J]. Journal of the American Chemical Society, 133(9): 2816 - 2819.

Ma Y J, Zeng C, Zhou T, et al. 2014. Ordering of low-density Ge quantum dot on patterned Si substrate [J]. Journal of Physics D: Applied Physics, 47(48): 485303.

Nenashev A V, Dvurechenskii A V, Zinovieva A F. 2003. Wave functions and g factor of holes in Ge/Si quantum dots[J]. Physical Review B, 67(20): 205301.

Nika D L, Pokatilov E P, Shao Q, et al. 2007. Charge-carrier states and light absorption in ordered quantum dot superlattices[J]. Physical Review B, 76(12): 125417.

Pan J, Zhou T, Jiang Z, et al. 2013. Anomalous magnetoresistance of an array of GeSi nanowires[J]. Applied Physics Letters, 102(18): 183108.

Pippard A B. 1989. Magnetoresistance in metals[M]. Cambridge: Cambridge University Press.

Purcell E M. 1995. Spontaneous emission probabilities at radio frequencies[M]//Confined Electrons and Photons. Boston: Springer, 1995.

Raikh M E, Czingon J, Ye Q, et al. 1992. Mechanisms of magnetoresistance in variable-range-hopping transport for two-dimensional electron systems[J]. Physical Review B, 45(11): 6015.

Rashba E I. 1960. Properties of semiconductors with an extremum loop. I. Cyclotron and combinational resonance in a magnetic field perpendicular to the plane of the loop[J]. Soviet Physics, Solid State, 2: 1109 - 1122.

Santos L F, Pusep Y, Zanatta A R, et al. 2015. Temperature dependence of photoluminescence from Γ-Γ and Γ-X minibands in lattice matched InGaAs/InP superlattices[J]. Journal of Physics D: Applied Physics, 48(46): 465101.

Schmidt O G, Eberl K. 2000. Multiple layers of self-asssembled Ge/Si islands: Photoluminescence, strain fields, material interdiffusion, and island formation[J]. Physical Review B, 61(20): 13721.

Schuller J A, Brongersma M L. 2009. General properties of dielectric optical antennas[J]. Optics Express, 17(26): 24084 - 24095.

Shklovskii B I, Efros A L. 2013. Electronic properties of doped semiconductors[M]. Boston: Springer Science & Business Media.

Smith R A. 1959. Semiconductors[M]. Cambridge: Cambridge University Press.

Solomon G S, Trezza J A, Marshall A F, et al. 1996. Vertically aligned and electronically coupled growth induced InAs islands in GaAs[J]. Physical Review Letters, 76(6): 952.

Sugaya T, Amano T, Mori M, et al. 2010. Miniband formation in InGaAs quantum dot superlattice[J]. Applied Physics Letters, 97(4): 043112.

Sunamura H, Shiraki Y, Fukatsu S. 1995. Growth mode transition and photoluminescence properties of $Si_{1-x}Ge_x$/Si quantum well structures with high Ge composition[J]. Applied Physics Letters, 66(8): 953 - 955.

Talgorn E, Gao Y, Aerts M, et al. 2011. Unity quantum yield of photogenerated charges and band-like transport in quantum-dot solids[J]. Nature Nanotechnology, 6(11): 733 - 739.

Tsigankov D N, Efros A L. 2002. Variable range hopping in two-dimensional systems of interacting electrons[J]. Physical Review Letters, 88(17): 176602.

Varshni Y P. 1967. Temperature dependence of the energy gap in semiconductors[J]. Physica, 34(1): 149 - 154.

Vishwakarma P N, Subramanyam S V. 2006. Hopping conduction in boron doped amorphous carbon films[J]. Journal of Applied Physics, 100(11): 113702.

Wan J, Jin G L, Jiang Z M, et al. 2001. Band alignments and photon-induced carrier transfer from wetting layers to Ge islands grown on Si (0 0 1) [J]. Applied Physics Letters, 78 (12): 1763 - 1765.

Wang B, Zhang X, García-Vidal F J, et al. 2012. Strong coupling of surface plasmon polaritons in monolayer graphene sheet arrays[J]. Physical Review Letters, 109(7): 073901.

Wu Z, Lei H, Zhou T, et al. 2014. Fabrication and characterization of SiGe coaxial quantum wells on ordered Si nanopillars[J]. Nanotechnology, 25(5): 055204.

Xia J S, Nemoto K, Ikegami Y, et al. 2007. Silicon-based light emitters fabricated by embedding Ge self-assembled quantum dots in microdisks[J]. Applied Physics Letters, 91(1): 011104.

Yakimov A I, Dvurechenskii A V, Kirienko V V, et al. 2000. Long-range Coulomb interaction in arrays of self-assembled quantum dots[J]. Physical Review B, 61(16): 10868.

Yao Y, Yao J, Narasimhan V K, et al. 2012. Broadband light management using low-Q whispering gallery modes in spherical nanoshells[J]. Nature Communications, 3(1): 1-7.

Zhang C, Xu Y, Liu J, et al. 2018. Lighting up silicon nanoparticles with Mie resonances[J]. Nature Communications, 9(1): 1-7.

Zhang J J, Montalenti F, Rastelli A, et al. 2010. Collective shape oscillations of SiGe islands on pit-patterned Si (001) substrates: a coherent-growth strategy enabled by self-regulated intermixing[J]. Physical Review Letters, 105(16): 166102.

Zhang N, Wang S, Chen P, et al. 2019. An array of SiGe nanodisks with Ge quantum dots on bulk Si substrates demonstrating a unique light-matter interaction associated with dual coupling [J]. Nanoscale, 11(33): 15487-15496.

Zhong Z, Gong H, Ma Y, et al. 2011. A promising routine to fabricate GeSi nanowires via self-assembly on miscut Si (0 0 1) substrates[J]. Nanoscale Research Letters, 6(1): 322.

第8章 硅锗低维结构片上可控集成与器件应用

本书前六章中已经对 Si 基低维结构的基本概念、可控外延的生长理论、硅锗可控生长的实验技术以及图案衬底与斜切衬底上的可控外延生长进行了系统的阐述,在第 7 章中还对各类可控硅锗低维结构的光学和电学输运特性进行了全面介绍。以此为基础,本章将进一步讨论硅锗低维结构片上可控集成与器件应用,详细阐述可控硅锗低维结构在光学电学器件上的集成结果,并对锗锡、Si 基Ⅲ-Ⅴ族等新体系 Si 基光电子材料及其可控光电集成进行介绍。在最后还将对下一步可控量子点的新型光电器件集成与应用进行展望。

8.1 定位生长技术与器件可控集成

Si 基材料由于良好的电学特性和自然界的丰富储量,是目前电子学器件产业的基础材料。基于单晶 Si、多晶 Si 等 Si 基材料的晶体管、电容、电阻等电子学器件,构成了互补金属氧化物半导体(CMOS)半导体芯片工艺的基础。当今世界丰富多彩的信息化智能处理芯片大多采用 CMOS 工艺获得,并且随着晶体管制程的不断减小,已由早期 0.5 μm、0.18 μm 栅线宽发展到如今的 14 nm、7 nm 甚至 5 nm。晶体管数量也大致按照摩尔定律在不断翻番,单颗电子学芯片集成的晶体管数量也已达到数亿级。然而,由于硅、锗等第Ⅳ族元素本征的间接带隙能带特点,其光学性质并非突出。自 20 世纪 60 年代半导体快速发展以来,Si 基光电器件的发展与 Si 基电子学器件相比并不十分理想。产业界成熟的 Si 光电器件包括无源调制器、Si 光电二极管、多晶 Si 太阳能电池、Si 雪崩光电二极管等。在半导体光电器件领域,目前产业界主力仍然为具有直接带隙能带结构的Ⅲ-Ⅴ族半导体材料,如GaAs 基发光二极管、激光器、大功率发光器件和射频器件,InP 基发光二极管、激光器、光电探测器、高速光电开关,以及 GaN 基可见光发光二极管、紫外光电探测器、微波通讯器件等。

尽管 Si 基Ⅳ族材料的本征光电特性并非突出,但其高自然界储量、环境安全、价格低廉、工艺成熟等突出特点使之仍然具有其他半导体材料体系无法比拟的优势。因此,数十年以来,研究人员从未停止对 Si 基高性能光电器件的研究和探索。得益于硅锗二维量子阱应变调制引起的高载流子迁移率特点,沟道集成硅锗二维应变量子阱的高电子迁移率晶体管已经成为产业界成熟的 PMOS 及 NMOS 制造工艺之一。近些年来,随着 Si CMOS 工艺制程的进一步发展,Si 晶体管的栅线宽逐步接近物理极限,尺寸减小到数个纳米所引起的量子限制效应已难以忽略,集成电路设计软件中的晶体管电学物理模型开始出现偏离。通过减小晶体管尺寸而实现降低芯片功耗、提升晶体管速度的传统技术路径,正面临发展瓶颈。Si 基光子学可能是突破该瓶颈的一个新的技术途径,其基本出发点是,将传统 Si 基数字集成电路内部的信息传输载体由电子转变为光子,利用光子的速率优势,结合一系列光调制技术,实现芯片内部的更高速率信息传输,突破 Si 基材料的电子、空穴迁移率限制,整体上实现更高的芯片性能。

　　自硅基光互联概念提出提来,IBM、Intel、谷歌等信息技术领域的多家国际领先企业及研发机构,均在该领域大力投资进行相关研发,截至目前已耕耘数十年。Si 基光互联技术自概念提出以来,其发展大体上经历了从板间 Si 光互联、板内 Si 光互联、片间光电混成互联到片内集成光互联四个阶段。由于光收发的基本过程涵盖电光信号转换、光信号生成、光信号传输、光电信号转换四个过程,因此,相应地涉及基本器件包括高速电光调制器、光发射器件(光源)、光传输器件(光导)和高速光接收器件(光电探测器)四个部分。IBM 等公司在总体技术方案设计、基础元器件研发等各细分环节均作出了大量工作。图 8.1 是 IBM 公司 2013 给出的 Si 基光子学芯片想象图。其考虑电信号逻辑处理器层、电信号存储器层、光子互联网络层等光电分层架构,电信号在片内进行高速电光转换后,在光互联层进行传输交换,并重新通过光电转换回到处理器和存储器层进行逻辑运算或存储。图 8.2 是 IBM 公司研制的片上 Si 基集成光波导 SEM 照片。为保证高效率光学耦合和低损耗传输,涉及光学微纳结构设计、材料制备精确控制、先进微纳工艺控制等方面,实际制造上技术十分复杂。

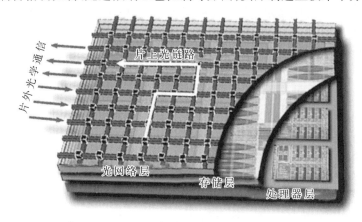

图 8.1　IBM 公司 2013 给出的 Si 基光子学芯片想象图

　　图 8.3 是美国 Intel 公司提出的 Si 基光互联芯片总体发展思路。首先需要实现 40 Gbps 以上带宽的片内高速调制器、低损耗波导、高速光源和高速探测器等核心 Si 基元器件,第二阶段进行模块化集成技术验证,第三阶段进入最终的片上集

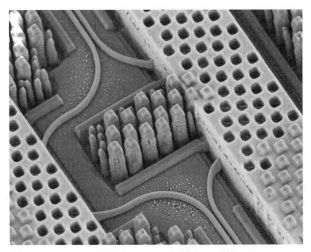

图 8.2 IBM 公司研制的片上 Si 基集成光波导 SEM 照片

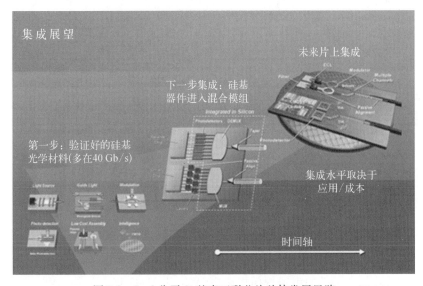

图 8.3 Intel 公司 Si 基光互联芯片总体发展思路

成高速光互联处理器芯片。图 8.4 是 Intel 公司给出的 Si 基光互联芯片分阶段技术发展方案。是对总体发展思路的细化,先后解决具备 40~100 Gbps 带宽的高速 Si 基片上光源、光波导、高速调制器、高速光电探测器和低成本封装工艺,最终目标是实现与当前电芯片的片上混合集成和批量生产。

由于新一代信息技术和互联网技术应用日新月异的发展,未来人类社会对处理器芯片的需求将更加旺盛。因而,Si 基光互联芯片将存在更加迫切的需求和更加光明的发展前景。图 8.5 为一家国际知名咨询公司给出的研究分析数据,预计

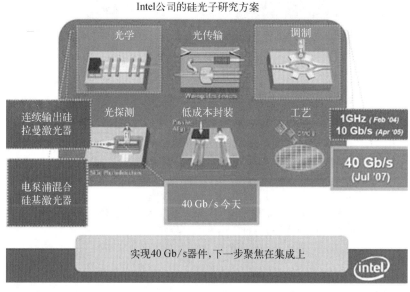

图 8.4　Intel 公司 Si 基光互联芯片分阶段技术发展方案

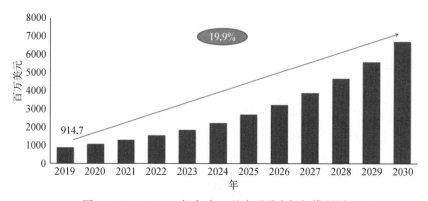

图 8.5　2019~2030 年全球 Si 基光子学市场规模预测

至 2030 年,硅基光子学的市场规模将从 2019 年的 91.47 亿美元增长到 673.4 亿美元,复合年均增长率接近 20%。

目前,尽管 Intel、IBM 公司分别在 Si 基光互联研发上取得较大进展,但目前仍然停留在芯片间光互联技术验证和片上部分光互联集成技术验证,距离真正的片上集成 Si 基全光互联芯片仍有距离,其根本限制是尚未完全解决前述的几种核心硅基光互联器件的片上集成。Si 基拉曼激光器、Si 基 Ⅲ-Ⅴ 族激光器、Si 光波导在带宽、能量、片上集成工艺等方面各存在技术难点。

Si 基低维材料则为 Si 基光电器件研制提供了一个可能技术途径。硅锗零维量子点光源、Si 基一维纳米线光波导、Si 基二维量子阱探测器等器件有潜力成为 Si

基光互联芯片上的片上集成高速器件,而其可控外延制备技术则进一步有利于进行片上直接工艺集成,更加具备突出的优势。因此,研究 Si 基可控低维材料的光电器件集成具有重要的价值。

8.2 硅锗低维可控结构与光电器件集成

本书第 6、7 章中已经详述了硅锗低维量子结构的可控外延制备结果。现有工艺技术已可实现有序排布硅锗量子点、定位生长硅锗量子点、特定构型及耦合结构纳米岛、纳米环、有序纳米线等各类复杂硅锗低维结构的可控外延制备。可实现形貌、应变、组分及能带结构的高自由度调控,已具备在 Si 基底上的进行片上器件集成的基本条件。

8.2.1 硅锗量子点微腔耦合发光器件

如上节所述,高质量 Si 基光源是 Si 基光互联的基本前提条件,其需求包括窄线宽、高带宽、低阈值、高电光转换效率。将硅锗可控外延技术与 Si 基光子晶体谐振腔技术结合,在谐振腔内的特定位置实现硅锗量子点的定位生长和精确耦合,是实现高质量 Si 基光源的可能技术途径之一。

Si/SOI(silicon on insulator,绝缘体上硅)结构光子晶体平板谐振腔具有制备工艺相对成熟、结构调控灵活、腔模 Q 值高等优点,是提升 Si 基光学器件性能的有力途径之一。将采用常规分子束外延技术生长获得的随机排布硅锗量子点与 L3 型 Si/SOI 平板谐振腔集成,可以观察到显著增强的腔模耦合发光现象(Stepikhova et al., 2019)。但由于量子点位置排布随意、尺寸涨落大、腔模发光峰的单色性不高,不同腔模发光峰强度在不同器件间具有一定随机性,难以进行实际的器件应用。而采用可控硅锗外延技术,通过精确控制硅锗量子点的生长位置,可实现特定数目的硅锗量子点与 Si/SOI 谐振腔的精确耦合。

图 8.6(e)为集成单个硅锗量子点的 L3 型 Si/SOI 光子晶体平板谐振腔发光器件的整体三维结构示意图(Zeng et al., 2015)。Si/SOI 平板谐振腔上通过电子束光刻和感应耦合等离子体刻蚀制备形成周期为 2 μm 的纳米孔阵列,并通过分子束外延定位生长技术和生长工艺参数优化,实现在每个纳米孔内的单个硅锗量子点的精确定位生长(Ma et al., 2014)。图 8.6(a)为定位生长完毕后获得的周期为 2 μm 的量子点 AFM 形貌照片。以此为基础,按照图 8.6(a)中的 L3 型纳米孔阵列光子晶体谐振腔的结构设计,进一步通过电子束光刻和感应耦合等离子体刻蚀制备形成具有不同纳米孔周期的 L3 型光子晶体微腔。图 8.6(b)为制备完毕后的器件 SEM 照片,纳米孔周期为 397 nm,可以看到,单个硅锗量子点被精确的集成到 L3

型谐振腔的中心。统计尺寸表明,工艺上实现的硅锗量子点和 L3 型谐振腔中心的对准偏差为 ± 22 nm,这一数据表明,该可控片上集成工艺具有高的精确性。图 8.6(c)和(d)分别为采用三维时域有限差分方法计算获得的 $z=0$ 平面和远场平面上基态腔模电场强度($|E|^2$)分布图。可以看到,强光场被限制在一个很小的模式体积 V_c 中,$V_c \approx 0.67(\lambda/n)^3 \approx 0.064\,5\ \mu m^3$,其中 λ 为在真空环境下的腔模谐振光波长。该设计对应的腔模品质因子(Q 因子)约为 20 000。在远场下电场能量沿垂直方向集聚分布,因此,对于光收集装置中物镜有限的数值孔径而言,将有助于获得高的收集效率。

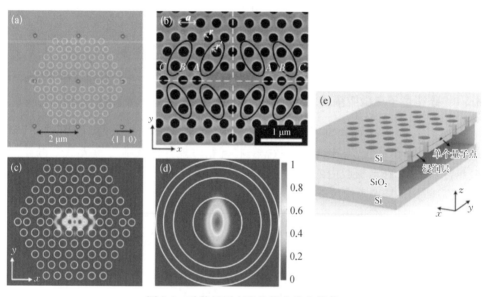

图 8.6　硅锗量子点微腔耦合发光器件

(a) 周期为 2 μm 的纳米孔定位生长硅锗量子点的 AFM 图及 L3 光子晶体谐振腔的相对关系示意图;
(b) 集成单个硅锗量子点的 L3 谐振腔 SEM 照片;(c)和(d)分别为计算的 $z=0$ 平面和远场平面上基态腔模
电场强度($|E|^2$)分布图;(e) 为整个单硅锗量子点与微腔耦合器件的三维结构示意图

　　图 8.7(a)为采用微区光致发光(μ-PL)测试获得的单个量子点的原始 μ-PL 光谱[对应图 8.6(a)]和与周期 395 nm 的 L3 微腔集成后的器件 μ-PL 光谱[对应图 8.6(b)]。μ-PL 测试是将样品安装在一个低温光学恒温器中,对器件进行控温,配置高精度的 $x-y$ 微米步进平台,激励光源为波长为 532 nm 的可调光强半导体二极管激光器,配置有中心衰减片,聚焦后投影到样品表面形成直径约为 2 μm 的圆形激光光斑,系统的光学收集物镜数值孔径为 $N_A = 0.8$。通过光栅光谱仪分光,并通过低温 InGaAs 阵列探测器探测获得光谱数据。需要注意的是,由于实际光谱强度极弱,为方便对比,图 8.7(a)中量子点的相对光谱强度已放大了 25 倍。实际相对强度为显示曲线的约 1/25。而在同一坐标系下比较,量子点-微腔耦合器

件的发射光谱的强度、峰形均发生了显著变化,整个 μ‐PL 光谱呈现较为平坦且较弱的背景包络,同时在特定的波长处出现强度显著增强的尖峰,这些尖峰即为 L3 平板谐振腔微腔腔模与单个硅锗量子点荧光的耦合的发射峰,与四个理论计算的腔模模式吻合,分别标记为 M0、M1、M2、M3。

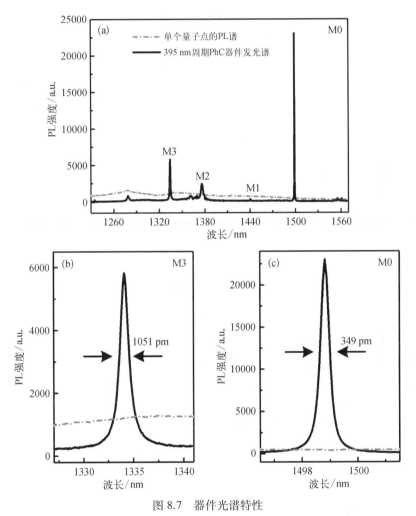

图 8.7　器件光谱特性

(a) 单个量子点的原始 μ‐PL 光谱和集成后器件的 μ‐PL 光谱;(b)和(c)分别
为放大的高阶模(M3)和基模(M0)的光谱

位于 1 498.8 nm 处的最强发光峰代表了微腔的基态模式(M0)。与无微腔区域的单个硅锗量子点荧光光谱相比,M0 腔模耦合发光的强度被显著增强了约 1 300 倍。增强系数的定义为腔模发光峰强度与无微腔的 PL 峰值发光强度之比。图 8.7(b)和(c)分别为放大的高阶模(M3)和基模(M0)的光谱。通过采用洛伦兹峰形拟合,可以得到 M0 峰的半高宽为 349 pm,而 M3 的半高宽为 1 051 pm。相应地,M0 峰的 Q 因子可以计算得到,为 4 300,与理论设计的 Q 因子 20 000 相比,实际测量的 Q 因子偏小,其主要原因一是工艺限制,实际制备的空气空洞的与理论设计存在偏差,二是微腔本身对光生自由载流子的吸收。

　　PL 的增强来自光子晶体谐振腔中增加的光收集效率和 Purcell 增强效应。Purcell 系数可通过下式进行估算:

$$F_{\mathrm{P}} = \frac{g}{\eta_{\mathrm{cavity}}/\eta_{\mathrm{membrane}}} \tag{8.1}$$

其中,γ 是实验测量的 PL 增强倍数;F_{P} 是 Purcell 系数;η_{cavity} 和 η_{membrane} 分别是有谐振腔和无谐振腔硅区域的光收集效率。无谐振腔区域的硅锗薄膜的收集效率可通过 $\eta_{\mathrm{membrane}} = 1 - \cos\left[\sin^{-1}(N_{\mathrm{A}}/n)\right] \sim 4.51\%$ 进行计算,$n = 2.863$ 为硅锗薄膜的有效折射率,$N_{\mathrm{A}} = 0.85$ 为物镜的数值孔径。

　　通过图 8.6(d)中的共振腔模的远场能量分布,可计算物镜对腔模发光的收集效率(Toishi et al., 2009)。计算获得的 M0 的 η_{cavity} 为 90.5%。因此,收集效率的增强比例 $\eta_{\mathrm{cavity}}/\eta_{\mathrm{membrane}}$ 为 20。相应地,估算的 M0 模式的 Purcell 系数 $F_{\mathrm{P}} = 1\,300/20 = 65$。与集成无序排布密集硅锗量子点的 L3 谐振腔发光器件的 Purcell 系数相比(Zhang et al., 2013),采用单硅锗量子点精确耦合的器件 Purcell 系数提升了 10 倍以上。

　　通过图 8.6(d)中的共振腔模的远场能量分布,可计算物镜对腔模发光的收集效率(Toishi et al., 2009)。计算获得的 M0 的 η_{cavity} 为 90.5%。因此,收集效率的增强比例 $\eta_{\mathrm{cavity}}/\eta_{\mathrm{membrane}}$ 为 20。相应地,估算的 M0 模式的 Purcell 系数 $F_{\mathrm{P}} = 1\,300/20 = 65$。与集成无序排布密集硅锗量子点的 L3 谐振腔发光器件的 Purcell 系数相比(Zhang et al., 2013),采用单硅锗量子点精确耦合的器件 Purcell 系数提升了 10 倍以上。Purcell 系数本质上是表征一个与光学谐振腔耦合的光源的自发辐射率的增强倍数。对于一个偶极矩为 $\boldsymbol{d}$ 的光学而言,Purcell 系数可以由下式描述:

$$F_{\mathrm{P}} = \frac{3Q_{\mathrm{eff}}(\lambda_{\mathrm{c}}/n)^3}{4\pi^2 V_{\mathrm{c}}} \left| \frac{\vec{d} \cdot \vec{f}(r_{\mathrm{e}})}{\vec{d}} \right| \frac{\Delta\omega_{\mathrm{c}}^2}{4(\omega_{\mathrm{e}} - \omega_{\mathrm{c}})^2 + \Delta\omega_{\mathrm{c}}^2} \tag{8.2}$$

其中,$1/Q_{\mathrm{eff}} = 1/Q_{\mathrm{c}} + 1/Q_{\mathrm{e}}$ 是考虑腔模 Q 因子和光源有限线宽后的有效品质因子;λ_{c} 是共振腔模的波长;V_{c} 是模式体积;下标 c 和 e 分别指代腔模和光源。上式中第一项表明谐振腔的高 Q 因子和小模式体积是实现高 Purcell 系数的前提。为了最大化 Purcell 效应,光源必须和谐振腔的腔模必须在频率、空间分布和极化度三个方面完全吻合。上式中的第二项体现的是光源和腔模在空间位置上的重叠程度。

由于微腔中心位置 M0 模电场在 x 极化方向上较弱,因此,仅 y 极化方向偶极子可以与 M0 模 y 极化产生强耦合作用。图 8.8(a)和(b)给出了 L3 微腔中 y 极化方向偶极子与 M0 模不同位置耦合的仿真归一化 Purcell 系数,可以看到,当偶极子偏离波腹,Purcell 系数将呈现快速下降(Purcell 系数正比于场强的二次方)。若 y 极化偶极子与微腔中心位置的工艺偏差控制在小于 90 nm,则实际实现的 Purcell 系数将会是理论计算最大值的一半以上。

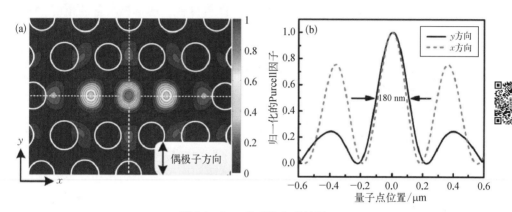

图 8.8 Purcell 系数仿真结果

(a) 归一化的 M0 腔模的 Purcell 系数与量子点位置的关系($z=0$ 面);(b) 沿图(a)中 x、y 方向的归一化 Purcell 系数

通过精确设计和优化的单硅锗量子点定位外延生长,可进一步实现在 L3 腔内不同位置的精确腔模耦合,进而实现对谐振腔腔模的选择性增强和调控(Schatzl et al., 2017)。该类硅锗定位量子点与微腔耦合的光学器件并不仅局限于 L3 型微腔,实际上可推广应用于各类不同结构的光子晶体微腔,产生具备各种复杂光学特性的光源,在量子光学系统、量子相干通讯、Si 基光子学芯片等领域有望产生重要应用价值。该技术的一个核心优势是其与 CMOS 工艺兼容,易于实现集成和大规模量产制造。同时,需要指出的是,上述微腔光学器件仍然属于光激发器件,在走向实用化的过程中,还必须克服 PN 结掺杂结构设计、精确掺杂注入、复合发光效率、缺陷抑制、载流子有效复合等一系列技术难题,才能实现高效电注入光学微腔器件,从而真正实现片上高性能光电集成,这也将是该领域下一步的一个重要的发展方向。

8.2.2 硅锗量子点单电子晶体管

单电子晶体管具有超小尺寸、超低功耗、对电荷敏感和集成密度高等优点,是制造下一代低功耗、高密度超大规模集成电路的理想基本器件。单电子晶体管具有良好的应用前景,在数字电路方面有望开发 GB~TB 级的随机存储器和高速数字处理器,在模拟电路方面有望实现单电子能谱仪和超灵敏电表等。单电子晶体管的基本组成单元是隧穿结和库仑岛,在单电子晶体管中,电子发生量子隧穿通过隧穿结形成源漏电流。对于电容为 C 的单电子晶体管,一个单电子从外面隧穿进入库仑岛时所需的最小能量为 $E_C \approx e^2/C$。如果外加电压提供的能量小于 E_C,则该单电子晶体管处于阻塞状态。

硅锗量子材料因具有高空穴迁移率、低超精细相互作用以及强自旋-轨道相互作用,成为实现 Si 基高性能单电子晶体管的理想材料。从材料制备的角度,基于 S-K 模式的分子束外延生长技术可以精确的设计硅锗量子材料的大小、形状和组分,同时结合对 Si 衬底表面的图形化预处理可以实现硅锗量子材料的精确定位生长。从器件制造的角度,锗电极金属的费米能级大多处于价带附近,实现欧姆接触不需要进行局部掺杂。

近些年来,硅锗核/壳纳米线、硅锗平面异质和硅锗量子点等结构的低温输运特性被广泛研究。2010 年,G. Katsaros 等报道了基于硅锗量子点的单电子晶体管电输运特性(Katsaros et al., 2010),图 8.9(a)为硅锗量子点晶体管结构示意图。可以看出,器件制作在 SOI 晶圆上完成,其中重掺杂低阻 Si 衬底作为晶体管栅极,顶层的未掺杂高阻单晶 Si 作为硅锗量子点外延层。基于电子束光刻和感应耦合等离子体刻蚀可在顶层 Si 上制备形成二维周期性纳米孔阵列,并通过分子束外延定位生长技术制备出硅锗量子点阵列。SOI 衬底上周期性硅锗量子点阵列的制备为后续晶体管源/漏极电极的制备提供了便利。晶体管源/漏电极采用 20 nm 厚的铝电极,单个量子点位于源/漏电极间作为沟道区。图 8.9(b)为温度为 15 mK、源/漏偏压 V_{SD} 为 1 mV 时,硅锗量子点晶体管源漏电流 I_{SD} 与栅极电压 V_G 之间的关系。从图中可以看出,随着栅极电压 V_G 增加,晶体管 I_{SD}-V_G 特性表现为震荡特性,即为库伦震荡。图 8.9(c)为源漏电流 I_{SD} 与栅极电压 V_G 和源/漏偏压 V_{SD} 之间的关系,从图中可以看出清晰的菱形特征结构,表明硅锗量子点具有显著的单电子隧穿特性。

8.2.3　硅锗量子点激光器

随着先进量子材料制备技术的发展,高质量的二维量子阱、一维量子线和零维量子点被应用于激光器中。相对于其他量子材料,零维量子点可以实现对载流子的三维量子限制,其电子态分布表现为类 Delta 函数。随着量子点物理尺寸的减小,量子限制效果将更加明显,亚能级分裂将进一步增大。量子点激光器可以大幅度减少由载流子注入引起的热激发。考虑到激光器阈值电流和温度之间是幂次方关系,因此量子点对温度的不敏感特性可以大幅度提高激光器的工作温度和器件寿命。

1994 年,Kirstaedter 等制备了 InGaAs/InGaAsP 量子点激光器,在 77 K 脉冲模

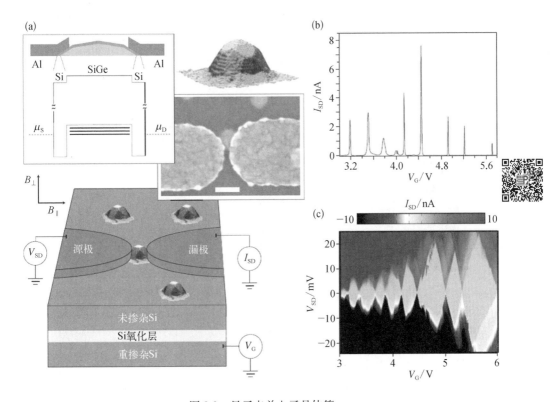

图 8.9　量子点单电子晶体管

（a）硅锗量子点晶体管结构示意图及其 SEM 图；（b）温度为 15 mK、源/漏偏压 V_{SD} 为 1 mV 时，晶体管源漏电流 I_{SD} 与栅压 V_G 的关系图；（c）I_{SD} 随偏压 V_{SD} 和栅压 V_G 变化的彩色灰度图

式下，其阈值电流密度为 120 A/cm^2，室温阈值电流密度为 950 A/cm^2（Kirstaedter et al.，1994）。近些年来，量子点激光器取得了长足的进步，这些工作主要集中于 Ⅲ-Ⅴ族量子点激光器。然而，Ⅲ-Ⅴ族量子点在 Si 基上难以集成，主要原因在于 Si 基Ⅲ-Ⅴ族量子点在 Si 基衬底上的外延生长面临极性不同且晶格失配和热膨胀系数差异过大的问题。

　　相对于Ⅲ-Ⅴ族激光器，锗硅激光器研究相对较少，主要原因在于硅锗材料是间接带隙半导体材料，其发光效率较低。理论研究表明通过在 Ge 中引入 1.5%～2%的双轴张应变可以填平导带 Γ 谷和导带 L 谷之间的能量差，使 Ge 转变为直接带隙半导体。基于以上思路，2012 年 Camacho-Aguilera 等利用张应变技术成功研制出世界上第一个室温工作的光通讯波段电泵浦锗激光器[图 8.10（a）]，其阈值电流密度为 280 kA/cm^2[图 8.10（b）]（Camacho-Aguilera et al.，2012）。然而，由于量子点自身的应变弛豫，受张应力作用的硅锗量子点较难实现。另外，Si 掩埋的锗硅量子点具有Ⅱ-型能带排列结构，因此在室温下硅锗量子点的有效光致发光是很难观察到的。

2018 年,Grydlik 等利用 Ge 离子(剂量:约 10^4 μm^{-2})轰击方法,在 SOI 衬底上制备了嵌入无位错 Si 中的非晶化 Ge 量子点(Grydlik et al., 2016)。基于电子束曝光和干法刻蚀技术,包含非晶化 Ge 量子点的 SOI 晶圆顶层 Si 被制作为直径 1.8 μm 的微盘激光器。图 8.10(c)为微盘谐振器在 10 K 和室温下的光致发光谱,从图中可以观察到,微盘激光器 TE(12,1)模式位于 1 323 nm 处。基于发光强度积分值与光泵浦之间的关系[图 8.10(d)],可以得出微盘激光器的阈值功率为 100 μW。

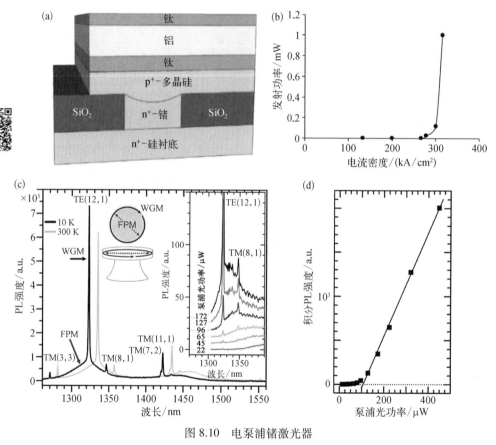

图 8.10　电泵浦锗激光器

(a) 锗激光器结构示意图;(b) 激光输出功率随电流密度的变化图;(c) 非晶化 Ge 量子点圆盘激光器光致发光谱;(d) 发光强度积分值与光泵浦之间的关系

8.3　Si 基低维新材料与可控光电集成

硅锗材料由于其间接带隙的特性,其带间跃迁振子强度弱,光电或电光转换效率难以与Ⅲ-Ⅴ、Ⅲ-Ⅵ族等直接带隙光电材料相比,因此在光电器件应用方面存在较多限制。尽管低维纳米结构的三维量子限制效应一定程度上实现了对硅锗能带结构的调控,但其本征的间接带隙特性尚未得到根本改善。围绕 Si 基新材料体系,近些年有较多的研究探索。其中产生了一些具有技术潜力和较高应用价值的 Si 基新材料。如Ⅳ族锡元素(Sn),其为金属单质,研究表明,在 Ge 材料中掺入一定比例的 Sn 将引起间接带隙-直接带隙转变,获得高性能的直接带隙半导体锗锡合金材料。而 Si 基外延 GaAs 等Ⅲ-Ⅴ族直接带隙也进一步打开了一个广阔的空间,综合利用 Si 的高质量衬底和热学特性,结合Ⅲ-Ⅴ族材料的高光电及电光转换效率优势,实现 Si 基高性能光电材料和器件集成,是另一有潜力的发展方向。

8.3.1 锗锡全Ⅳ族材料光电器件

1. GeSn 材料的能带结构

金刚石立方结构的 Ge 是间接带隙半导体材料,而金刚石立方结构的 Sn(或 α-Sn)是一种半金属,在直接带隙能谷 Γ 点处的导带最小值位于价带以下 0.41 eV。用 Sn 原子替位 Ge 晶格中 Ge 原子位置,可以使得直接带隙能谷和间接带隙能谷下降,如图 8.11 所示,并且直接带隙能谷下降速度更快,当达到一定 Sn 浓度时,GeSn 合金由间接带隙能带结构转变为直接带隙能带结构。事实上,研究人员早在 1987 年就曾预言(Jenkins et al., 1987),当 Sn 浓度达 20% 时,GeSn 材料能带结构由间接带隙转变为直接带隙,但受限于当时的材料生长技术,没有引起广泛关注。近些年来,像 MBE 和 CVD 等材料生长技术不断提高,以及大量的新的理论计算结果表明,Sn 的浓度在 6.5%~11% 之间时(Gupta et al., 2013;Lu et al., 2012),GeSn 合金从间接带隙材料转变为直接带隙材料。理论上,通过调节 GeSn 合金中的 Sn 组分,其带隙能量在 0~0.67 eV 之间可调。2015 年 1 月,德国 FZJ 中心 Wirths 等(Wirths et al., 2015)首次报道了 Sn 浓度达 12.6% 的直接带隙 GeSn 材

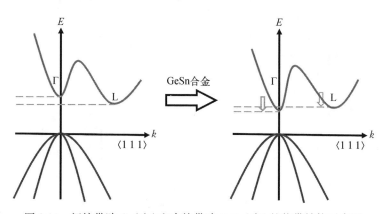

图 8.11 间接带隙 Ge(左)和直接带隙 GeSn(右)的能带结构示意图

料的激光激射行为,这让研究员们对实现 Si 基上全Ⅳ族材料的高效发光有了新的期望,直接带隙 GeSn 合金材料成为当前一大研究热点。

　　GeSn 合金的带隙能量可以采用 Vegard 模型进行计算:

$$E_g^{\Gamma}(Ge_{1-x}Sn_x) = (1-x)E_g^{\Gamma}(Ge) + xE_g^{\Gamma}(Sn) + x(1-x)b^{\Gamma} \tag{8.3a}$$

$$E_g^{L}(Ge_{1-x}Sn_x) = (1-x)E_g^{L}(Ge) + xE_g^{L}(Sn) + x(1-x)b^{L} \tag{8.3b}$$

其中,E_g^{Γ}、E_g^{L} 分别为直接带隙和间接带隙能量;x 为 Sn 组分;b^{Γ} 和 b^{L} 分别为直接和间接带隙的弯曲系数;b^{Γ} 和 b^{L} 的值在这一计算中比较关键且与温度有关,目前该值已由各个研究小组确定,尽管结果均未达成一致。例如,对于 Γ 能谷,E_g(Ge) = 0.8 eV, E_g(Sn) = -0.41 eV,弯曲系数 b^{Γ} 被计算为 1.8 到 2.4 之间(Jiang et al., 2014; Tonkikh et al., 2013; Yin et al., 2008; D'costa et al., 2006)。

　　除了 Sn 的浓度,应变也是影响 GeSn 合金材料能带结构的另一重要因素。如图 8.12(a)所示,当无应变 GeSn 合金材料中 Sn 的组分约为 8% 时,GeSn 的能带结构由间接带隙向直接带隙转变。在此 Sn 浓度下,对该 GeSn 材料施加张应变,其能带结构向直接带隙方向有利发展,$\Delta E = E_g^{L} - E_g^{\Gamma}$ 增大,并且轻重空穴价带的简并性

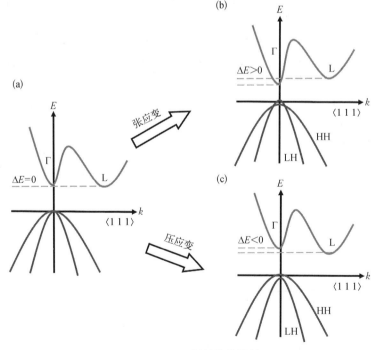

图 8.12　GeSn 材料能带特性

(a) 无应变 GeSn;(b) 张应变 GeSn;(c) 压应变 GeSn 材料的能带结构示意图

被打破,轻空穴价带提升到重空穴价带之上,如图 8.12(b)所示;对该 GeSn 材料施加压应变,其能带结构向间接带隙方向发展, $\Delta E = E_g^L - E_g^\Gamma$ 小于 0,并且轻重空穴价带的简并性同样被打破,重空穴价带在轻空穴价带之上,如图 8.12(c)所示。从另一个角度来说,张应变的引入,可以使得 GeSn 合金材料变为直接带隙材料所需 Sn 的浓度降低,而压应变反之。因此,Si(0 0 1)或 Ge(0 0 1)衬底上共度外延生长 GeSn 合金材料所产生的压应变是一个不利因素。

2. GeSn 材料的光致发光特性

通常 GeSn 薄膜异质外延在 Ge/Si 衬底上,GeSn 薄膜受到压应力。图 8.13(a)和 8.13(b)分别展示了压应变下的间接带隙和直接带隙 GeSn 材料的能带结构示意图。在间接带隙 GeSn 材料中,间接带隙能量低于直接带隙能量,大部分电子占据在间接带隙能谷,少部分电子占据在直接带隙能谷。由于直接跃迁中的辐射复合概率远高于需要声子参与的间接带隙的辐射复合概率,在间接带隙 GeSn 材料的光致发光谱中通常可以同时观察到直接带隙发光峰和间接带隙发光峰。在直接带隙 GeSn 材料中,由于直接带隙能量更小,电子主要占据在直接带隙能谷中,在该材料的光致发光中,直接带隙的跃迁辐射占据绝对主导,因此在光致发光谱中通常只能观察到一个峰。

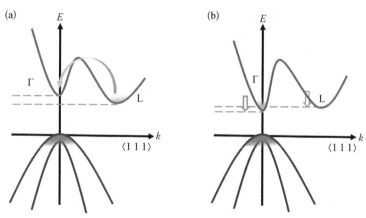

图 8.13　压缩应变下间接带隙和直接带隙
GeSn 材料的能带结构示意图
(a) 间接带隙;(b) 直接带隙

在低温下,光致发光强度与激发功率的关系为 $I \propto P^\alpha$。对于间接带隙 GeSn 材料,α 数值接近 0.6,表明俄歇复合占据主导地位;对于直接带隙 GeSn 材料,α 数值接近 1,表明带间复合占据主导,这一特征通常用来鉴别材料是否为直接带隙的方法之一。在光致发光的积分强度随温度的变化上,直接带隙 GeSn 材料和间接带隙

GeSn 材料同样表现出不同的特征。对于高 Sn 含量的直接带隙 GeSn 材料,光致发光峰的积分强度随温度的降低单调增加,从室温到 20K 的低温,强度增加了两个数量级。对于低 Sn 含量的间接带隙 GeSn 材料,光致发光峰的积分强度随温度的降低先降低再增加,这是两个物理机制相互竞争的结果:一方面,随温度的降低,材料中的声子密度降低,被声子耗散的热载流子减少,更多的热载流子参与到辐射复合从而增强发光;另一方面,由于直接带隙能谷和间接带隙能谷之间的能量差较小,在高温下有一部分热载流子从间接带隙能谷跃迁至直接带隙能谷,而直接带隙的辐射复合概率远高于间接带隙的辐射复合概率,从而可以增强发光。随着温度降低,从间接带隙能谷跃迁至直接带隙能谷的热载流子大大减少,导致发光强度减弱。

3. GeSn 材料的 Raman 光谱

非弹性散射由于其非接触和非破坏性的特性而成为表征半导体的极具吸引力的工具。半导体拉曼光谱的极化特性、频率和强度用于鉴别材料及其晶体结构,表征应力和应变,以及研究掺杂水平和合金半导体材料。GeSn 材料的典型 Raman 光谱如图 8.14 所示。在 180 cm^{-1}、260 cm^{-1} 和 300 cm^{-1} 附近分别观察到 GeSn 材料的三个主要 Raman 模式峰,分别为 Sn－Sn 模式峰、Ge－Sn 模式峰和 Ge－Ge 模式峰。在 Ge－Ge 模式峰的低波数侧还出现了非对称的肩膀,即 Ge－Ge^{DA} 模式峰,这是由 GeSn 材料中 Ge 原子无序性诱导的 Ge 中声子密度的激活。GeSn 材料中的 Raman 模式峰的频移与其组分和应变相关,关系如下所示:

$$\Delta\omega = a \times x_{Sn} + b \times \varepsilon_{\parallel} \tag{8.4a}$$

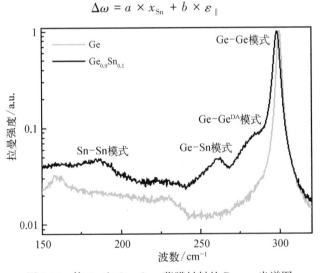

图 8.14　体 Ge 和 Ge$_{0.9}$Sn$_{0.1}$ 薄膜材料的 Raman 光谱图

$$\Delta\omega_{pseudo} = a \times x_{Sn} + 0.147 \times b \times x_{Sn} \tag{8.4b}$$

$$\Delta\omega_{pseudo} = c \times x_{Sn} \tag{8.4c}$$

GeSn 材料中 Ge–Ge 模式峰的 Raman 频移 $\Delta\omega$ 与 Sn 组分 x_{Sn} 和面内应变 $\varepsilon_{\parallel}$ 的关系如式(8.4a),其中 a 为 Sn 组分相关的系数,b 为与应变相关的系数。对于赝晶 GeSn 材料,这一关系可以表达为(8.4b)式,并可以简化为(8.4c)式。A. Gassenq 等(Reboud et al., 2017)做了系统的工作,测量 15% 以内 Sn 组分的 GeSn 材料 Ge–Ge 模式的 Raman 频移系数,分别为 $a = -88(\pm 3)\,\mathrm{cm}^{-1}$、$b = 521(\pm 15)\,\mathrm{cm}^{-1}$ 以及 $c = -13(\pm 3)\,\mathrm{cm}^{-1}$。

为了了解 GeSn 合金材料的声子性质,复旦大学蒋最敏课题组(Liu et al., 2020)研究了 90 K 至 850 K 的温度范围内 GeSn 薄膜拉曼散射的温度特性。发现了在体 Ge、$Ge_{0.95}Sn_{0.05}$ 和 $Ge_{0.92}Sn_{0.08}$ 薄膜中的 Ge–Ge 模式拉曼频移的一阶温度系数值很不一样,分别为 $1.7\,\mathrm{cm}^{-1}/\mathrm{K}$、$2.4\,\mathrm{cm}^{-1}/\mathrm{K}$ 和 $2.7\times10^{-2}\,\mathrm{cm}^{-1}/\mathrm{K}$。详细的分析表明,热膨胀对拉曼频移温度依赖性的贡献随 Sn 含量的增加而略有增加,而声子-声子耦合贡献随 Sn 含量的增加显著增加。换句话说,通过在 GeSn 中掺入 Sn,大大增强了材料的非谐衰变过程。

4. GeSn 激光器

自 2015 年首次报道直接带隙 GeSn 材料的光泵激光激射以来,研究人员致力于从以下几个方面继续推进 GeSn 激光器的研究:① 继续向更红外波长区域拓展 GeSn 材料激光器的激光波长,即实现更高组分的 GeSn 材料激光器,通过不断优化 GeSn 材料的生长参数,并采用梯度生长的方式,已可以在 22.3% 组分的 GeSn 材料上实现光泵激光(Dou et al., 2018);② 提高激光器的工作温度,最终目标实现室温下稳定工作的 GeSn 激光器,到目前为止,已能实现接近室温的 270 K 温度下工作的 GeSn 光泵激光器(Chrétien et al., 2019; Zhou et al., 2019);③ 降低 GeSn 光泵激光器的阈值功率密度,一方面是需要继续优化生长参数和器件制备工艺参数,另一方面是优化激光器的结构,比如设计 SiGeSn/GeSn/SiGeSn 的双异质结、SiGeSn/GeSn 多层量子阱结构以及设计张应变桥梁结构等(Chrétien et al., 2019; Stange et al., 2018; Stange et al., 2016),可以有效降低 GeSn 激光器的阈值激光功率密度,合适组分比例的 SiGeSn 材料的晶格常数与 GeSn 活跃层匹配,且可以形成 GeSn/SiGeSn I-型能带结构,如图 8.15 所示,相比 Ge 更适合作为量子阱结构的势垒材料;④ 实现电泵浦 GeSn 激光器,由于 GeSn/Ge 的界面失配位错以及 GeSn 材料中 n/p 型掺杂等问题,电泵浦 GeSn 激光器一直未能取得进展,直到 2020 年,美国阿肯色大学研究小组(Zhou et al., 2020)首次报道了基于 GeSn/SiGeSn 双异质结构的电泵浦 GeSn 激光器,最高工作温度达 100 K,10 K 下的阈值电流密度为 598 A/cm^2。这些工作表明 GeSn 材料是实现 Si 基激光单片集成的重要候选材料。

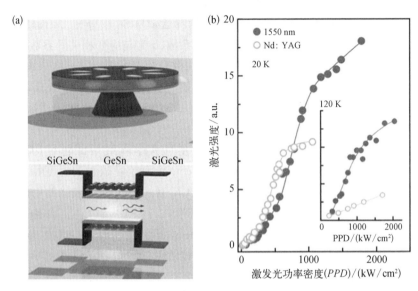

图 8.15　GeSn 激光器(Stange et al., 2018)

(a) SiGeSn/GeSn 多层量子阱微盘激光器结构示意图;(b) 20 K 和 120 K 下微盘激光器激光强度随激发激光功率密度的关系图

5. GeSn 光电探测器

在过去的几年中,基于 GeSn 材料的光电探测器的研究活动经历了强劲的增长。低成本近红外和短波红外(near infrared, NIR; short-wave infrared, SWIR)光电探测器在夜视应用的国防和民用系统中具有巨大潜力。目标市场包括高性能视频监控安全摄像头系统、汽车夜视系统以及智能移动电子设备(如手机、平板电脑和其他便携式/可穿戴电子设备)中的集成红外摄像头。而 GeSn 合金材料的带隙理论上在 0～0.67 eV 范围内随组分可调,其吸收光波段可以覆盖整个短波红外区域,乃至扩展到中远红外区域,这些驱动着研究员对 Si 基 GeSn 光电探测器的研究热潮。目前 GeSn 基光电探测器的进展沿以下几个方面进行: ① 通过提高 GeSn 材料中 Sn 的组分,将 GeSn 基光电探测器的探测波长从 1.55 μm 扩展到了 3.65 μm(Tran et al., 2019; Yang et al., 2019; Dong et al., 2017; Dong et al., 2015);② 探测器结构主要以光电导和光电二极管为主,通过设计优化探测器结构,如双异质结构和量子阱结构可以增强载流子的约束,以增强探测器的性能。美国阿肯色大学研究小组(Tran et al., 2019)在 GeSn 基探测器上做了系统的工作,如图 8.16 所示。与 Ⅲ-Ⅴ 族材料探测器相比,GeSn 基探测器的探测波段以及探测效率仍然有较大差距,需要更进一步的探索。这些工作充分说明了 Si 基 GeSn 探测器良好的发展潜力,在未来 Si 基近红外探测上将发挥重要作用。

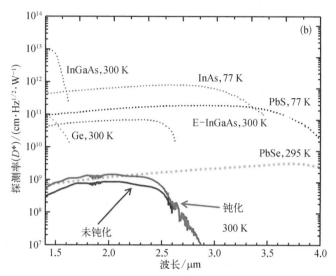

图 8.16　300 K 下的钝化(浅色实线)和非钝化(深色实线)
$Ge_{0.875}Sn_{0.125}$ 探测器探测率曲线(Tran et al., 2019)

8.3.2　Si 基Ⅲ-Ⅴ外延生长与可控光电集成

将Ⅲ-Ⅴ族化合物半导体高量子效率光电器件、高速 RF 射频器件、高电子迁移率逻辑器件等集成到成熟的 Si 工艺平台上是光电子学领域几个世纪以来一直在持续追求的目标。利用Ⅲ-Ⅴ族优异的光学和电学特性,结合 Si 芯片的信号处理能力,实现更加复杂和先进的功能芯片,是推动该领域发展的一个原生动力。尤其是近十年来,Si 摩尔定律逐渐逼近极限,Si 基Ⅲ-Ⅴ高电子迁移率晶体管、Si 基Ⅲ-Ⅴ片上光互联器件的重要性越发凸显。一方面,Ⅲ-Ⅴ高迁移率材料如InGaAs、InAs、InSb 和高质量光学材料 GaAs、InP 与 Si 衬底片上集成将推进 Si 基高电子迁移率晶体管(HEMT)、高速场效应管(FET)、高速 CMOS 器件、高速光波导、调制器、红外探测器、红外激光器等器件发展,另一方面,GaN 等宽禁带半导体材料也面临着蓝宝石衬底昂贵,大面积批量生产时成本高的限制,与 Si 衬底集成,将有利于极大降低工艺成本,推动产业更高速发展。

1. Si Ⅲ-Ⅴ外延生长主要挑战

由于Ⅲ-Ⅴ族材料和 Si 材料的材料结构、器件结构和工艺方法都存在显著区别,Si 基片上Ⅲ-Ⅴ可控集成存在较多的困难,片上集成器件也存在各自的技术限制。Ⅲ-Ⅴ与 Si 材料集成涉及的最基本工艺即为不同元素材料的整合,已被证实具有可行性的技术方法包括器件二次转移、晶圆混合键合、外延生长等技术手段。其中,外延生长是一种自下而上的片上集成工艺,相较于键合、二次转移等工艺手段,具有原位制备高质量材料和器件结构的特点,可实现原子级的掺杂、组分、元素种类控制,更利于大面积批量化制备。

　　图 8.17 给出了 Si 与 GaP、AlAs、InP、GaAs、GaSb、InAs 等几种主要的Ⅲ-Ⅴ化合物材料的晶格常数和失配度线图。除 GaP 外,其余Ⅲ-Ⅴ族材料均与 Si 呈现较大的晶格失配度,GaAs、AlAs、InP、InAs、GaAs、AlSb、InSb 与 Si 的晶格失配度依次增加。直接在 Si 衬底上外延 GaAs、InP 等Ⅲ-Ⅴ族材料,由于晶格失配,通常需要引入具有中间晶格常数或渐变晶格常数的缓冲层结构,实际为异变外延生长(metamorphic epitaxy)。外延过程中,晶格失配引起的应力将通过产生位错的方式进行弛豫。对于砷化物、磷化物等Ⅲ-Ⅴ化合物材料体系,当失配外延层的生长厚度超过临界厚度后,外延薄膜通常将通过在表面原子层产生半环型位错成核的方式进行应力弛豫,并进一步朝异质界面沿{1 1 1}晶面滑移,最终形成 60°的线位错。根据晶格失配度的不同,位错密度可达 $10^9 \sim 10^{10}$ cm^{-2}。这些位错一方面引起材料局部应变的变化,另一方面在外延层中成为非辐射复合中心和散射中心,可导致器件性能劣化,缩短器件寿命或导致可靠性下降。因此,实现低线位错密度是在 Si 基Ⅲ-Ⅴ族外延的一大挑战。高性能 Si 基 GaN 白光 LED

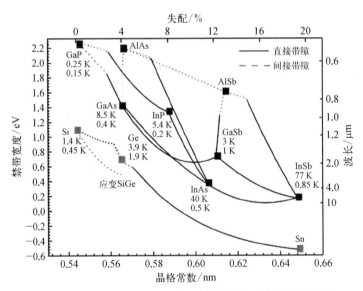

图 8.17　Si 与Ⅲ-Ⅴ化合物材料的禁带宽度、晶格常数和失配
度线图。图中数值为相应材料的电子和空穴迁移
率,单位为 cm^2/(V·s)(Liu et al., 2014)

要求外延层中的线缺陷密度低于 10^8 cm^{-2}（Li et al.，2016）。而对于 CMOS 等高速电学器件而言，由于其尺寸仅 10~100 nm，单个位错缺陷即会使之出现致命性失效，因此，对位错缺陷密度的要求更高，要求外延层中的线缺陷密度低于 10^3 cm^{-2}（Holland et al.，2017）。

除晶格失配外，Si 与Ⅲ−Ⅴ族材料的热膨胀系数也差异较大，在高温生长至室温或低温工作转变的过程中，热失配引起的形变差异将在材料中引入应力，对器件的特性产生不利影响。这种限制进一步传递为 Si 基Ⅲ−Ⅴ外延层生长厚度的限制。如外延层过厚，在固定的热胀系数差异下，在大的温度变化产生的热应力积累将引起外延层的宏观破裂，导致器件失效。Si、GaAs、InP 三种典型材料的热胀系数分别为 $2.59×10^{-6}$ K^{-1}、$5.73×10^{-6}$ K^{-1} 和 $4.6×10^{-6}$ K^{-1}。相应地，可计算出 Si 衬底上 GaAs、InP 由热胀系数限制的外延厚度大致为 10 μm。实验上，Si 衬底上外延 GaAs 时，在从不同生长温度降温到室温时，出现宏观破裂的厚度不同。生长温度为 575 ℃、675 ℃ 和 725 ℃ 时，对应的破裂厚度分别为 7 μm、5.1 μm 和 4.9 μm（Li et al.，2017）。

在 Si 衬底上外延Ⅲ−Ⅴ材料的实际生长过程中，实验上观察到对于绝大部分Ⅲ−Ⅴ材料都通常很难在 Si 表面形成充分的Ⅲ−Ⅴ浸润层。在 Si 衬底上外延 AlSb、AlN 和 GaP 过程中，在生长的初始阶段即可观察到单畴结构的三维岛状生长，其与位错缺陷相对独立（Lucci et al.，2018）。表面和界面对自由能变化的贡献实际上主导了失配应变的弛豫过程。在实际生长的过程中，Ⅲ−Ⅴ族原子将通过形成反相边界（antiphase boundary，APB）的形式，与 Si 表面原子晶格形成失配。图 8.18 给出了闪锌矿或铅锌矿结构的Ⅲ−Ⅴ极化原子晶格外延层在金刚石结构的Ⅳ族非极化原子晶格衬底上生长的界面示意图。反相边界本质是在Ⅳ族元素表面的Ⅲ族或Ⅴ

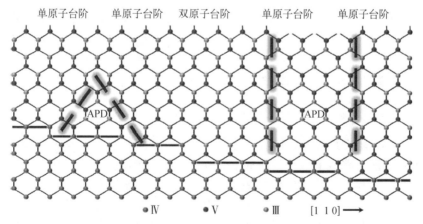

图 8.18　Ⅲ−Ⅴ极化原子晶格外延层在Ⅳ族非极化原子晶格衬底上的界面示意图（垂直于[1 −1 0]晶向）（Faucher et al.，2016）

族单原子台阶,即由 Ⅴ-Ⅴ 族或 Ⅲ-Ⅲ 族原子键形成的原子界面。由于 Ⅲ-Ⅴ 材料为极性闪锌矿或铅锌矿结构,缺少原子晶格反演对称性,在非极性 Si 原子晶格表面外延 Ⅲ-Ⅴ 原子晶格形成相边界后,将易于形成局域反相畴(antiphase domain, APD)。

反相畴是极化-非极化外延生长的固有特点。由于 Si 衬底表面天然存在原子台阶,单层或奇数层台阶将在 Ⅲ-Ⅴ 外延层中产生两个方向相反的子晶格反相畴,而双层或偶数层台阶则将不会产生反向畴(图 8.18)。两个反相畴之间由一个反相边界隔开。反向边界本身作为带电的平面型缺陷,通常引起 Si 基 Ⅲ-Ⅴ 光电材料光致发光强度的衰减、光谱线宽的展宽和电学迁移率的显著下降。在光电器件中一般扮演非辐射复合中心而在电学器件中则多扮演漏电通道,是一类对器件性能有不利影响的缺陷。反向边界可能会在外延过程中自己闭合消失(图 8.18 左侧)或随外延过程向上持续延伸到表面(图 8.18 右侧)。在特定的生长或腐蚀工艺下,延伸到材料表面的反向边界可通过扫描电子显微镜或原子力显微镜观察到。图 8.19 为在 6° 斜切的 Si(0 0 1)表面生采用 MBE 外延生长的 GaP 薄膜表面形貌图,GaP 厚度为 3 nm,可以看到,表面存在不规则的弯曲的畴边界,即反向边界。图 8.19 插图可以进步清楚地看到反向边界的结构,由若干 {1 3 6} 晶面共同组成,单个结构尺寸约 15×15 nm^2(Lucci et al., 2018)。除晶格失配位错缺陷、热失配问题外,Si 基 Ⅲ-Ⅴ 外延的这种特殊的反向界面缺陷结构,进一步使得高质量材料外延生长更加具有挑战。

图 8.19　在 6° 斜切的 Si(0 0 1)衬底表面生长的 3 nm GaP 薄膜的表面 AFM 形貌图(100 nm×100 nm),插图给出了一个 {1 3 6} 晶面的反向边界放大图(20 nm×20 nm)

2. Si 基模板辅助选区 Ⅲ-Ⅴ 外延

Si 基模板辅助选区外延技术是近些年新发展的一种新型 Si 基 Ⅲ-Ⅴ 材料可控外延制备方法。类似于图形 Si 衬底上的硅锗低维纳米结构可控外延生长,Si 基模板辅助选区外延也是通过在 Si 衬底上,通过覆盖一层 SiO₂ 并通过光刻刻蚀、腐蚀等工艺在上形成 SiO₂ 图形掩膜,在特定位置开出具有预设形状的窗口,然后进行 MBE 或 MOCVD 外延生长 Ⅲ-Ⅴ 材料,可在预开孔区域实现高质量 Ⅲ-Ⅴ 材料的低缺陷生长。图 8.20 是 Si 基模板辅助选区外延技术的示意图(Merckling et al.,

2016)，在预制备图形模板的 Si 衬底清洗并进入外延生长腔体后，首先进行的是衬底高温脱附。由于 SiO_2 为非晶材料，Ⅲ-Ⅴ外延的成核位置仅为模板开孔区域，因此，通过控制外延生长的温度、速率、Ⅲ/Ⅴ比等参量，将实现仅在开孔区域的Ⅲ-Ⅴ材料选区外延生长。

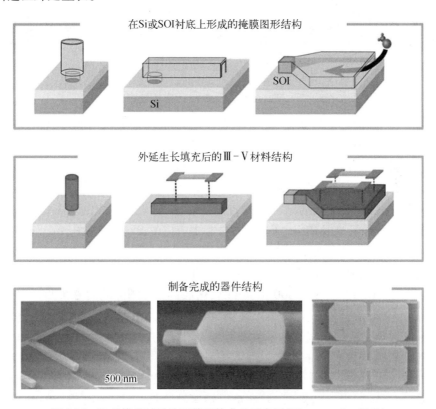

图 8.20　Si 基模板辅助选区外延技术的示意图(Mayer et al.，2018)

　　该模板辅助选区外延技术的一大优势体现在其缺陷控制方面。由于选区外延的空间限制效应，平面大面积 Si 基Ⅲ-Ⅴ中观察到的反向边界和反向畴缺陷显著减少，但失配位错缺陷仍然存在。由于纳米级的尺寸限制效应，通过采用特定的生长工艺参数优化，如在生长三元 InGaAs 前引入二元 InP 缓冲层结构，最终获得的纳米结构材料中的位错缺陷密度也可被进一步降低。同时，由于采用纳米结构图形模板，失配应力产生的表面宏观破缺也得到显著抑制。图8.21(a)~(c)是在 Si(0 0 1)衬底上一维 SiO_2 纳米槽模板上选区外延生长的 InP 一维条状纳米结构的 SEM 图，对应的纳米槽宽分别是 20 nm、40 nm 和 100 nm(Merckling et al.，2016)。

　　除 Si(0 0 1)衬底外，模板选区辅助外延技术也适用于 Si(1 1 1)晶面。得益

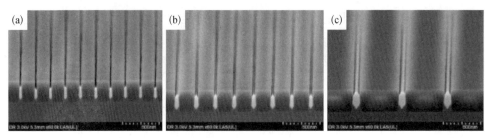

图 8.21　Si(0 0 1)一维 SiO$_2$ 纳米槽模板上外延生长的
InP 结构 SEM 图(Merckling et al., 2016)

(a) 槽宽 20 nm;(b) 槽宽 40 nm;(c) 槽宽 100 nm

于金刚石晶格结构,在(1 1 1)晶向上Ⅲ-Ⅴ与 Si 的晶格失配问题可以被规避,因此,在 Si(1 1 1)衬底上易于外延生长出六角形的无缺陷垂直纳米线结构。通过选区外延技术,可以可控地在特定位置实现特定尺寸的Ⅲ-Ⅴ纳米线[图 8.22(a)]。这种高质量垂直纳米线结构对于制备场效应晶体管等电子学器件十分有利,且提供了非常高的结构控制自由度。图 8.22(b)是在 Si(1 1 1)衬底表面纳米孔选区外延生长的 In$_{0.5}$Ga$_{0.5}$As 纳米线结构的 SEM 形貌图,In$_{0.5}$Ga$_{0.5}$As 与 Si 存在 8%的晶格失配度。首先在厚度为 20 nm 的 SiO$_2$ 层上开出 30 nm 直径孔,其次通过 60 s 的 HF 快速漂洗去除 Si 表面的自然氧化层,并将晶圆传入 MOCVD 腔体,然后在 H$_2$ 保护下在 800 ℃ 进行氧化层高温脱附,最后在 600 ℃ 下生长 In$_{0.5}$Ga$_{0.5}$As 外延层。实际生长结果表明,In$_{0.5}$Ga$_{0.5}$As 在开孔的 Si(1 1 1)表面成核并形成六角柱状纳米线结构。在阵列纳米孔中的产量约达到 98%,表明该Ⅲ-Ⅴ纳米线 Si 基选区外延工艺是一种可适用于大规模量产的高可靠技术。除纵向结构的纳米线外,在 Si(0 0 1)衬底表面采用选区外延技术亦可制备出横向生长的高质量 GaAs 纳米线结构,其无堆叠层错等缺陷结构,显示出较好的电子学器件应用潜力(Knoedler et al., 2017)。

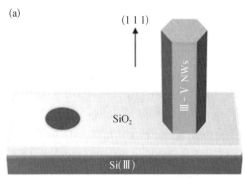
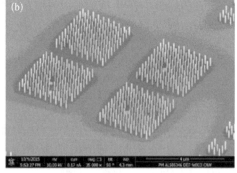

图 8.22　Si(1 1 1)衬底表面纳米孔选区外延生长的 In$_{0.5}$Ga$_{0.5}$As 纳米线
结构示意及其形貌 SEM 图,SiO$_2$ 开孔直径为 30 nm

3. Si 基Ⅲ-Ⅴ量子点激光器

Si 基通讯波段近红外 InAs 量子点激光器是近些年来 Si 基光子学领域的一大进展。受 Si 基光互联的应用需求推动,片上集成 1 310/1 550 nm 通讯波段激光光源是光互联芯片领域的一个研究热点。采用 InAs/GaAs 量子点作为有源区,在 Si 衬底上通过生长 GaAs 缓冲层,以位错缺陷的形式释放失配应变,并形成虚拟衬底。在此基础上,进一步外延生长 p 型 AlGaAs 波导层、i 型 InAs/GaAs 量子点有源区和 n 型 AlGaAs 波导层,形成完整激光器器件结构,如图 8.23(a)所示。为抑制Ⅲ-Ⅴ外延层中的反向边界缺陷,采用 4°斜切的 Si(0 0 1)作为生长衬底。初始生长阶段,首先沉积一层薄层 AlAs 层形成界面浸润,抑制三维岛状生长,为后续结构生长提供平整的表面。之后,首先采用三步是生长法生长 GaAs 缓冲层,即分别在 350 ℃、450 ℃和 590 ℃生长 30 nm、170 nm 和 800 nm 的 GaAs 缓冲层。大部分位错

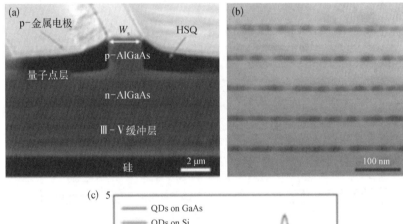

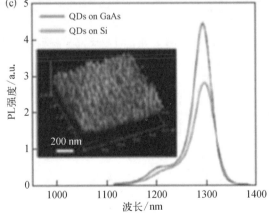

图 8.23　Si 基 InAs 量子点激光器结构(Liao et al., 2018)

(a)器件结构截面 SEM 图;(b)InAs/GaAs 量子点区的截面 TEM 照片;(c)InAs 量子点的表面形貌和 PL 光谱

缺陷在初始的 200 nm GaAs 缓冲层中产生,缓冲层生长完毕后的残余缺陷密度仍
然有 $1×10^9$ cm^{-2}。为进一步降低位错缺陷密度,采用周期性的 In$_{0.18}$Ga$_{0.82}$As/GaAs
应变层超晶格作为位错缺陷向上传递的阻挡。同时,应变层超晶格生长完毕后,引
入原位循环热退火对应力进行进一步释放,降低残余位错缺陷密度,最终实现残余
缺陷密度低至 10^5 cm^{-2}。在此基础上,生长 AlGaAs 波导层、InAs/GaAs 量子点有源
区等后续结构,并采用标准法布里珀罗(F - P)腔激光器结构流片制备工艺,制作
器件。图 8.23(b)和(c)分别为制备的多层堆叠 InAs/GaAs 量子点区的截面 TEM
照片、形貌图和 PL 光谱曲线,可以看到,量子点有源区 TEM 视场范围内几乎观察
不到位错缺陷,同时,PL 峰值波长在 1 310 nm 附近,与预期吻合。图 8.24 为实际测
量的 Si 基 InAs 量子点激光器性能,从激光器室温连续功率-电压-电流密度曲线可
以看出,激光器室温下阈值电流密度很小,约 62 A/cm^2,室温下最大输出功率可达
约 100 mW,而在连续驱动模式下,激光器最大工作温度可达 75 ℃(脉冲模式下可
达 120 ℃)。实际加速老化测试结果表明,该类激光器的寿命高达 100 158 h,具有
良好的可靠性和性能。

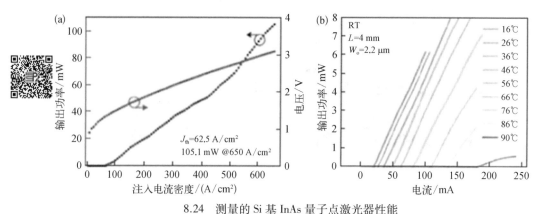

8.24　测量的 Si 基 InAs 量子点激光器性能

(a)激光器室温连续功率-电压-电流密度曲线;(b)不同温度下激光器的输出功率与注入电流的关系曲线

　　除 Si 基 InAs 量子点激光器外,采用选区外延方式也实现了 Si 基 III - V 微盘
(Microdisk)(Mauthe et al.,2018)、多量子阱(multiple quantum wells,MQWs)
(Han et al.,2020)等激光器结构,表现出一定的片上集成优势。同时,在 Si 衬底
上采用键合加二次生长的方式也实现了 InP 多量子阱激光器,在 813 A/cm^2 的
阈值电流密度下实现了 Si 基 1.31 μm 激射波长的高质量输出(Hu et al.,
2019)。

4. Si 基 III - V 太阳能电池

　　Si 基 III - V 族太阳能电池是另一个有吸引力的发展方向,其基本考虑是利用

Ⅲ-Ⅴ直接带隙半导体 PN 结的高光电转换量子效率结合 Si 衬底的低成本大面积的优势,实现具有更高效率的低成本太阳能电池。通讯波段近红外 InAs 量子点激光器是近些年来 Si 基光子学领域的一大进展。图 8.25(a)是一个在 Si 衬底上采用 GaInP/GaAs/Si 三节 PN 结结构的太阳能电池的外延材料结构示意图。太阳光自上而下入射,由上至下依次包含 GaInP 吸收层、GaAs 吸收层、Si 吸收层,共同实现覆盖 300~1 200 nm 宽光谱范围的太阳光能量的吸收和光电转换。与激光器结构类似,为抑制缺陷,采用了朝〈1 1 1〉晶向切斜 2°的 Si(0 0 1)衬底,衬底尺寸为 4 英寸,采用 MOCVD 实现材料的外延生长,传入生长腔体前,衬底采用标准 RCA 方法进行清洗。首先在 790 ℃进行 60 分钟的扩散以在衬底表面形成一层 n 型的 Si 发射极,扩散完毕后进一步在 1 050 ℃下进行 60 分钟的驱进,以形成 120 Ω/sq 的发射极掺杂。Si 衬底的背面采用原子层沉积工艺生长 5 nm 的 Al_2O_3,并采用等离子体增强化学气相沉积工艺生长 70 nm 的 SiN_x 钝化层。这种堆叠钝化的工艺,一方面可实现低的表面复合速率(Feifel et al., 2016),另一方面可以作为一个扩散阻挡层。三节串联Ⅲ-Ⅴ有源区的生长采用三个单独的工艺过程,并在两个独立的 MOCVD 外延腔体中完成(Feifel et al., 2018)。在 Si 表面脱附后,首先生长 GaP 成核层和 $GaAs_yP_{1-y}$ 缓冲层。$GaAs_yP_{1-y}$ 缓冲层采用梯度缓冲结构,生长温度为 700 ℃,生长过程中Ⅲ/Ⅴ比为 10。包含 14 个厚度为 120 nm 的子层,每个子层内组分固定,子层之间组分依次递变。累计失配度递变速率约 2.4%/μm。$GaAs_yP_{1-y}$ 生长完毕后,在 640 ℃生长一层 350 nm 厚度固定组分的

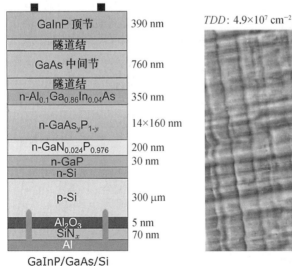

8.25 Si 基 GaInP/GaAs/Si 三节太阳能电池结构(Feifel et al., 2018)

(a) 材料外延结构示意图;(b) 材料表面形貌图

$Al_{0.1}Ga_{0.9}In_{0.03}As_{0.97}$ 作为晶格缓冲层,进一步充分释放面内应变,抑制位错向后续层传递。Si 节与 GaAs 节之间采用 p^+-AlGaAs/n^+-GaInP 隧道结连接。$Ga_{0.51}In_{0.49}P$/GaAs 双节的厚度分别为 0.63/1.2 μm,生长温度仍然为 640 ℃。最终整个 Si 上Ⅲ-V 外延层的总厚度为 4.75 μm。材料表面无宏观破裂出现。图 8.25(b) 是最终实现的 Si 基 GaInP/GaAs/Si 三节太阳能电池结构的材料表面形貌图,经过参数优化,最终实现材料的位错缺陷密度低至 4.9×10^7 cm^{-2}。

太阳能电池的器件制备采用正面 TaO_2 和 MgF_2 透明电极、背面 Al 金属电极工艺且正面电极厚度采用减反设计。测试采用校准的 AM1.5G 太阳能电池光源。为了对比 Si 基太阳能电池与 GaP 基和 GaAs 基太阳能电池的性能变化,还制备了 GaInP/GaAs/GaP 和 GaInP/GaAs/GaAs 多节电池在同样测试条件下进行性能对比。图 8.26 是几种三节串联太阳能电池器件的实际性能测量结果。从Ⅳ曲线对比可以获得开路电压(V_{oc})、短路电流密度(J_{sc})、有效填充因子(FF)和转换效率(η)等性能指标,如表 8.1 所列。GaAs 衬底上,由于晶格完全匹配,缺陷密度最低,V_{oc}、J_{sc}、FF 和 η 指标在三种器件中最高,转换效率高达 27%。而对于 Si 基和 GaP 基,由于同属于失配材料体系,且 GaP 基失配度更高,因此,其 V_{oc} 最小,填充因子最低,转换效率也最低,为 17.5%。线位错缺陷由于会穿透到有源区,因此,PN 节的少子扩散长度与线位错缺陷密度成反比,开路电压也因此成反比。Si 基电池的 V_{oc} 为 2.32 V,J_{sc} 为 10 A/cm^2,填充因子 84.3%,最终转换效率为 19.7%。图8.26(b) 为三种电池实测的外量子效率(external quantum efficiency,EQE)曲线,可以看到与 GaAs 基电池相比,GaP 基和 Si 基都有明显下降。考虑到 Si 的衬底成本,总体上 Si 基三节太阳能电池在性能、价格之间获得平衡。进一步提升性能主要取决于器件结构和材料外延的生长优化,进一步抑制Ⅲ-V 外延层中的缺陷密度,提升转换效率。

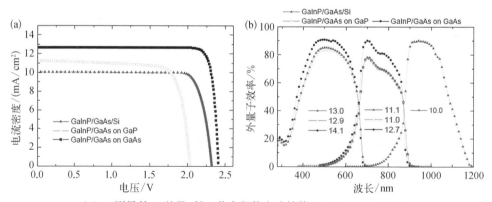

8.26 测量的 Si 基Ⅲ-V 三节太阳能电池性能(Feifel et al., 2019)

(a) Ⅳ曲线和参数对比;(b) EQE 测量;数值为 AM1.5G 下的总光电流密度(mA/cm^2)

表 8.1　不同多节太阳能电池的性能参数对比(@AM1.5G)

	GaInP/GaAs/Si	GaInP/GaAs/GaP	GaInP/GaAs/GaAs
V_{oc}/V	2.32	2.04	2.41
$J_{sc}/(mA/cm^2)$	10.0	11.0	12.7
$FF/\%$	84.3	78.1	88.3
$\eta/\%$	19.7	17.5	27.0

作为 Si 基光互联的核心部件之一,高性能 Si 基片上集成 1 310/1 550 nm 近红外探测器具有广阔的应用前景。在 Si 衬底上片上外延集成 InGaAs、InAlAs、InP 等材料结构,通过合适的材料禁带宽度裁切和材料外延结构设计,可实现 PIN 型(Sun et al., 2018)、雪崩型(Yuan et al., 2019)近红外光电探测器。而目前已有的实验结果表明,因晶格失配而引起的位错缺陷,显著降低了 Si 基 InGaAs 探测器的灵敏度。实际探测率略优于 Si/Ge 探测器。与 Si 基 Ⅲ-Ⅴ 太阳能电池类似,Si 基 Ⅲ-Ⅴ 近红外光电探测器的进一步发展挑战也仍然聚焦于探索新的有效技术途径,显著抑制 Si 基 Ⅲ-Ⅴ 外延层中的位错缺陷产生和传递,获得长载流子寿命的高质量外延层材料。

5. Si 基 Ⅲ-Ⅴ 场效应晶体管

自集成电路发明以来,一直是由 Si 材料所主导。基于场效应晶体管的互补金属氧化物半导体(CMOS)工艺发展出了各种功能复杂的逻辑电路,应用于通用信号处理、专用功能电路等。而在高速射频通讯芯片领域,随着信息传递需求的增长,目前已经进入毫米波范围,信号调制频率高达 30~300 GHz。毫米波射频芯片包含射频前端和后端逻辑信号处理两部分,其中射频前端如低噪声放大器(LNA)、功率放大器(PA)、混频器(Mixer)、振荡器(Oscillator)、滤波器(filter)等则需要采用 Si 加 Ⅲ-Ⅴ 工艺实现。其原因是 Si 异质结双极型晶体管(HBT)在 30 GHz 以上频率范围噪声显著增加,而 GaAs/InP HBT 或 $In_xGa_{1-x}As$ HEMT 在 200 GHz 仍能保持与 Si HBT 30 GHz 接近的噪声水平。因此,为实现百 GHz 的射频前端芯片,发展 Si 基 $In_xGa_{1-x}As$ HEMT 或 InP HBT 工艺是十分必要的。$In_xGa_{1-x}As$ HEMT 创纪录的高跨导、高电子迁移率和高截止频率,以及禁带宽度灵活可调使该类器件的频率范围可从几 GHz 灵活扩展到 1 THz,其作为一种灵活的中等功率射频放大器,十分适用于 5G、6G 等新一代高速通讯,有重要应用需求。

图 8.27 是一种集成 Si CMOS 和 InGaAs HEMTs 的收发器或混合信号电路结构集成示意图。该结构适用于与 Si 衬底上的大面积 CMOS 电路工艺整合,工艺上需要同时满足三点要求:① 在大尺寸硅衬底上外延生长高质量 Ⅲ-Ⅴ 薄膜材料;② 通过片上集成或异质工艺制备高质量复合衬底;③ 以复合衬底

为基础采用 Si－CMOS 兼容的前端电路工艺制备高性能 InGaAs HEMT 器件（无金工艺）。

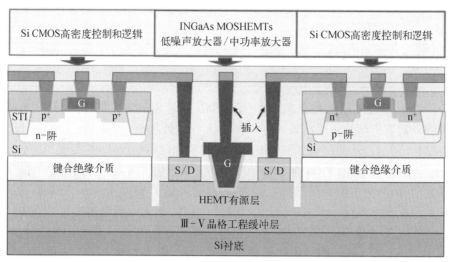

图 8.27　集成 Si－CMOS 和 In$_x$Ga$_{1-x}$As HEMTs 的收发器或
混合信号电路结构集成示意图（Yadav et al., 2017）

　　由于异质外延工艺为自下而上的层状生长工艺,在硅衬底上外延生长 InGaAs HEMT 结构后,进一步同时制备 Si CMOS 逻辑控制电路和 InGaAs MOSHEMT 器件就成为困难。因为,此时,Si 已经被 InGaAs 覆盖,即使刻蚀重新暴露出 Si 衬底,但微米级的台阶高度使得 CMOS 平面工艺无法实施。因此,工艺上实现图 8.27 的结构除了异质外延外,还需要将外延完毕后的晶圆与 SOI 晶圆进行晶圆级键合（Convertino et al., 2019; Deshpande et al., 2017）,即在 InGaAs 层上重新产生新的薄 Si 器件层,才具有工艺上的可行性。

　　图 8.28 给出一个在 200 mm Si 晶圆上采用 MOCVD 工艺异质外延生长获得的 In$_{0.3}$Ga$_{0.7}$As HEMT 结构（Nguyen et al., 2017）。衬底采用 6° 斜切的 8 英寸 Si(0 0 1)晶圆,为过渡 In$_{0.3}$Ga$_{0.7}$As 与 Si 之间 6.3% 的晶格失配,引入 Ge－GaAs－InAlAs 三层复合缓冲层结构,依次包括 0.8 μm 的 Ge 层,0.2 μm 的 GaAs 层,1.5 μm 的 In$_x$Al$_{1-x}$As 组分递变层（x 从 0 增加到 0.3）和一个 0.5 μm 的 In$_{0.3}$Al$_{0.7}$As 固定组分缓冲层。HEMT 器件层包含 δ 掺杂的 In$_{0.3}$Al$_{0.7}$As 下势垒层、In$_{0.3}$Al$_{0.7}$As 间隔层、15~18 nm 厚的 In$_{0.3}$Ga$_{0.7}$As 沟道层、In$_{0.3}$Al$_{0.7}$As 或 In$_{0.78}$Ga$_{0.22}$P 上势垒层和一个 n$^+$-In$_{0.3}$Ga$_{0.7}$As 帽层[图 8.28(c)]。为了控制晶圆翘曲、降低表面粗糙度和提升均匀性,采用了 630 ℃高温生长,并对生长参数做了系统优化（Kohen et al., 2015）。图 8.28(a)为最终获得的 n$^+$-In$_{0.3}$Ga$_{0.7}$As 帽层表面的 AFM 形貌图,RMS 粗糙度为 5.7 nm。TEM 测试表明材料中的线位错缺陷密度约为 $1 \times 10^7 \sim 3 \times 10^7$ cm^{-2}。位错缺

陷主要被束缚在 Ge、GaAs 和较厚的 $In_xAl_{1-x}As$ 组分递变缓冲层中。顶部的固定组分 $In_{0.3}Al_{0.7}As$ 缓冲层和 HEMT 器件层在 TEM 上几乎观察不到缺陷。最终由残余应变引起的 8 英寸上总晶圆翘曲为 $39\pm4\ \mu m$。霍尔迁移率测试表明,采用 $Si-\delta$ 掺杂的结构霍尔迁移率达 $4\,900\ cm^2/(V\cdot s)$,面载流子密度为 $3\times10^{12}\ cm^{-2}$。

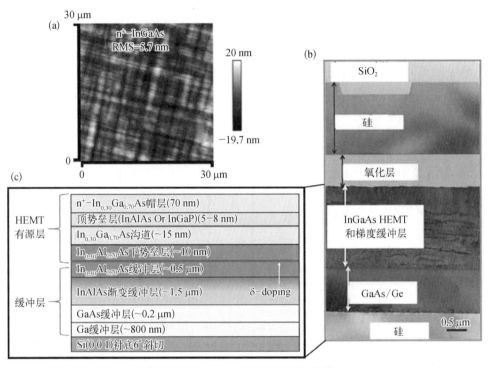

图 8.28　200 mm Si 晶圆上的 $In_{0.3}Ga_{0.7}As$ HEMT 材料结构(Nguyen et al., 2017)

(a) 外延层表面 AFM 形貌;(b) 键合的 SOI 与 Si/InGaAs 晶圆结构(去除支撑 Si 衬底);(c) Si 上外延层材料结构示意图

　　整个 Si CMOS 与 Si/InGaAs 晶圆的集成包含了 2 次键合过程:① 先将已经完成前端工艺的 Si-CMOS 晶圆与 Si 支撑晶圆键合;② 去除 Si-CMOS 晶圆的 Si 衬底;③ 将上步得到的晶圆与 Si/InGaAs 晶圆键合;④ 去除 Si-CMOS 晶圆的 Si 支撑衬底。经历以上几步后,获得整合后的混合晶圆结构,其截面 TEM 图见图 8.28(b)所示。以此晶圆为基础,进一步开展 $In_{0.3}Ga_{0.7}As$ 的 QW MOSFET 和 MOSHEMT 电路流片工艺,源漏和栅极金属分别采用溅射镀膜 Mo 和 W 材料,栅源和栅漏之间采用 PECVD 沉积的致密 SiO_2 作为间隔层,而栅氧化层则是采用原子层沉积工艺生长的 HfO_2 高 k 材料。

　　图 8.29 给出了实际制备的 150 nm 栅线宽的 $In_{0.3}Ga_{0.7}As$ MOSFET 的晶体管特性曲线,图 8.29(a)和 8.29(b)分别对比了采用 InGaP 和 InAlAs 上势垒层 I_D-V_G 曲

线和 I_D-V_D 曲线。可以看到,与采用 InAlAs 势垒层的器件相比,采用更宽禁带宽度的 InGaP 势垒器件的亚阈值和开态性能均得到了提升。获得了更低的亚阈值斜率(S_{min})和更高的漏极电流(I_D)。在 V_{DS} 为 0.05 V 下,InGaP 和 InAlAs 势垒器件的阈值斜率分别约为 70 mV/数量级和 86 mV/数量级,这种变化可能源于含 P 势垒比含 As 势垒拥有更好的栅极堆叠质量(Radosavljevic et al.,2009)。此外,由于 InGaP/InGaAs 界面比 InAlAs/InGaP 界面的导带带阶更低,采用 InGaP 势垒的器件线性区域的开态电阻 R_{ON} 也比采用 InAlAs 势垒的下降了约 6 倍(约 12 kΩ·m 到 2 kΩ·m)。因此,相比较而言,InGaP 势垒层的晶体管总体性能更优。

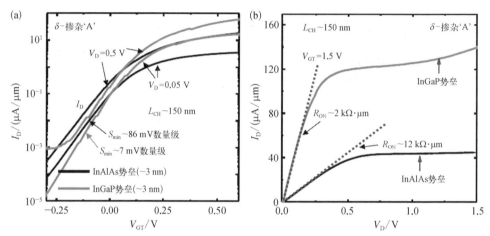

图 8.29　In$_{0.3}$Ga$_{0.7}$As 晶体管特性曲线。采用 InGaP 和 InAlAs 上势垒层的 150 nm 栅线宽的 QW MOSFET 的(a) I_D-V_G 曲线和(b) I_D-V_D 曲线对比

8.4　可控量子点新型光电器件集成应用展望

单光子是大多数量子光学系统最关键的基本元素,如量子密钥分发、量子态的远距离传输、量子计算等。理想的单光子源是一种按照需求精确可调的光源,它能发出有确定偏振态和时空模式的单光子脉冲(Senellart et al., 2017)。由于量子限制效应,很多半导体量子点可以是一个很好的二能级体系。另外,量子点也常常看作一种"人工原子",具有类原子特性,其也适用泡利不相容原理,一般情况下一个量子点经常只能被一个激子(电子-空穴对)所占据,其发光自然得到一个光子。因此量子点被认为是非常理想的单光子源,而且可以促进单光子的片上集成。早在 2000 年 P. Michler 等就观测到了单量子点的单光子发射(Michler et al., 2001),一个真正的单光子源产生的光脉冲应该只包含一个处于单量子态的光子,而且具

有最大的发光效率。但是，从单个量子点发射的光子的随机性，例如沿各个方向的
不相干发射和偏振的随机性，严重损害了其在单光子源方面的应用，特别是阻碍了
其自旋态的按需操控。为了提高基于半导体量子点的单光子源的综合特性，半导
体量子点需要与特定的光学微腔进行耦合，利用光学微腔对光子态的调控，最终实
现具有高单光子纯度、全同性、高亮度，甚至特定偏振态和辐射方向的单光子源。

8.4.1　量子点与一般的光学微腔的耦合

　　一般的光学微腔包括光子晶体、光学微盘和 Fabry – Perot 谐振腔（Vahala，
2003）。量子点和光学微腔的耦合可以有效改变量子点的发光特性，其研究一方面
可以促进对腔量子电动力学的基础物理的深入认识，另一方面也为新型量子光学
器件，如单光子源和纠缠光子源的探索提供了相关的理论基础。要真正实现量子
点与微腔的强耦合，必须满足两个条件① 能量匹配：量子点发光波长与光学微腔
谐振波长相同；② 空间位置匹配：量子点应位于光学微腔相应谐振模的光场极大
值位置（Badolato et al.，2005）。量子点的可控生长技术使量子点在光学微腔中的
精确定位成为可能。奥地利 Linz 大学的研究组就利用量子点的可控生长技术在光
学晶体微腔中的不同位置生长了单个 Ge 量子点（Schatzl et al.，2017），观测到了不
同位置的量子点与不同光学微腔的耦合差异，如图 8.30 所示，实验上证实了要实

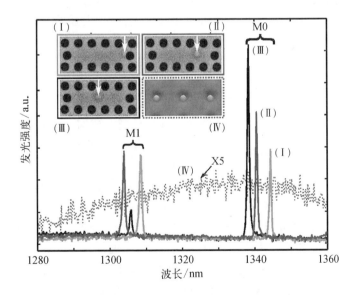

图 8.30　位于光子晶体（L3 谐振腔）中不同位置的 Ge 量子点与
腔模 M0 和 M1 耦合的光荧光谱（Schatzl et al.，2017）

光子晶体的参量：$a = 357$ nm，$r/a = 0.31$；量子点在 L3 谐振腔中的位置
如插图中的（Ⅰ）、（Ⅱ）和（Ⅲ）所示，（Ⅳ）对应没有光学微腔的情况

现量子点与光学微腔的强耦合必须满足上述两个条件。一般情况下,在光学微腔中单个量子点的自发辐射增强可用一个 Purcell 因子 F_P 来描述,其可定义为辐射的自由衰减寿命(τ_{free})和微腔中的辐射衰减寿命(τ_c)的比值,如下式所示(Schatzl et al.,2017):

$$F_P(\overrightarrow{r_e},\omega_e,\hat{e}_e) = \frac{\tau_{free}}{\tau_c} = F_P^{max} \frac{k^2}{4(\omega_e - \omega_c)^2 + k^2} \frac{|\overrightarrow{E(r_e)}|^2}{|E_{max}|^2} |\hat{e}_e \hat{e}_c|^2$$

上式右边的第一个因式是最大 Purcell 因子,$F_P^{max} = 3Q(\lambda_c/n)^3/(4\pi^2 V_{eff})$,$Q$ 是光学微腔的品质因子,λ_c/n 是折射率为 n 的微腔介质中的谐振波长,V_{eff} 是等效谐振模式的体积;第二个因式定义了能量匹配因子,其与一个偶极子辐射元的发光角频率 ω_e 和腔模共振频率 ω_c 有关,$k = Q/\omega_c$,很显然当 $\omega_e = \omega_c$ 时,增强因子 F_p 有极大值;第三个因式定义了空间匹配因子,由在偶极子辐射元所在位置处($\overrightarrow{r_e}$)的谐振模式的电场强度($\overrightarrow{E(r_e)}$)与谐振模式的电场强度的峰值(E_{max})决定;第四个因式包含了偶极子辐射元和微腔腔模的偏振单位矢量。由此可见,在光学微腔中量子点的具体位置是实现量子点与微腔强耦合必须考虑的问题,量子点的可控生长技术可有效解决这一个问题,使得量子点与光学微腔的强耦合成为可能。需要注意的是,当光学微腔的品质因子 Q 极大时,即光子可极长时间的限制在光学微腔中时,偶极子辐射元与光子可发生非常强的相互作用,会产生很强的非线性效应和 Rabi 振荡现象(Vahala et al.,2003),上述表达式就不再适用,但是能量匹配和空间位置匹配还是必须满足的两个条件。

8.4.2　量子点与奇异表面结构的耦合

　　量子点的可控制备也使得单个量子点与奇异表面结构(metasurface)的耦合成为可能,从而实现对单量子点发射的单光子的自旋态的产生和分离的按需操控,最后得到偏振、传播、准直性可控的光子流(Bao et al.,2020)。例如,位置可控的单个量子点与奇异表面的有机集成,可以使得左旋圆偏振(left circular polarizations,LCP)的光子和右旋圆偏振(right circular polarizations,RCP)的光子沿不同方向出射,如图 8.31 所示,从而可以实现对不同自旋态光子的独立调控。量子点与奇异表面结构的相对位置是影响二者耦合的一个非常重要的参量。量子点的可控生长技术为量子点相对于奇异表面结构的精确定位提供了一种有效的途径,为探索基于单量子点辐射的偏振、传播、准直性可控的光子流的特性和应用提供条件。

8.4.3　量子点与等离子体微腔的耦合

　　一般量子点较长的内在辐射寿命严重影响了单光子的最大辐射速率和强

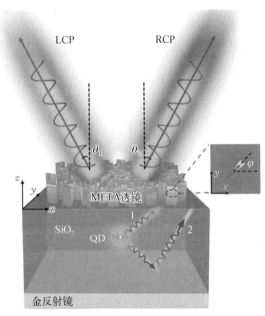

图 8.31 单个量子点与奇异表面结构耦合的
光子发射示意图(Bao et al., 2020)

度。最近的实验表明量子点与金属等离子体微腔的耦合可以实现量子点的超快自发辐射,其辐射寿命可降为原来的约 1/520,如图 8.32 所示,而且其强度可以提高约 1 900 倍,这些效应来自金属等离子体附近极强的局域电磁场分布(Hoang et al., 2016);而且金属等离子体微腔起到光学天线的效应,实现光子的定向发射。量子点的位置在量子点与金属等离子微腔的耦合中起了决定作用,半导体量子点的可控制备技术结合金属等离子微腔的微纳加工技术有望实现新型量子点/金属等离子体微腔耦合体系,利用金属等离子体的局域电磁场限制和增强特性以及纳米天线效应有可能极大地改变量子点的光电特性,制备新型高性能光电器件。

8.4.4　可控量子点在新型微电子器件和集成中的应用

由于量子点对载流子的三维限制效应与势阱深度有关,当量子点参与载流子输运时,载流子在量子中的积累和耗尽会随着外加偏压或电场而变化,相当于电容器的充放电,相关电路中的电流可以呈现明显的双稳态,或对应电路的电阻随着外加偏压存在差别明显的高、低两种值,利用这些特性可以制备基于量子点的非易失性存储器件(Kannan et al., 2007);而且,由于量子点阵列中载流子之间的库伦相互作用和隧穿效应,量子点阵列有可能形成适用于量子计算机的潜在的电子网络

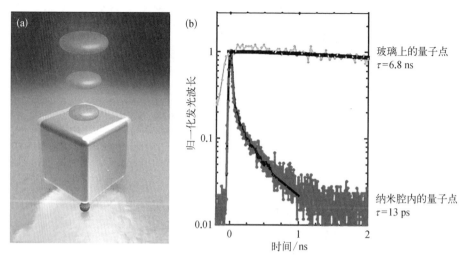

图 8.32　量子点与金属等离子体微腔耦合

（a）在银纳米立方体和金薄膜间隙的单个胶体量子点发光示意图；（b）与微腔耦合的单个量
子点（浅色）和玻璃上的单个量子点（深色）的时间分辨的光荧光（Hoang et al.，2016）

（Ancona et al.，1995）。特别是结合上述两个特性，量子点阵列有可能在新型的内存计算系统（in-memory computing）（Sebastian et al.，2020）——一种非传统的冯·诺伊曼计算系统——中有很大的应用前景。所有这些相关应用都需要对量子点位置进行精确操控，量子点的可控制备技术正好可以解决相关问题。

8.5　本 章 小 结

　　本章对硅锗低维结构的片上可控集成和器件应用进行了展开论述，首先从实际器件应用的角度详细讨论了定位生长技术与器件可控集成的技术优势及其挑战，其次，对硅锗低维可控结构在微腔耦合发光器件、单电子晶体管器件及激光器的应用实例进行了阐述。进一步地，延伸讨论了 Si 基锗锡全Ⅳ族低维新材料和 Si 基Ⅲ-Ⅴ材料的外延生长及其可控光电集成，对锗锡、Si 基Ⅲ-Ⅴ材料的激光器、探测器、太阳能电池、场效应晶体管等光电器件和电子学器件的应用实例进行了展开论述，探讨了器件性能特点、技术限制和下一步发展趋势。最后，还对下一步可控量子点与光学微腔、奇异表面结构、等离子体微腔结构等新结构新原理器件集成与应用进行了展望。

　　总体而言，目前对 Si 基低维结构的外延机理认识已经比较深入，在光电器件应用方面也已进行了大量有益探索，但在材料机理、器件机理和高性能器件实用化方面，认识都还有待提升，还存在持续发展的空间。未来，随着 Si 基低维材料科学

和制备工艺的蓬勃发展,新材料结构、新器件概念不断涌现,相关器件应用必将被
进一步开拓,前景也将更加广阔。

参 考 文 献

Ancona M G, Rendell R W. 1995. Simple computation using Coulomb blockade-based tunneling arrays
[J]. Journal of Applied Physics, 77(1): 393–395.

Assali S, Dijkstra A, Li A, et al. 2017. Growth and optical properties of direct band gap $Ge/Ge_{0.87}Sn_{0.13}$
core/shell nanowire arrays[J]. Nano Letters, 17(3): 1538–1544.

Badolato A, Hennessy K, Mete Atatüre, et al. 2005. Deterministic coupling of single quantum dots to
single nanocavity modes[J]. Science, 308(5725): 1158–1161.

Bao Y, Lin Q, Su R, et al. 2020. On-demand spin-state manipulation of single-photon emission from
quantum dot integrated with metasurface[J]. Science Advances, 6(31): eaba8761.

Camacho-Aguilera R E, Cai Y, Patel N, et al. 2012. An electrically pumped germanium laser[J].
Optics Express, 20(10): 11316–11320.

Chrétien J, Pauc N, Armand Pilon F, et al. 2019. GeSn lasers covering a wide wavelength range thanks
to uniaxial tensile strain[J]. ACS Photonics, 6(10): 2462–2469.

Convertino C, Zota C B, Caimi D, et al. 2019. InGaAs FinFETs 3-D sequentially integrated on FDSOI
Si CMOS with record performance[J]. IEEE Journal of the Electron Devices Society, 7: 1170–1174.

D'costa V R, Cook C S, Birdwell A G, et al. 2006. Optical critical points of thin-film $Ge_{1-y}Sn_y$ alloys:
A comparative $Ge_{1-y}Sn_y/Ge_{1-x}Si_x$ study[J]. Physical Review B, 73(12): 125207.

Deshpande V, Djara V, O'Connor E, et al. 2017. DC and RF characterization of InGaAs replacement
metal gate (RMG) nFETs on SiGe-OI FinFETs fabricated by 3D monolithic integration[J]. Solid-
State Electronics, 128: 87–91.

Dong Y, Wang W, Lei D, et al. 2015. Suppression of dark current in germanium-tin on silicon pin
photodiode by a silicon surface passivation technique[J]. Optics Express, 23(14): 18611–18619.

Dong Y, Wang W, Xu S, et al. 2017. Two-micron-wavelength germanium-tin photodiodes with low dark
current and gigahertz bandwidth[J]. Optics Express, 25(14): 15818–15827.

Dou W, Zhou Y, Margetis J, et al. 2018. Optically pumped lasing at 3 μm from compositionally graded
GeSn with tin up to 22.3%[J]. Optics Letters, 43(19): 4558–4561.

Esteves R J A, Hafiz S, Demchenko D O, et al. 2016. Ultra-small $Ge_{1-x}Sn_x$ quantum dots with visible
photoluminescence[J]. Chemical Communications, 52(78): 11665–11668.

Esteves R J A, Ho M Q, Arachchige I U. 2015. Nanocrystalline group IV alloy semiconductors:
Synthesis and characterization of $Ge_{1-x}Sn_x$ quantum dots for tunable bandgaps[J]. Chemistry of
Materials, 27(5): 1559–1568.

Faucher J, Masuda T, Lee M L. 2016. Initiation strategies for simultaneous control of antiphase domains
and stacking faults in GaAs solar cells on Ge[J]. Journal of Vacuum Science & Technology B,
Nanotechnology and Microelectronics: Materials, Processing, Measurement, and Phenomena,
34(4): 041203.

Feifel M, Ohlmann J, Benick J, et al. 2018. Direct growth of Ⅲ－Ⅴ/silicon triple-junction solar cells with 19.7% efficiency[J]. IEEE Journal of Photovoltaics, 8(6): 1590 – 1595.

Feifel M, Rachow T, Benick J, et al. 2016. Gallium phosphide window layer for silicon solar cells[J]. IEEE Journal of Photovoltaics, 6(1): 384 – 390.

Ghetmiri S A, Du W, Margetis J, et al. 2014. Direct-bandgap GeSn grown on silicon with 2230 nm photoluminescence[J]. Applied Physics Letters, 105(15): 151109.

Grydlik M, Hackl F, Groiss H, et al. 2016. Lasing from glassy Ge quantum dots in crystalline Si[J]. ACS Photonics, 3(2): 298 – 303.

Gupta S, Magyari-Köpe B, Nishi Y, et al. 2013. Achieving direct band gap in germanium through integration of Sn alloying and external strain[J]. Journal of Applied Physics, 113(7): 073707.

Han Y, Yan Z, Ng W K, et al. 2020. Bufferless 1.5μm Ⅲ－Ⅴ lasers grown on Si-photonics 220nm silicon-on-insulator platforms[J]. Optica, 7(2): 148 – 153.

Hoang T B, Akselrod G M, Mikkelsen M H. 2016. Ultrafast room-temperature single photon emission from quantum dots coupled to plasmonic nanocavities[J]. Nano Letters, 16(1): 270 – 275.

Holland M, van Dal M, Duriez B, et al. 2017. Atomically flat and uniform relaxed Ⅲ－Ⅴ epitaxial films on silicon substrate for heterogeneous and hybrid integration[J]. Scientific Reports, 7(1): 1 – 6.

Hu Y, Liang D, Mukherjee K, et al. 2019. Ⅲ/Ⅴ-on-Si MQW lasers by using a novel photonic integration method of regrowth on a bonding template[J]. Light: Science & Applications, 8(1): 1 – 9.

Jannesari R, Schatzl M, Hackl F, et al. 2014. Commensurate germanium light emitters in silicon-on-insulator photonic crystal slabs[J]. Optics Express, 22(21): 25426 – 25435.

Jenkins D W, Dow J D. 1987. Electronic properties of metastable Ge_xSn_{1-x} alloys[J]. Physical Review B, 36(15): 7994.

Jiang L, Gallagher J D, Senaratne C L, et al. 2014. Compositional dependence of the direct and indirect band gaps in $Ge_{1-y}Sn_y$ alloys from room temperature photoluminescence: implications for the indirect to direct gap crossover in intrinsic and n-type materials[J]. Semiconductor Science and Technology, 29(11): 115028.

Kannan E S, Kim G H, Farrer I, et al. 2007. Transport hysteresis in AlGaAs/GaAs double quantum well systems with InAs quantum dots[J]. Journal of Physics: Condensed Matter, 19(50): 506207.

Katsaros G, Spathis P, Stoffel M, et al. 2010. Hybrid superconductor-semiconductor devices made from self-assembled SiGe nanocrystals on silicon[J]. Nature Nanotechnology, 5(6): 458 – 464.

Kirstaedter N, Ledentsov N N, Grundmann M, et al. 1994. Low threshold, large To injection laser emission from (InGa) As quantum dots[J]. Electronics Letters, 30(17): 1416 – 1417.

Knoedler M, Bologna N, Schmid H, et al. 2017. Observation of twin-free GaAs nanowire growth using template-assisted selective epitaxy[J]. Crystal Growth & Design, 17(12): 6297 – 6302.

Kohen D, Bao S, Lee K H, et al. 2015. The role of AsH_3 partial pressure on anti-phase boundary in GaAs-on-Ge grown by MOCVD-Application to a 200 mm GaAs virtual substrate[J]. Journal of Crystal Growth, 421: 58 – 65.

Kozbial A, Gong X, Liu H, et al. 2015. Understanding the intrinsic water wettability of molybdenum disulfide (MoS_2) [J]. Langmuir, 31(30): 8429 – 8435.

Li G, Wang W, Yang W, et al. 2016. GaN-based light-emitting diodes on various substrates: a critical review[J]. Reports on Progress in Physics, 79(5): 056501.

Li Q, Lau K M. 2017. Epitaxial growth of highly mismatched Ⅲ – V materials on (0 0 1) silicon for electronics and optoelectronics[J]. Progress in Crystal Growth and Characterization of Materials, 63 (4): 105 – 120.

Liu C W, Östling M, Hannon J B. 2014. New materials for post-Si computing[J]. MRS Bulletin, 39 (8): 658 – 662.

Liu T, Miao Y, Wang L, et al. 2020. Temperature dependence of Raman scattering in GeSn films[J]. Journal of Raman Spectroscopy, 51(7): 1092 – 1099.

Lucci I, Charbonnier S, Pedesseau L, et al. 2018. Universal description of Ⅲ – V/Si epitaxial growth processes[J]. Physical Review Materials, 2(6): 060401.

Lu Low K, Yang Y, Han G, et al. 2012. Electronic band structure and effective mass parameters of $Ge_{1-x}Sn_x$ alloys[J]. Journal of Applied Physics, 112(10): 103715.

Mathews J, Beeler R T, Tolle J, et al. 2010. Direct-gap photoluminescence with tunable emission wavelength in $Ge_{1-y}Sn_y$ alloys on silicon[J]. Applied Physics Letters, 97(22): 221912.

Mauthe S, Mayer B, Sousa M, et al. 2018. Monolithically integrated InGaAs microdisk lasers on silicon using template-assisted selective epitaxy[C]//Nanophotonics Ⅶ. International Society for Optics and Photonics, 10672: 106722U.

Mayer B, Mauthe S, Baumgartner Y, et al. 2018. Microcavity Ⅲ – V lasers monolithically grown on silicon[C]//Quantum Sensing and Nano Electronics and Photonics XV. International Society for Optics and Photonics, 10540: 105401D.

Ma Y J, Zeng C, Zhou T, et al. 2014. Ordering of low-density Ge quantum dot on patterned Si substrate [J]. Journal of Physics D: Applied Physics, 47(48): 485303.

Merckling C, Liu Z, Hsu M, et al. 2016. Ⅲ – V selective area growth and epitaxial functional oxides on Si: from Electronic to Photonic devices[J]. ECS Transactions, 72(2): 59.

Michler P, Kiraz A, Becher C, et al. 2001. A quantum dot single-photon turnstile device[J]. Science, 290(5500): 2282 – 2285.

Nguyen X S, Yadav S, Lee K H, et al. 2017. MOCVD growth of high quality InGaAs HEMT layers on large scale Si wafers for heterogeneous integration with Si CMOS [J]. IEEE Transactions on Semiconductor Manufacturing, 30(4): 456 – 461.

Oehme M, Kostecki K, Schmid M, et al. 2014. Epitaxial growth of strained and unstrained GeSn alloys up to 25% Sn[J]. Thin Solid Films, 557: 169 – 172.

Pan S, Cao V, Liao M, et al. 2019. Recent progress in epitaxial growth of Ⅲ – V quantum-dot lasers on silicon substrate[J]. Journal of Semiconductors, 40(10): 101302.

Radosavljevic M, Chu-Kung B, Corcoran S, et al. 2009. Advanced high-K gate dielectric for high-performance short-channel $In_{0.7}Ga_{0.3}As$ quantum well field effect transistors on silicon substrate for low power logic applications[C]//2009 IEEE International Electron Devices Meeting (IEDM). IEEE, 2009: 1 - 4.

Reboud V, Gassenq A, Pauc N, et al. 2017. Optically pumped GeSn micro-disks with 16% Sn lasing at 3.1 μm up to 180 K[J]. Applied Physics Letters, 111(9): 092101.

Schatzl M, Hackl F, Glaser M, et al. 2017. Enhanced telecom emission from single group-IV quantum dots by precise CMOS-compatible positioning in photonic crystal cavities[J]. ACS Photonics, 4(3): 665 - 673.

Sebastian A, Le Gallo M, Khaddam-Aljameh R, et al. 2020. Memory devices and applications for in-memory computing[J]. Nature Nanotechnology, 15, 529 - 544.

Seifner M S, Dijkstra A, Bernardi J, et al. 2019. Epitaxial $Ge_{0.81}Sn_{0.19}$ nanowires for nanoscale mid-infrared emitters[J]. ACS Nano, 13(7): 8047 - 8054.

Senellart P, Solomon G, White A. 2017. High-performance semiconductor quantum-dot single-photon sources[J]. Nature Nanotechnology, 12(11): 1026.

Stange D, von den Driesch N, Rainko D, et al. 2016. Study of GeSn based heterostructures: towards optimized group IV MQW LEDs[J]. Optics Express, 24(2): 1358 - 1367.

Stange D, von den Driesch N, Zabel T, et al. 2018. GeSn/SiGeSn heterostructure and multi quantum well lasers[J]. ACS Photonics, 5(11): 4628 - 4636.

Stange D, Wirths S, Geiger R, et al. 2016. Optically pumped GeSn microdisk lasers on Si[J]. ACS Photonics, 3(7): 1279 - 1285.

Stepikhova M V, Novikov A V, Yablonskiy A N, et al. 2019. Light emission from Ge (Si)/SOI self-assembled nanoislands embedded in photonic crystal slabs of various periods with and without cavities [J]. Semiconductor Science and Technology, 34(2): 024003.

Sun K, Jung D, Shang C, et al. 2018. Low dark current Ⅲ - Ⅴ on silicon photodiodes by heteroepitaxy [J]. Optics Express, 26(10): 13605 - 13613.

Toishi M, Englund D, Faraon A, et al. 2009. High-brightness single photon source from a quantum dot in a directional-emission nanocavity[J]. Optics Express, 17(17): 14618 - 14626.

Tong L, Qiu F, Wang P, et al. 2019. Highly tunable doping in Ge quantum dots/graphene composite with distinct quantum dot growth evolution[J]. Nanotechnology, 30(19): 195601.

Tonkikh A A, Eisenschmidt C, Talalaev V G, et al. 2013. Pseudomorphic GeSn/Ge (0 0 1) quantum wells: Examining indirect band gap bowing[J]. Applied Physics Letters, 103(3): 032106.

Tran H, Pham T, Margetis J, et al. 2019. Si-based GeSn photodetectors toward mid-infrared imaging applications[J]. ACS Photonics, 6(11): 2807 - 2815.

Tyson W R, Miller W A. 1977. Surface free energies of solid metals: Estimation from liquid surface tension measurements[J]. Surface Science, 62(1): 267 - 276.

Vahala K J. 2003. Optical microcavities[J]. Nature, 424(6950): 839 - 846.

Wirths S, Geiger R, von den Driesch N, et al. 2015. Lasing in direct-bandgap GeSn alloy grown on Si [J]. Nature Photonics, 9(2): 88 - 92.

Yadav S, Kumar A, Nguyen X S, et al. 2017. High mobility $In_{0.30}Ga_{0.70}$ As MOSHEMTs on low threading dislocation density 200mm Si substrates: A technology enabler towards heterogeneous integration of low noise and medium power amplifiers with Si CMOS[C]//2017 IEEE International Electron Devices Meeting (IEDM). IEEE, 2017: 17.4. 1 – 17.4. 4.

Yang F, Yu K, Cong H, et al. 2019. Highly enhanced SWIR image sensors based on $Ge_{1-x}Sn_x$-Graphene heterostructure photodetector[J]. ACS Photonics, 6(5): 1199 – 1206.

Yin W J, Gong X G, Wei S H. 2008. Origin of the unusually large band-gap bowing and the breakdown of the band-edge distribution rule in the Sn_xGe_{1-x} alloys[J]. Physical Review B, 78(16): 161203.

Yuan Y, Jung D, Sun K, et al. 2019. III – V on silicon avalanche photodiodes by heteroepitaxy[J]. Optics Letters, 44(14): 3538 – 3541.

Zeng C, Ma Y, Zhang Y, et al. 2015. Single germanium quantum dot embedded in photonic crystal nanocavity for light emitter on silicon chip[J]. Optics Express, 23(17): 22250 – 22261.

Zhang D, Liu Z, Zhang D, et al. 2015. Sn-guided defect-free GeSn lateral growth on Si by molecular beam epitaxy[J]. The Journal of Physical Chemistry C, 119(31): 17842 – 17847.

Zhang L, Hong H, Li C, et al. 2019. High-Sn fraction GeSn quantum dots for Si-based light source at 1.55μm[J]. Applied Physics Express, 12(5): 055504.

Zhang Y, Zeng C, Li D, et al. 2013. Enhanced 1524 – nm emission from Ge quantum dots in a modified photonic crystal L3 cavity[J]. IEEE Photonics Journal, 5(5): 4500607.

Zhou Y, Dou W, Du W, et al. 2019. Optically pumped GeSn lasers operating at 270K with broad waveguide structures on Si[J]. ACS Photonics, 6(6): 1434 – 1441.

Zhou. Y, Miao. Y, Ojo. S, et al. 2020. Electrically injected GeSn lasers on Si operating up to 100K[J]. Optica, 7(8): 924 – 928.